维修电工实用操作

主 编　吴长贵　周建锋
副主编　杨国亮　张志成
　　　　许红梅

U0254571

东南大学出版社
·南京·

内 容 摘 要

本教材为维修电工从零到精通的一本实用性手册,主要详细地介绍了有效提高维修电工的理论基础及实际操作经验。教材共分两篇:上篇电工部分,下篇电子部分。上篇介绍了用电安全及防护、常用电工工具及仪表的使用、电工基本操作技能、常见三相异步电动机控制电路等内容,下篇介绍了电子元器件的基本知识、电子元器件安装工艺基础、典型电子线路等内容,并设有相关的考核制度,有利于及时了解被考核者的实操掌握程度。

本教材内容全面、简明实用、通俗易懂、针对性强,重点是与实际相结合,电工操作部分主要供广大从事电工安装、检修工作的人员使用,也可以作为初级电工培训教材及职业院校相关专业师生的参考书。

图书在版编目(CIP)数据

维修电工实用操作 / 吴长贵,周建锋主编. —南京:东南大学出版社,2016.8(2021.8重印)

ISBN 978 - 7 - 5641 - 6661 - 8

Ⅰ.①维⋯ Ⅱ.①吴⋯ ②周⋯ Ⅲ.①电工—维修—职业教育—教材 Ⅳ.①TM07

中国版本图书馆 CIP 数据核字(2016)第 182128 号

维修电工实用操作

主　　编	吴长贵　周建锋	电　　话	(025)83795627/83362442(传真)
责任编辑	陈　跃	电子邮箱	chenyue58@sohu.com
出版发行	东南大学出版社	出 版 人	江建中
地　　址	南京市四牌楼 2 号	邮　　编	210096
销售电话	(025)83794121/83795801		
网　　址	http://www. seupress. com	电子邮箱	press@seupress. com
经　　销	全国各地新华书店	印　　刷	江苏凤凰数码印务有限公司
开　　本	787mm×1092mm　1/16	印　　张	19.75
字　　数	537 千字		
版 印 次	2016 年 8 月第 1 版　2021 年 8 月第 2 次印刷		
书　　号	ISBN　978 - 7 - 5641 - 6661 - 8		
定　　价	53.00 元		

＊本社图书若有印装质量问题,请直接与营销部联系。电话:025－83791830

前　言

　　《维修电工实用操作》是根据国家维修电工技术等级标准，结合实践经验、亲身体会和多年经验来编写的技术基础课程。随着科技的不断进步，一切新的科学技术都与电有着密切的关系，本书以维修电工及其实践经验、技术技能为主，结合理论基础，详细介绍了维修电工应注意的各项安全注意事项，以及电气系统及电器的维修作业、调试方法技巧，是从事电气维修工作电工的一本基础性参考书。

　　全书共分为两篇，七个专题，每个专题中都有若干项目、任务及考评，针对学校的教学特点和企业的工作过程来进行开发。采用了目标教学法，层次分明、条理清晰、重点突出、深入浅出、突出应用，将理论、实际操作与考评进行了有效的结合。第一篇电工部分，重点介绍了电工维修注意事项及一些安全事故的应急措施、电工常用的检修测试仪表的使用、电工常用基本操作技能、常见电气控制电路的原理及接线等。第二篇电子部分，重点介绍了常用电子元器件相关的基础知识、安装工艺及一些典型的电子线路的安装与调试等实训内容。可供从事电气工程安装调试、维修与检修的技术人员、电工初级培训以及在校学生的实践教材用书。希望所介绍的维修电工的相关知识，能对维修电工专业技术水平的提高有所帮助。

　　本书由南通开放大学吴长贵和南通市平潮供电所所长周建峰担任主编，其中专题三、专题四由吴长贵老师编写，专题五、专题六由周建峰编写，剩余专题由杨国亮、张志成、许红梅等人编写，在编写过程中，大家群策群力，提出了中肯的写作及修改意见。在此，对为本书编写与出版付出辛勤劳动的全体同志表示深深的感谢。

　　由于时间的限制，不足之处在所难免，恳请各位专家及读者批评指正。

编者

2016 年 9 月

目　录

第二篇 电子部分

第一篇

电工部分

用电安全及防护急救

项目一　触电方式

一、触电

所谓触电是指电流流过人体时对人体产生的生理和病理伤害,可分为电击和电伤两种类型。

1. 电击

电击是由于电流通过人体而造成的内部器官在生理上的反应和病变,如刺痛、灼热感、痉挛、昏迷、心室颤动或停跳、呼吸困难或停止等现象。

2. 电伤

电伤是由于电流的热效应、化学效应或机械效应对人体外表造成的局部伤害,常常与电击同时发生。最常见的有以下三种:

(1)电灼伤

电灼伤有接触灼伤和电弧灼伤两种。

接触灼伤发生在高压触电事故时,电流通过人体皮肤的进出口处造成的灼伤。电弧灼伤发生在误操作或过分接近高压带电体,当其产生电弧放电时,高温电弧将如火焰一样把皮肤烧伤。

(2)电烙印

电烙印发生在人体与带电体有良好接触,但人体不被电击的情况下。此时在皮肤表面将留下与接触带电体形状相似的肿块痕迹。

(3)皮肤金属化

由于电弧温度极高,可使周围的金属熔化、蒸发并飞溅到皮肤表层,令皮肤表面变得粗糙坚硬,其色泽与金属种类有关。

二、触电方式

人体触电的方式多种多样,主要分为直接接触触电和间接接触触电两种(图1.1)。

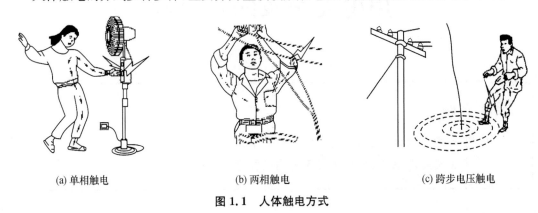

      (a) 单相触电   (b) 两相触电   (c) 跨步电压触电

图1.1 人体触电方式

1. 直接接触触电

人体直接触及或过分靠近电气设备及线路的带电导体而发生的触电现象称为直接接触触电。单相触电、两相触电、电弧伤害都属于直接接触触电。

(1) 单相触电

当人体直接接触带电设备或线路的一相导体时,电流通过人体而发生的触电现象称为单相触电[见图1.1(a)]。

1) 中性点直接接地电网中发生单相触电　这时流过人体的电流为

$$I_b = \frac{U_\varphi}{R_b + R_0} \tag{1.1}$$

式中:U_φ——电网相电压(V);

    R_0——电网中性点工作接地电阻(Ω);

    R_b——人体电阻(Ω);

    I_b——流过人体的电流(A)。

对于380/220 V三相四线制电网,$U_\varphi = 220$ V,$R_0 = 4$ Ω,若取人体电阻$R_b = 1\,700$ Ω,则由公式可算出流过人体的电流$I_b = 129$ mA,远大于安全电流30 mA,足以危及触电者的生命安全。

显然,这种触电的后果与人体和大地间的接触状况有关。如果人体站在干燥绝缘的地板上,因人体与大地间有很大的绝缘电阻,通过人体的电流就很小,就不会有触电危险。但如果地面潮湿,那就有触电危险了。

2) 中性点不接地电网中发生单相触电　这时电流将从电源相线经人体、其他两相的对地阻抗(由线路的绝缘电阻和对地电容构成)回到电源的中性点,从而形成回路。此时,通过人体的电流与线路的绝缘电阻和对地电容的数值有关。在低压电网中,对地电容C很小,通过人体的电流主要取决于线路的绝缘电阻。正常情况下,设备的绝缘电阻相当大,通过人体的电流很小,一般不会对人体造成伤害。但当线路绝缘下降时,单相触电对人体的危害依然存在。而在高压中性点不接地电网中(特别是在对地电容较大的电缆线路上),线路对地电容较大,通过人体的电容电流将危及触电者的安全。

(2) 两相触电

人体同时触及带电设备或线路的两相导体而发生的触电现象称为两相触电[见图 1.1(b)]。两相触电时,作用于人体上的电压为线电压,电流将从一相导线经人体流入另一相导线,这是很危险的。设线电压为 380 V,人体电阻按 1 700 Ω 考虑,则流过人体内部的电流将达 224 mA,足以致命。所以两相触电要比单相触电严重得多。

(3) 电弧伤害

电弧是气体间隙被电场击穿时的一种现象。人体过分接近高压带电体会引起电弧放电,带负荷拉、合刀闸会造成弧光短路。电弧不仅可使人受电击,而且会使人受电伤,对人体的危害往往是致命的。

总之,直接接触触电时,通过人体的电流较大,危险性也较大,往往导致死亡事故。所以要想方设法防止直接接触触电。

2. 间接接触触电

当电气设备绝缘损坏而发生接地短路故障时(俗称"碰壳"或"漏电"),其金属外壳或结构便带有电压,此时人体触及就会发生触电,这称为间接接触触电。

(1) 接地故障电流入地点附近地面电位分布

当电气设备发生碰壳故障、导线断裂落地或线路绝缘击穿而导致单相接地故障时,电流便经接地体或导线落地点呈半球形向地中流散。由于接近电流入地点的土层具有最小的流散截面,呈现出较大的流散电阻值,接地电流将在流散途径的单位长度上产生较大的电压降,而远离电流入地点土层处电流流散的半球形截面随该处与电流入地点的距离增大而增大,相应的流散电阻随之逐渐减少,接地电流在流散电阻上的压降也随之逐渐降低。于是,在电流入地点周围的土壤中和地表面各点便具有不同的电位分布。

(2) 接触电压及接触电压触电

当电气设备因绝缘损坏而发生接地故障时,如果人体的两个部位同时触及漏电设备的外壳,则人体所承受的电位差便称为接触电压。由此造成的触电称为接触电压触电。

(3) 跨步电压及跨步电压触电

电气设备相线碰壳接地,或带电导线直接触地时,人体虽没有接触带电设备外壳或带电导线,但是跨步行走在电位分布曲线的范围内而造成的触电现象称为跨步电压触电。

两脚之间所承受的电位差称跨步电压,其值随人体离接地点的距离和跨步的大小而改变。若离得越近或跨步越大,跨步电压就越高,反之则越小。

人体受到跨步电压作用时,电流将从一只脚到另一只脚与大地形成回路[见图 1.1(c)]。触电者的症状是脚发麻、抽筋并伴有跌倒在地。跌倒后,电流可能改变路径而流经人体重要器官,使人致命。

3. 高压电场对人体的伤害

在超高压输电线路和配电装置周围,存在着强大的电场。处在电场内的物体会因静电感应作用而带有电压。当人触及这些带有感应电压的物体时,就会有感应电流通过人体入地而使人受到伤害。

4. 高频电磁场的危害

频率超过 0.1 MHz 的电磁场称为高频电磁场。人体吸收高频电磁场辐射的能量后,器官组织及其功能将受到损伤。

5. 静电对人体的伤害

相关资料表明,静电对人体有非常大的危害。持久的静电可使血液中的碱性升高,血清中钙含量减少,尿中钙排泄量增加,从而引起皮肤瘙痒、色素沉着,影响人的机体生理平衡,干扰人的情绪等。过多的静电在人体内堆积,还会引起脑神经细胞膜电流传导异常,影响中枢神经,从而导致血液酸碱度和机体氧特性的改变,影响机体的生理平衡,使人出现头晕、头痛、烦躁、失眠、食欲不振、精神恍惚等症状。静电也会干扰人体血液循环、免疫和神经系统,影响各脏器(特别是心脏)的正常工作,有可能引起心率异常和心脏早搏。在冬季,约 1/3 心血管疾病的发生与静电有关。在易燃易爆地区,人体带有静电还会引起火灾。

6. 雷电的危害

雷电造成的危害与其他因素造成的危害形式不同,其闪电袭击迅猛,使人们在尚未听到雷声之前就已触电,而来不及躲避。更有甚者,瞬间遭雷击易引起建筑、仓库、油库等着火和爆炸,造成物资和人员的巨大损失和伤亡。虽然人们对雷电的认识有所提高,并采取了一些防雷措施,但是,雷电涉及许多不确定因素;虽然我们大体上确定雷电放电行为的特定形式,但无法保证雷电放电不会偏离这种形式,因此防雷电是一项很重要的防火安全措施。

三、决定触电伤害程度的因素

1. 通过人体的电流大小和通电时间

通过人体的电流越大,人体的生理反应就越明显,感觉也就越强烈,生命的危险性就越大。一般情况下,低于 50 mA 的直流电流流过人体,不会对人体造成伤害。通电的时间越长,一方面可使能量积累越多,另一方面可使人体电阻下降,导致通过人体的电流进一步增加,其危害性也就越大。

2. 电流通过人体的路径

电流流过头部,会使人昏迷;电流流过心脏,会引起心脏颤动;电流流过中枢神经系统,会引起呼吸停止、四肢瘫痪等。由此可见,电流流过要害部位,对人都有严重的危害。

3. 电流频率

通过人体的电流,以工频(25~300 Hz)电流对人体伤害最严重。由此可见,我国广泛使用的 50 Hz 交流电,虽然它对设计电气设备比较合理,但对人体触电的危害不容忽视。

4. 电压高低

触电电压越高,对人体的危险越大。根据欧姆定理,电阻不变时电压越高,电流就越大。因此,人体触及带电体的电压越高,流过人体的电流就越大,受到的伤害就越大。这就是高压触电比低压触电更危险的原因。根据电力部门规定:凡设备对地电压在 250 V 以下者为低压,而 36 V 及以下的电压则称安全低压(一般情况下对人体无危险);凡工作场所潮湿或在安全金属容器内、隧道内、矿井内的手提式电动用具或照明灯,均应采用 12 V 的安全电压。

5. 人体电阻

人体对电流有一定的阻碍作用,这种阻碍作用表现为人体电阻,而人体电阻主要来自皮肤表层。起皱和干燥的皮肤有着相当高的电阻,但是皮肤潮湿或接触点的皮肤遭到破坏时,电阻就会突然减小,并且人体电阻将随着接触电压的升高而迅速下降。

一般情况下,人体的电阻可按 1 000～2 000 Ω 考虑。在安全程度要求较高时,人体电阻应以不受外界因素影响的体内电阻 500 Ω 计算。

6. 人体状况

触电时,通过人体电流的大小是决定人体伤害程度的主要因素之一(见表1.1)。按照人体对电流的生理反应强弱和电流对人体的伤害程度,可将电流分为三种。

1) 感知电流　是指引起人体感觉但无有害生理反应的最小电流值。
2) 摆脱电流　是指人触电后能自主摆脱电源的最大电流。
3) 致命电流　指在较短时间内引起触电者心室颤动而危及生命的最小电流值。一般认为是 50 mA(通电时间在 1 s 以上)。

表 1.1　不同电流对人体的影响

电流(mA)	通电时间	工频电流	直流电流
		人体反应	人体反应
0～0.5	连续通电	无感觉	无感觉
0.5～5	连续通电	有麻刺感	无感觉
5～10	数分钟以内	痉挛、剧痛但可摆脱电源	有针刺感、压迫感及灼热感
10～30	数分钟以内	迅速麻痹、呼吸困难、血压升高,不能摆脱电流	压痛、刺痛、灼热感强烈,并伴有抽筋
30～50	数秒到数分钟	心跳不规则、昏迷、强烈痉挛、心脏开始颤动	感觉强烈,剧痛,并伴有抽筋
50～数百	低于心脏搏动周期	受强烈冲击,但未发生心室颤动	剧痛、强烈痉挛、呼吸困难或麻痹
	超过心脏搏动周期	昏迷、心室颤动、呼吸、麻痹、心脏麻痹	

四、安全电压

所谓安全电压,是指为了防止触电事故而由特定电源供电时所采用的电压系列。这个电压系列的上限值,在任何情况下都不超过交流(50～500 Hz)有效值 50 V。

我国规定安全电压等级为 42 V、36 V、24 V、12 V、6 V。一般环境的安全电压为 36 V,而存在高度触电危险的环境以及特别潮湿的场所,则应采用 12 V 的安全电压。

项目二　　电气火灾

一、引起电气火灾的原因

由电气设备或线路故障所引起的电气着火称为电气火灾,引起电气火灾的主要原因有如下几种。

1. 漏电

电气设备或线路的某一个地方因某种因素(风吹、雨打、日晒、受潮、碰压、划破、摩擦、腐蚀等)使其绝缘下降,会导致线与线、线与外壳部分电流的泄漏。泄漏的电流在流入大地途中,如遇电阻较大,会产生局部高温,致使附近的可燃物着火,引起火灾。

要防范漏电,首先要在设计和安装上做文章。导线和绝缘强度不应低于网络的额定电压,绝缘导线也要根据电源电压的不同选配。其次,在潮湿、高温、腐蚀场所内,严禁绝缘导线明敷,应使用套管布线;多尘场所,要经常打扫,防止电气设备或线路积尘。第三是要尽量避免施工中对电气设备或线路的损伤,注意导线连接质量。第四是安装漏电保护器和经常检查电气设备或线路的绝缘情况。

2. 短路

电路中导线选择不当、绝缘老化和安装不当等原因,都会造成电路短路。发生短路时,其短路电流比正常电流大若干倍,由于电流的热效应,从而产生大量的热量,轻则降低绝缘层的使用寿命,重则引起电气火灾。

造成短路的原因除上述提到的原因外,还有电源过电压、小动物(如鸟、兔、蛇、猫等)跨接在裸线上、人为的乱拉乱接、架空线的松弛碰撞等。

防止短路火灾,首先要严格按照电力规程进行安装、维修,加强管理;其次要选用合适的安全保护装置。当采用熔断器保护时,熔体的额定电流应不大于线路长期允许负载电流的 2.5 倍;用自动开关保护时,瞬时动作过电流脱扣器的整定电流应不大于线路长期允许负载电流的 4.5 倍。用于短路保护的熔断器应装在相线上,变压器的中性线上不允许安装熔断器。

3. 过载

不同规格的导线,允许流过的电流都有一定的范围。在实际使用中,流过导线的电流大大超过允许值,就会过载,产生高热。这些热量如不及时地散发掉,就有可能使导线的绝缘层损坏,引起火灾。发生过载的原因主要是导线截面选择不当,产生"小马拉大车"现象,即在电路中接入了过多的大功率设备,超过了配电线路的负载能力。

对重要的物资仓库、居住场所和公共建筑物中的照明线路,都应采取过载保护。否则,有可能引起线路长时间过载。线路的过载保护宜采用自动开关。采用熔断器作过载保护时,熔断器熔体额定电流应不大于线路长期负载电流。采用自动开关作过载保护时,其延时动作整定电流应不大于线路长期允许负载电流。

此外,还有电力设备在工作时出现火花或电弧,都会引起可燃物燃烧而引起电火灾,特别在油库、乙炔站、电镀车间以及易燃气体液体场所,一个不大的电火花往往就能引起燃烧和爆炸,造成严重的伤亡和损失。

二、防火与灭火措施

1. 作业现场防火措施

(1)电气设备安装时,导线的连接点要牢固,不得松动,防止虚接导致短路起火。

(2)电源开关使用的熔体额定电流应不大于负荷的 50%,更不能用铁、铜、铝丝代替。

（3）电炉、电烙铁等电热工具使用时，必须符合有关安全规定和要求。

（4）电源箱（盘）和临时电线处附近，不得堆放易燃物。

（5）不得乱拉临时电源线，严禁过多接入负荷，禁止非电工拆装临时电源、电气线路设备。

（6）遇有电气设备着火时，应立即切断电源，然后用二氧化碳或干粉灭火器进行灭火。

（7）在有易燃易爆危险物品的场所，使用电气设备时应符合防爆要求，并采取防止着火、爆炸等安全措施。

（8）开关等电气设备应保持清洁，要定期清除粉尘。

2. 消防安全措施

（1）不许乱扔烟头和火种。

（2）不可携带易燃易爆物品进入现场。

（3）现场不可存放易燃、可燃材料。

（4）火源附近不可放置可燃易爆物品。

（5）电气设备按期检查，及时修理更换老化设备和线路材料。

（6）不许超负荷用电。

（7）消防栓切勿损坏，及时检查更换。

（8）进入现场要观察消防标志，记住标志内容。

（9）电路熔丝（片）熔断，不可用铜丝、铁丝代替。

（10）发现火灾，立即拨打 119 火警电话，并迅速向上级汇报。

（11）要保持疏散通道畅通无阻。

3. 电气火灾的扑救

当电气设备或线路发生火灾时，要立即设法切断电源，而后再进行电气火灾的扑救。以家用电器着火为例：应该立即关机，拔下电源插座或拉下总闸。

灭火的基本方法有：

1）隔离法 使燃烧物和未燃烧物隔离，限定灭火范围。

2）窒息法 稀释燃烧区的氧量，隔绝新鲜空气进入燃烧区。

3）冷却法 降低燃烧物的温度至着火点之下，从而停止燃烧。

 提示

在扑救电气火灾时，不允许用水和泡沫灭火器，应使用二氧化碳灭火器、四氯化碳灭火器、干粉灭火器、1211 灭火器。

项目三　触电急救及外伤救护

一、触电事故的特点

触电事故的特点是多发性、突发性、季节性、高死亡率并具有行业特征。触电事故的发生还具有很大的偶然性,令人猝不及防。

二、触电急救

1. 触电急救的要点

抢救迅速与救护得法。即用最快的速度在现场采取积极措施,保护伤员生命、减轻伤情、减少痛苦,并根据伤情要求,迅速联系医疗部门进行救治。

2. 解救触电者脱离电源的方法

发现有人触电后,首先要尽快使其脱离电源。具体方法如下:

(1) 脱离低压电源的方法

脱离低压电源可用"拉""切""挑""拽""垫"五字来概括(见图1.2)。

拉:指拉电闸。

切:当电闸距离触电现场较远时,可用带有绝缘柄的利器切断电源线。

挑:如果导线搭落在触电者身上,可用干燥的木棒挑开导线。

拽:救护人可戴上手套或在手上包缠干衣服等绝缘物品拖拽触电者,使之脱离电源。

垫:如果触电者由于痉挛紧握导线,可先用绝缘物塞进触电者身下,使其与地绝缘,然后采取办法把电源切断。

   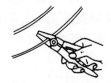 

迅速拉开闸刀或拔去电源插头　　用绝缘棒挑开触电者身上的电线　　切断电源回路　　用手拽触电者的干燥衣服

图1.2　解救触电者脱离低压电源的方法

(2) 脱离高压电源的方法

1) 立即电话通知有关供电部门拉闸停电。

2) 如果电源开关离触电现场不太远,则可戴上绝缘手套,穿上绝缘靴,拉开高压断路器,或用绝缘棒拉开高压跌落熔断器以切断电源。

3) 往架空线路抛挂裸金属软导线,人为造成线路短路,迫使继电保护装置动作,从而使电源开关跳闸。

4) 如果触电者触及断落在地上的带电高压导线,且尚未确认线路无电之前,救护人员不可进入断线落地点8～10 m的范围内,以防跨步电压触电。进入该范围的救护人员应穿上绝缘靴或临时双脚并拢跳跃地接近触电者。

(3) 使触电者脱离电源的注意事项

1) 不得采用金属和其他潮湿物品作为救护工具。

2) 未采取绝缘措施前,不得直接触及触电者的皮肤和潮湿的衣服。

3) 在拉拽触电者脱离电源的过程中,宜用单手操作,这样比较安全。

4) 当触电者位于高位时,应采取措施预防触电者在脱离电源后坠地摔伤或摔死。

5) 夜间发生触电事故时,应考虑切断电源后的临时照明问题,以利救护。

3. 现场救护

（1）触电者未失去知觉的救护措施

先让触电者在通风暖和的地方静卧休息，并派人严密观察，同时请医生前来或送往医院救治。

（2）触电者已失去知觉的救护措施

若呼吸和心跳尚正常，则应使其舒适地平卧着，解开衣服以利呼吸，同时立即请医生前来或送往医院诊治。若呼吸困难或心跳失常，应立即施行人工呼吸或胸外心脏挤压。

（3）对"假死"者的急救措施

如果触电者呈现"假死"（电休克）现象会出现三种典型的临床症状：一是心跳停止，但是尚有呼吸；二是呼吸停止，但是心跳微弱；三是呼吸心跳均停止。

"假死"症状的判定方法是"看""听""试"。

"看"是观察触电者的胸部、腹部有无起伏动作；"听"是用耳朵贴近触电者的口鼻处听他有无呼气声音；"试"是用手或小纸条测试口鼻有无呼吸的气流，再用两手指轻压喉结任意一侧凹陷处的颈动脉探测有无搏动感觉。通过上述方法初步判断触电者的生命状态。

4. 抢救触电者生命的心肺复苏法

所谓心肺复苏法，就是支持生命的三项基本措施，即通畅气道、口对口（鼻）人工呼吸、胸外按压（人工循环）。

（1）通畅气道

1）清除口中异物。

2）采用仰头抬颏法通畅气道　一只手放在触电者前额，另一只手的手指将其颌骨向上抬起，气道即可通畅。

（2）口对口（鼻）人工呼吸

先使触电者头偏向一侧，清除口中的血块、痰液或口沫，取出口中假牙等杂物，使其呼吸道畅通；急救者深深吸气，捏紧触电者的鼻子，大口地向触电者口中吹气，然后放松鼻子，使之自身呼气，每5 s一次，重复进行，在触电者苏醒之前，不可间断。操作方法如图1.3所示。

(a) 使触电者平躺并头后仰，清除口中异物　　(b) 捏紧触电者鼻子，贴嘴吹气　　(c) 放松鼻子，使之自身呼气

图1.3　口对口（鼻）人工呼吸

（3）胸外按压

对有呼吸而心脏跳动微弱、不规则或心跳已停的触电者，应采用胸外心脏按压法进行抢救。

先使触电者头部后仰，急救者跪跨在触电者臀部位置，右手掌置放在触电者的胸上，左手掌压在右手掌上，向下挤压3～4 cm后，突然放松。挤压和放松动作要有节奏，每秒1次

（儿童2秒3次），按压时应位置准确，用力适当，用力过猛会造成触电者内伤，用力过小则无效，对儿童进行抢救时，应适当减小按压力度，在触电者苏醒之前不可中断。操作方法如图1.4所示。

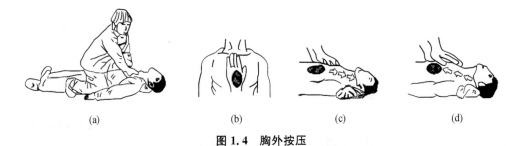

(a)　　　　　　　　(b)　　　　(c)　　　　(d)

图1.4　胸外按压

5. 现场救护中的注意事项

（1）抢救过程中应适时对触电者进行再判定。

（2）抢救过程中移送触电伤员的方法。

（3）伤员好转后的处理。

（4）慎用药物。

（5）触电者死亡的认定。

三、外伤救护

（1）对于一般性的外伤创面，可用无菌生理盐水或清洁的温开水冲洗后，再用消毒纱布或干净的布包扎，然后将伤员送往医院。救护人员不得用手直接触摸伤口，也不准在伤口上随便用药。

（2）伤口大出血要立即用清洁手指压迫出血点上方，也可用止血橡皮带使血流中断。同时将出血肢体抬高或高举，以减少出血量，并火速送医院处置。如果伤口出血不严重，可用消毒纱布或干净的布料叠几层，盖在伤口处压紧止血。

（3）高压触电造成的电弧灼伤，往往深达骨骼，处理十分复杂。现场可先用无菌生理盐水冲洗，再用酒精涂擦，然后用消毒被单或干净布片包好，速送医院处理。

（4）对于因触电摔跌而骨折的触电者，应先止血、包扎，然后用木板、竹竿、木棍等物品将骨折肢体临时固定，速送医院处理。发生腰椎骨折时，应将伤员平卧在平硬木板上，并将腰椎躯干及两侧下肢一并固定以防瘫痪，搬动时要数人合作，保持平稳，不能扭曲。

（5）遇有颅脑外伤，应使伤员平卧并保持气道通畅。若有呕吐，应扶好头部和身体，使之同时侧转，以防止呕吐物造成窒息。耳鼻有液体流出时，不要用棉花堵塞，只可轻轻拭去，以利降低颅内压力。颅脑外伤时，病情可能复杂多变，要禁止给予饮食并速送医院进行救治。

项目四 电气工作人员的职责及从业条件

一、电气工作人员的职责

电气工作人员的职责是运用自己掌握的专业知识和技能，勤奋工作，防止、避免和减少电气事故的发生，保障电气线路和电气设备的安全运行及人身安全，不断提高供电装备水平和安全用电水平。

二、预防电气事故的对策

（1）设备的设计、制造、安装、运行、维修及保护装置的配置等各个环节，都必须严格按照有关技术规定和工艺要求来进行，并实施技术监督和用电监察，严禁使用不合格的电气产品，以保证设备安全运行。

（2）加强对电气工作人员的技术培训、安全教育和定期考核，并使这些工作制度化，以提高工作人员的技术水平，强化安全第一的意识。

（3）制定有关法规、规程及技术标准，并应严格贯彻执行。

（4）大力开展安全用电宣传工作，普及安全用电的基本知识，组织安全用电检查，推动群众性的安全用电活动。

（5）积极研究、推广、采用安全用电的新技术、新设备。

（6）对用电单位的安全用电工作实施有效的监督、检查和指导。各用电单位应设有安全用电管理机构或专职人员，开展安全用电工作。

（7）电气工作人员素质和职业道德的提高是实现安全用电的根本。

三、电气工作人员的从业条件

（1）电气工作人员应具有良好的精神素质，包括为人民服务的思想，忠于职守的职业道德，精益求精的工作作风。

（2）身体健康。

（3）电气工作人员应熟悉《电工安全工作规程》及相应的现场规程有关内容并经考试合格，才允许上岗。

（4）电气工作人员应具备必要的电工理论知识和专业技能及其相关的知识与技能。

（5）电气工作人员必须熟悉本厂或本部门的电气设备和线路的运行方式、装设地点位置、编号、名称、各主要设备的运行维修缺陷、事故记录。

（6）电气工作人员必须掌握触电急救知识，首先学会人工呼吸法和胸外心脏挤压法。

项目五 **电工安全基本知识**

一、安全距离

安全距离是指工作人员与带电导体之间、导体与导体之间、导体与地面之间必须保持的最小距离。在此距离下,能保证人身、设备等的安全。

维修电工与带电设备之间的安全距离见表 1.2,低压配电屏前后通道的最小宽度见表 1.3。

表 1.2　维修电工与带电设备之间的安全距离

设备额定电压(kV)	10 及以下	20~35	44	60	110	220	330
设备不停电时的安全距离(m)	0.7	1	1.2	1.5	1.5	3	4
工作人员工作时正常活动范围与带电设备的安全距离(m)	0.35	0.6	0.9	1.5	1.5	3	4
带电作业时人体与带电体间的安全距离(m)	0.4	0.6	0.6	0.7	1	1.8	2.6

表 1.3　低压配电屏前后通道的最小宽度　　　　　　　　　(单位:m)

配电屏种类		单排布置			双排面对面布置			双排背对背布置			多排同向布置		
		屏前	屏后		屏前	屏后		屏前	屏后		屏前	前后排屏距离	
			维护	操作		维护	操作		维护	操作		前排	后排
固定式	不受限制时	1.5	1	1.2	2	1	1.2	1.5	1.5	2	2	1.5	1.5
	受限制时	1.3	0.8	1.2	1.8	0.8	1.2	1.3	1.3	2	2	1.3	0.8
抽屉式	不受限制时	1.8	1	1.2	2.3	1	1.2	1.8	1	2	2.3	1.8	1
	受限制时	1.6	0.8	1.2	2	0.8	1.2	1.6	0.8	2	2	1.6	0.8

二、安全电压与安全电流

触电时直接危害人体的因素是电流,而通过人体的电流大小与触电电压和人体电阻有关。

人体电阻的大小与皮肤的状况和通电时间有关,当皮肤干燥时人体电阻可达 1×10^4 Ω 以上,而当皮肤潮湿时人体的电阻会降到 1×10^3 Ω 以下,一般人体的电阻以 1 000~2 000 Ω 计算。

电流对人体的伤害程度主要由电流的大小决定。安全电流为 30 mA。安全电压等级分为 42 V、36 V、24 V、12 V、6 V 五种,一般情况下以 36 V 作为安全电压限。

三、安全标志

安全标志是由安全色、几何图形和图形符号构成的,用以表达特定的安全信息。

1. 安全色

安全色是通过不同的颜色表示安全的不同信息,使人们能迅速、准确地分辨各种不同环境,预防事故发生。安全色规定为红(禁止)、蓝(强制执行)、黄(警告)、绿(安全)、黑(说明)五种颜色。

2. 常用的作业标志牌式样

常用的作业标志牌式样见表1.4。

表1.4　常用的作业标志牌式样

名称	悬挂场所	式样		
		尺寸(mm)	颜色	字样
禁止合闸，有人作业！	一经合闸即可送电到施工设备的开关操作把手上	200×100 和 80×50	白底	红字
禁止合闸，线路有人工作！	线路开关把手上	200×100 和 80×50	红底	白字
在此工作！	室外和室内工作地点或施工设备上	250×250	绿底白圈	黑字白圈
止步，高压危险！	施工地点附近带电设备的遮栏上，室外工作地点的围栏上，禁止通过的过道上，高压试验地点，室外构架上，工作地点附近带电设备的横梁上	250×200	白底红边	黑字有红色箭头
从此上下！	工作人员上下的铁架、梯子上	250×250	绿底白圈	黑字白圈
禁止攀登，高压危险！	工作人员上下的铁架附近可能上下的另外铁架上，运行中变压器的梯子上	250×200	白底红边	黑字
已接地！	已接地线的隔离开关操作把手上，看不到接地线的工作设备上	240×130 和 200×100	绿底	黑字

3. 安全标志的分类

安全标志分为禁止标志、警告标志、指令标志、提示标志四类。

(1) 禁止标志的几何图形是带斜杠的圆环。

(2) 警告标志的几何图形是三角形。

(3) 指令标志的含义是必须要遵守，几何图形是圆形。

(4) 指示标志的含义是指示出目标和方向，几何图形为长方形。

4. 触电的预防

(1) 电工操作时，必须严格遵守各项安全规程，分断电源时，应先断开负荷开关，后断开隔离开关；合闸送电时，先合隔离开关，后合负荷开关。严格遵守停送电制度，切实做好各项应急的安全措施。

(2) 带电工作时，由经过培训、考试合格的电工进行，并有专业人员监护；同时采取相应的安全措施(穿绝缘鞋、站在绝缘胶皮上等)；并使人与带电体保持一定的安全距离。

(3) 没有掌握电气知识的技术工人，或对现场设备及线路不熟悉者，不能拆卸和安装电气设备及零件。禁止用湿手触摸开关及带电设备，禁止用湿布擦拭运行中的电气设备。

(4) 移动、便携式电器以及具有金属外壳的电气设备，必须进行可靠的保护接地或保护接零；或者使用安全电压；以及采用漏电保护开关；有雷击可能的要装设防雷装置。

(5) 临时线路要定期检查，严禁"一线一地"制安装。

(6) 裸露的带电体要按规定架空，并设置警告牌或遮栏。

(7) 电气设备或电气线路发生火灾时，要立即切断电源，防止身体或手持的灭火器材触及有电的导线或电气设备。

(8) 在雷雨天时，不可走近电杆、铁塔和避雷针的接地导线周围，至少要相距20 m远，以防止雷电入地时周围存在跨步电压而造成触电。误入有跨步电压区域时，要立即提起一脚或双脚并拢,作雀跃式跳出 20 m 以外,切不可迈开双脚跨步奔跑,以防触电。

(9) 电工所用的绝缘鞋、绝缘手套和工具的绝缘手柄,都要定期检查试验,以保持良好的绝缘性能,保证人身安全。

(10) 对用电者必须进行安全教育,掌握电工的安全知识后方可参加电工实际操作。

四、保护接地与保护接零

1. 保护接地

将电气设备在正常情况下不带电的金属外壳或构架用足够粗的金属线与接地体连接起来的一种保护接线方式称为保护接地。

保护接地适用于中性点不接地的低压供电系统。接地装置由接地体和接地线组成。接地体埋入地下,多采用钢管、角钢、扁钢等材料,埋入深度依材料尺寸、地下环境而定,一般要 1 m 以上。接地线应有足够的尺寸和机械强度,一般用粗圆钢、扁钢或粗铜线,用它连接接地体与设备外壳或构架。

低压电气设备的接地电阻一般不能大于 4 Ω,可用接地电阻测量仪测量。

2. 保护接零

在低压中性点接地的三相四线制系统中,电气设备的金属外壳或构架与系统的零线相接的一种用电安全措施,称作保护接零。

采用保护接零后,当设备由于某种原因相线碰壳,造成设备的某一相与零线的单相短路时,很大的短路电流使该相的保险丝熔断或使继电保护装置迅速动作,从而切断电源。这时人体如果接触该设备外壳,就不会造成触电事故了。

在保护接零系统中,熔断器和继电保护装置的正确选用是至关重要的。接零设备的接零线截面积一般不小于相线截面积的 1/2。

在中性点不接地的供电系统中,不允许采用保护接零措施。在同一电源上,接地和接零不能混用。

3. 保护方式的选用

必须实行保护接地或保护接零的电气设备有:

(1) 电动机、变压器、电器的外壳及其操作机械。

(2) 配电盘、控制屏等的金属构架和护栏。

(3) 电焊用变压器、互感器二次线圈一端与铁心、局部照明变压器的二次线圈。

(4) 电线、电力电缆的金属外包皮和保护管,电缆头的金属包皮以及母线的外罩与保护罩。

(5) 电热设备、电扇、手提电动工具、照明灯具等的外壳或底座。

4. 防雷技术

雷电是自然界中的一种普遍的放电现象。

雷电的危害有三种方式,一是直雷击,另一种是感应雷,第三种是雷电波。

一般防雷装置由接闪器、引下线和接地装置三部分紧密焊接而成。

五、漏电保护

低压配电系统及用电设备的漏电,可能造成人身伤亡或设备损坏,应该采取漏电保护措施,避免对人身或设备造成危害。

漏电保护器的主要功能是漏电自动脱扣、过流自动脱扣和短路自动脱扣,断开电源开关,从而对发生漏电、过流、短路的现象起到保护作用。

1. 漏电保护器的工作原理

漏电保护器的种类、型号和功能相当繁多,它们的检测原理基本上都是以电压动作型漏电保护和电流动作型漏电保护为基础。常用的电流型漏电保护器是通过检测电路中的电流差而动作的。根据适用的回路不同有单相回路漏电保护器和三相回路漏电保护器。

(1)单相回路漏电保护器

它是通过电流互感器检测进回两根中的电流差值,正常时电流矢量总和为零。出现故障时电流矢量不平衡,从而给放大器输出信号带动脱扣器动作,切断电源主开关。

(2)三相回路漏电保护器

三相电源线(或三相电源线和零线)同时穿过电流互感器,正常时电流矢量总和为零。出现故障时三相电流不平衡,从而给放大器输出信号带动脱扣器动作,切断电源主开关。

2. 漏电保护器的安装与接线

漏电保护器要对地垂直安装,不能水平安装。穿过漏电保护器零序电流互感器的几根导线要并拢绑紧,并与铁心位置对称。接线时要注意认清保护器接线端,一定不能接反。

3. 漏电保护器的常见故障及检修

漏电保护器要经常检查试验,发现故障要及时处理。常见故障现象有误动作、脱扣器不能复位、不能分闸或跳闸后不能合闸等。

六、节约用电

1. 采用移相电容器提高功率因数

一般工厂单位使用的主要电气设备是交流电动机和变压器,这些设备都是感性负载,会使供电线路的功率因数降低,从而使线路的供电能力下降。提高功率因数的方法是在用电电网两端并联功率补偿电容器(即移相电容器)。

2. 功率补偿的自动控制

无功功率自动补偿器的控制线路由检测部分、放大部分、控制执行部分和电源部分组成。通过检测负荷电流中的无功分量或负荷电流与电压之间的相位差,自动分组分级投入或退出不同数量的电容器组。

3. 机床空载自动停车装置

机床电动机空载运行时间几乎占整个时间的50%,由于电动机空载时的功率因数很低,因此为节约电能应采取自动停车。

4. 电焊机节电装置

在电焊机中加入空载电流自动开关,以此来调节电焊机空载时的用电量。

5. 照明节能开关

常见的照明节能开关有延时控制开关、声控开关、光控开关及组合开关等。

常用电工工具及仪表的使用

任务目标

　1. 掌握常用电工工具的使用方法。

　2. 掌握常用电工仪表的使用方法,学会测量电流、电压、电阻(包括绝缘电阻)等,学会使用万用表测量二极管、三极管。

项目一　常用电工工具的使用

正确使用电工工具,可以提高作业效率和施工质量、减轻工作疲劳,保证操作安全和延长工具的使用寿命。

一、钢丝钳

钢丝钳的主要用途是剪切、弯绞、钳夹导线和钢丝等,由钳头和钳柄两部分组成。常用的规格以长度表示,有 150 mm、175 mm 和 200 mm 三种。

钢丝钳的钳口用来弯绞或钳夹导线线头;齿口用来紧固或松起螺母;刀口用来剪切导线或剥离软导线的绝缘层;铡口用来切断钢丝或电线较硬金属;钳柄上套有耐压500 V 以上的绝缘管。其结构及使用方法如图 2.1 所示。

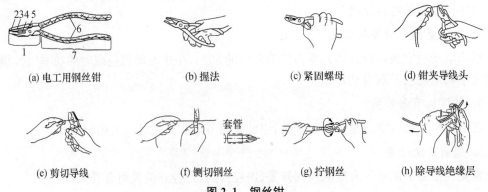

(a) 电工用钢丝钳　　(b) 握法　　(c) 紧固螺母　　(d) 钳夹导线头

(e) 剪切导线　　(f) 铡切钢丝　　(g) 拧钢丝　　(h) 除导线绝缘层

图 2.1　钢丝钳

1—钳头;2—钳口;3—齿口;4—刀口;5—铡口;6—绝缘管;7—钳柄

使用电工钢丝钳时应注意的事项主要有：

（1）带电操作时要事先检查钢丝钳手柄的绝缘套是否完好。

（2）不准拿钢丝钳当手锤敲打使用。

（3）手柄不带绝缘套的钢丝钳只能在不带电情况下使用。

（4）剪切导线时，不可同时剪切相线和零线或同时剪切两根相线，以防短路。

二、尖嘴钳

尖嘴钳因其头部尖细（图2.2），适用于在狭小的工作空间操作。

尖嘴钳可用来剪断较细小的导线；可用来夹持较小的螺钉、螺帽、垫圈、导线等；也可用来对单股导线整形（如平直、弯曲等）。若使用尖嘴钳带电作业，应检查其绝缘是否良好，并在作业时注意不要使其金属部分触及人体或邻近的带电体。

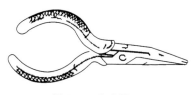

图2.2　尖嘴钳

三、活扳手

活扳手是用来拧动螺母或螺栓的工具。活扳手由动扳唇、扳口、定扳唇、蜗轮、手柄和轴销六部分组成。常用的规格以长度表示有：100 mm、150 mm、200 mm、250 mm、300 mm、375 mm、400mm 和 600mm，最大开口宽度为 14 mm、19 mm、24 mm、30 mm、36 mm、46 mm、55 mm、65 mm 等。

使用活扳手时，旋动蜗轮以调节扳口大小，使扳手紧密地卡住螺母，不可太松，否则会损坏螺母外缘；扳拧较大螺母时，需要较大的力矩，手应握住近柄尾处；扳拧较小螺母时，需要的力矩较小，手可靠前随时调节蜗轮，防止打滑。其构造及使用方法如图2.3所示。

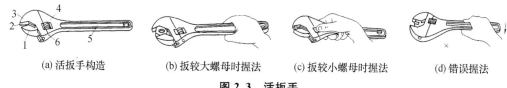

（a）活扳手构造　　（b）扳较大螺母时握法　　（c）扳较小螺母时握法　　（d）错误握法

图2.3　活扳手

1—动扳唇；2—扳口；3—定扳唇；4—蜗轮；5—手柄；6—轴销

使用电工活扳手时应注意的事项主要有：活扳手不可反用；动扳唇不可作为重力点使用；使用时不可用钢管接长柄部来施加较大的力矩。

四、螺钉旋具

螺钉旋具主要用于拧动螺钉，通常有一字槽和十字槽两种（如图2.4所示），以便使用时配合不同槽型的螺钉。一字槽螺钉旋具工作长度（不含手柄长）有：50 mm、65 mm、75 mm、100 mm、125 mm、150 mm、200 mm、250 mm、300 mm、350 mm 和 400 mm 等，工作直径有3 mm、4 mm、5 mm、6 mm、7 mm、8 mm、9 mm、和 10 mm。十字槽螺钉旋具的规格比一字槽螺钉旋具的规格略少　一些。

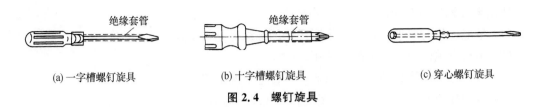

(a) 一字槽螺钉旋具　　　　(b) 十字槽螺钉旋具　　　　(c) 穿心螺钉旋具

图 2.4　螺钉旋具

一般螺钉的螺纹是正螺纹,顺时针为拧入,逆时针为拧出。

使用螺钉旋具时应注意的事项主要有:

(1) 螺钉旋具较大时,除大拇指、食指和中指要夹住握柄外,手掌还要顶住柄的末端以防旋转时滑脱。

(2) 螺钉旋具较小时,用大拇指和中指夹着握柄,同时用食指顶住柄的末端用力旋动

(3) 螺钉旋具较长时,用右手压紧手柄并转动,同时左手握住螺钉旋具的中间部分(不可放在螺钉周围,以免将手划伤),以防止螺钉旋具滑脱。

(4) 带电作业时,手不可触及螺钉旋具的金属杆,以免发生触电事故。

(5) 作为电工,不应使用金属杆直通握柄顶部的螺钉旋具。

(6) 为防止金属杆触到人体或邻近带电体,螺钉旋具的金属杆应套上绝缘管。

五、验电笔

验电工具根据测量电压的高低分为(高压)验电器和(低压)验电笔。验电笔是检查 60～500 V 低压电器是否有电的安全用具。验电笔由氖管、电阻、弹簧和笔身几部分组成。

使用时验电笔笔尖触及导电金属,手指触及笔尾的金属体,使氖管小窗背光朝向自己,以便于观察。其结构及使用方法如图 2.5 所示。

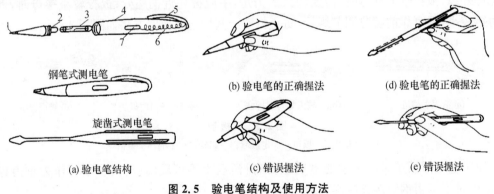

钢笔式测电笔

(b) 验电笔的正确握法　　　(d) 验电笔的正确握法

旋凿式测电笔

(a) 验电笔结构　　　(c) 错误握法　　　(e) 错误握法

图 2.5　验电笔结构及使用方法

1—笔尖的金属体;2—电阻;3—氖管;4—笔身;5—笔尾的金属体;6—弹簧;7—小窗

六、电工刀

电工刀是用来剖削电线绝缘层、切割木台缺口、削制木桩以及软金属的工具,由刀身和刀柄组成(图 2.6)。常用的规格按刀片长度分 88 mm 和 112 mm 两种。

使用电工刀时应注意的事项主要有:

(1) 不能在带电导线或器材上切削,以防触电。

（2）使用时刀口朝向外切削。

（3）剖削导线绝缘层时，应使刀面与导线成较小的锐角，以免割伤导线。

（4）使用完毕，随时把刀身折回刀柄。

（5）不准用锤子敲击电工刀刀背。

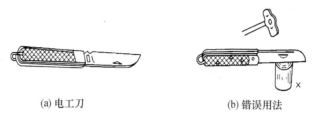

(a) 电工刀　　　　　　　(b) 错误用法

图 2.6　电工刀

七、剥线钳

剥线钳是剥除小直径导线绝缘层的专用工具。耐压强度为 500 V。其结构如图 2.7 所示。

剥线钳常见有两种，钳体长度为 140 mm 和 180 mm，剥削导线直径为 0.6 mm、1.2 mm、1.7 mm 和 0.6 mm、1.2 mm、1.7 mm、2.2 mm。

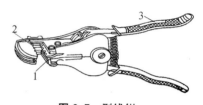

图 2.7　剥线钳
1—压线口；2—刀口；3—钳柄

使用时，首先确定剥除的长度，然后将导线放入相应的刃口中，用手将钳柄握紧，则导线的绝缘即被割破断开。

八、电烙铁

电烙铁是锡焊的主要工具，它由手柄、电热元件和烙铁头组成，其外形如图 2.8 所示。电烙铁有内热式和外热式两种，内热式是将电热元件插入铜头空腔内加热，外热式是把铜头插入电热元件内腔加热。通常使用热利用率较高的内热式电烙铁。电烙铁电功率的大小按焊接对象进行选择，焊接较大工件时选用功率大的电烙铁。电烙铁功率一般为 20～500 W。

焊接前，一般要把焊头的氧化层除去，并用焊剂进行上锡处理，使得焊头的前端经常保持一层薄锡。以防止氧化，减少能耗，保持导热良好。

电烙铁的握法没有统一的要求，以不易疲劳、操作方便为原则，一般有笔握法和拳握法两种，如图 2.9 所示。

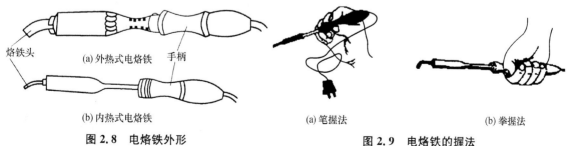

烙铁头　(a)外热式电烙铁　手柄

(b)内热式电烙铁

(a) 笔握法　　　　　　(b) 拳握法

图 2.8　电烙铁外形　　　　　　图 2.9　电烙铁的握法

用电烙铁焊接导线时，必须使用焊料和焊剂。焊料一般为丝状焊锡或纯锡，常见的焊剂有松香、焊膏等。

对焊接的基本要求是:焊点必须牢固,锡液必须充分渗透,焊点表面光滑有光泽,应防止出现"虚焊""夹生焊"。产生"虚焊"的原因是焊件表面未清除干净或焊剂太少,使得焊锡不能充分流动,造成焊件表面挂锡太少,焊件之间未能充分固定;造成"夹生焊"的原因是烙铁温度低或焊接时烙铁停留时间太短,焊锡未能充分熔化。

使用电烙铁时应注意的事项主要有:

(1) 使用前应检查电源线是否良好,是否被烫伤。

(2) 焊接电子类元件(特别是集成块)时,应采用防漏电等安全措施。

(3) 当焊头因氧化而不"吃锡"时,不可硬烧。

(4) 当焊头上锡较多不便焊接时,不可甩锡,不可敲击。

(5) 焊接较小元件时,时间不宜过长,以免因热损坏元件或绝缘。

(6) 焊接完毕,应拔去电源插头,将电烙铁置于金属支架上,防止烫伤或火灾的发生。

九、斜口钳

斜口钳专用于剪断各种电线电缆。

如图 2.10 所示。对粗细不同,硬度不同的材料,应选用大小合适的斜口钳。

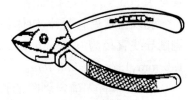

图 2.10　斜口钳

❖习题

1. 使用验电笔应注意哪些问题?

2. 使用电工用钢丝钳应注意哪些问题?

3. 使用电工刀应注意哪些问题?

项目二　常用电工测量仪表的使用

一、兆欧表

兆欧表是电工常用的测量电气设备和线路绝缘电阻的仪表(如图 2.11 所示)。常用的兆欧表有500 V、1 000 V、2 500 V 三种规格。根据电气设备和线路电压等级来选择兆欧表的规格;如电压选高,可能会击穿电气设备;如电压选低,就不能达到测量目的。

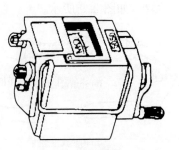

图 2.11　兆欧表

1. 兆欧表的选用

兆欧表的选用主要考虑两个方面:一是电压等级,二是测量范围。

测量额定电压在 500 V 以下的设备或线路的绝缘电阻时,可选用 500 V 或 1 000 V 的兆欧表;测量额定电压在 500 V 以上的设备或线路的绝缘电阻时,可选用 1 000~2 500 V 的兆欧表;测量瓷瓶时,应选用 2 500~5 000 V 的兆欧表;测量高压电气设备或电缆时可选用 0~2 000 MΩ 兆欧表。

需注意,有些兆欧表的起始刻度不是零,而是 1 MΩ 或 2 MΩ,这种仪表不宜用来测量处于潮湿环境中的低压电气设备的绝缘电阻,因为其绝缘电阻可能小于 1 MΩ,会造成仪表上无法读数或读数不准确。

2. 兆欧表的检验

兆欧表使用前要进行"开路"和"短路"试验,来检查仪表是否正常。

(1) 开路试验

将兆欧表的 L、E 两接线端钮隔开,摇动手柄,当表的指针指向至"∞"处时,说明仪表的开路试验合格。

(2) 短路试验

将兆欧表的 L、E 两接线端钮合在一起,摇动手柄,当表的指针指向至"0"处时,说明仪表的短路试验合格。

3. 兆欧表的使用方法

兆欧表上有三个接线端钮,其中 L 表示"线",接在线路导体上;E 表示"地",接在地线或设备的外壳上;G 表示"保护环"(即屏蔽接线端钮)。测量线路对地的绝缘电阻时,L 接线路的导线,E 接地;测量电动机绕组对地(外壳)的绝缘电阻时,L 接绕组接线端子,E 接电动机外壳;测量电动机或电器的相间绝缘电阻时,L 和 E 分别与两接接线端子相接;测量电缆对地(表皮)的绝缘电阻时,L 接电缆芯线,E 接电缆表皮,G 接绝缘层(见图 2.12)。

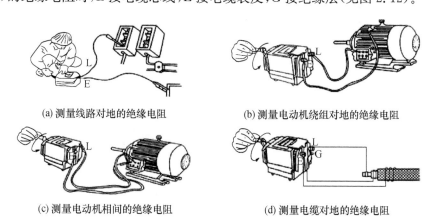

(a) 测量线路对地的绝缘电阻　　　　(b) 测量电动机绕组对地的绝缘电阻

(c) 测量电动机相间的绝缘电阻　　　　(d) 测量电缆对地的绝缘电阻

图 2.12　兆欧表的使用方法

4. 使用兆欧表的注意事项

(1) 在进行测量前,一定先切断被测线路或设备的电源,并进行充分放电,以保证设备及人身安全。

(2) 兆欧表与被测物之间的连接导线必须使用绝缘良好的单根导线,不能使用双绞线,且与 L 端连接的导线一定要有良好的绝缘,因为这一根导线的绝缘电阻与被测物的绝缘电阻相并联,对测量结果影响很大。

(3)兆欧表要平放在平稳的地方,摇动手柄时,要用另一只手扶住表,以防因摇动时的抖动和倾斜影响读数。

(4)摇动手柄时,应先慢后渐快,控制在 120 r/min 的速度左右。一般以摇动 1 min 时的读数作为读数标准。

(5)测量电容器及较长电缆等设备的绝缘电阻时,一旦测量完毕,应立即将 L 端钮的连线断开,以免兆欧表向被测设备放电而损坏被测设备。

(6)测量完毕后,在手柄未停止转动及被测对象没有放电之前,切不可用手触及被测对象的测量部分及引线,以免触电。

(7)测量完毕后,应先将连线端钮从被测物移开,再停止摇动手柄,测量后要将被测物充分放电。

二、钳形电流表

钳形电流表是由"穿心式"电流互感器和电流表组成,它可以不需断开电路直接测量电路电流,虽然准确度较低(通常为 2.5 级或 5 级),但因在测量时无须切断电路,因而使用仍很广泛(图 2.13)。如需进行直流电流的测量,则应选用交直流两用钳形表。

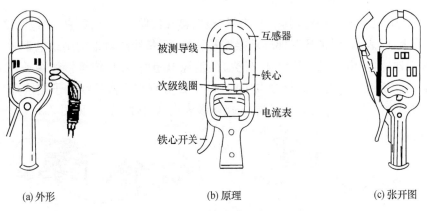

(a)外形   (b)原理   (c)张开图

图 2.13　钳形电流表

使用时,只要握紧铁心开关(扳手),使钳形口张开,让被测的载流导线卡在钳口中间,然后放开扳手,使钳形铁心闭合,则钳形电流表的表头指针便会指出导线中的电流。

使用钳形电流表的注意事项有:

(1)测量前,先估测一下被测电流值在什么范围,然后选择适当的量程。或者先用大量程测量,然后再逐渐减小量程以适应实际电流大小。测量过程中不得切换挡位。

(2)被测载流导线应放在钳口中央,否则会产生较大误差。

(3)保持钳口铁心表面干净,钳口接触要严密,否则测量不准。

(4)不能用于高压带电测量。

(5)为了测量小于 5 A 的电流,可以把导线在钳口上多绕几匝,则实际电流应为仪表读数除以穿过钳口内侧的导线匝数。

(6)测量时应戴绝缘手套或干净的线手套,并注意保持安全间距。

（7）若不是特别必要，一般不测量裸导线的电流。

（8）测量完后，调到最大电流量程上，以防下次测量时损伤仪表。

三、万用表

一般万用表可以测量交、直流电压、直流电流和电阻，以及电感、电容和三极管放大倍数（图 2.14）。使用前应检查指针是否在零位上，如果不在零位可用螺钉旋具调整表头上的机械调零旋钮，使指针对准零位。万用表有两根表笔，一红一黑。测量直流电压、电流时，电流方向为红进黑出。

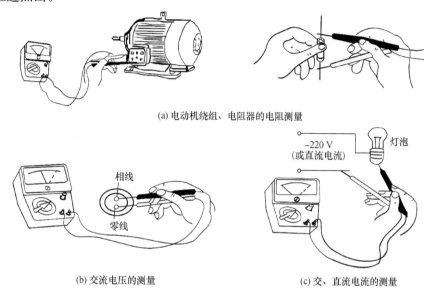

(a) 电动机绕组、电阻器的电阻测量

(b) 交流电压的测量

(c) 交、直流电流的测量

图 2.14 万用表的使用方法

使用万用表应注意的事项主要有：

（1）测量的挡位要正确。测量交流电压时，先将挡位拨到 V 挡；测量直流电压时，则至 V 挡上；测量直流电流时，要注意表笔的极性，红正黑负，不可搞错；测量电阻时，先将挡位拨到 Ω 挡上。

（2）接线要正确。

（3）不可带电转换量程。

（4）不可带电测量电阻。

（5）调试时操作者的手不要触及表笔和被测元件的导电部分，以防影响读数的准确性。

（6）在选择量程时，使测量指针处于满刻度线的 2/3 位置，以提高测量准确性。

（7）每次测量后，要将转换开关拨到交流电压最高挡，以防别人误用而损坏仪表。

四、电能表

电能表即俗称的电度表，用于测量电路的单相和三相有功、无功电能。电能表的接线在接线盒内完成，电压和电流的电源端在盒内已连接在一起，接线盒有四个端子，相线①进②出和零线③进④出（图 2.15）。

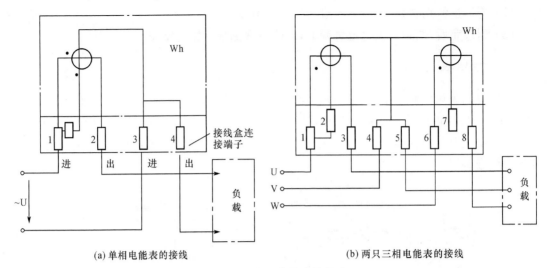

(a) 单相电能表的接线　　　　　　　　　(b) 两只三相电能表的接线

图 2.15　常见电能表的接线

❖习题

1. 万用表使用前为什么要调零?

2. 如何使用兆欧表测量电阻?

3. 简述利用钳形电流表测量电流的方法。

专题三

电工基本操作技能

任务目标

1. 掌握电工材料的分类和性能。
2. 掌握常用电线电缆的选用。

项目一　常见电工材料及其选用

常见电工材料分为四类：绝缘材料、导电材料、电热材料和磁性材料。

一、绝缘材料

绝缘材料又称为电介质，其电阻率大于 $1\times10^9\ \Omega\cdot cm$。绝缘材料的主要作用是在电气设备中将不同电位的带电导体隔离开来，使电流能按一定的路径流通。因此，要求绝缘材料有尽可能高的绝缘电阻、耐热性、耐潮性，还要有一定的机械强度。在不同的电工产品中，根据需要不同，绝缘材料还起着不同的作用。

1. 绝缘材料的性能、种类及型号

(1) 绝缘材料的主要性能

绝缘材料的主要性能见表 3.1。

表 3.1　绝缘材料的主要性能

参数	主要性能
击穿强度	绝缘材料在高于某一数值的电场强度的作用下，会被损坏而失去绝缘性能，这种现象称为击穿。绝缘材料击穿时的电场强度称为击穿强度，单位为 kV/mm
绝缘电阻(泄漏电流)	绝缘材料的电阻率虽然很高，但在一定的作用下，也可能有极其微弱的电流通过，这个电流称为“泄漏电流”
耐热性能	耐热性是指绝缘材料及其制品承受高温而不致损坏的能力
机械强度	根据各种绝缘材料的具体要求，相应规定抗张、抗压、抗弯、抗剪、抗撕、抗冲击等各项强度指标

另外，黏度、固体含量、酸值、干燥时间及焦化时间等也是其主要性能指标。各种不同的绝缘材料还有各种不同的性能指标，如渗透率、耐油性、伸长率、耐溶剂性和耐电弧性等。

（2）绝缘材料的分类

1）常用的绝缘材料一般分为气体绝缘材料、液体绝缘材料和固体绝缘材料三种。

2）按耐热性分类　绝缘材料的耐热性按其长期正常工作所允许的最高温度,可分为七个级别,见表3.2。

表3.2　绝缘材料的耐热等级和极限温度

等级代号	耐热等级	极限温度(℃)	等级代号	耐热等级	极限温度(℃)
0	Y级	90	4	F级	155
1	A级	105	5	H级	180
2	E级	120	6	C级	180
3	B级	130			

3）按应用或工艺特征　绝缘材料按应用或工艺特征分为六大类,见表3.3。

表3.3　绝缘材料的分类

分类代号	材料分类	材料示例
1	漆、树脂和胶类	1030纯酸漆、1052硅有机漆等
2	浸渍纤维制品	2432纯酸玻璃漆布等
3	层压制品类	3240环氧酚醛层压玻璃布板、3640环氧酚醛层压玻璃布管等
4	塑料类	4013酚醛木粉压制塑料
5	云母制品类	5438-1环氧玻璃粉云母带、5450硅有机粉云母带
6	薄膜、黏带和复合制品类	6020聚酯薄膜、聚酰亚胺等

（3）绝缘材料的型号

绝缘材料产品按JB 2177－77规定的统一命名原则进行分类和型号编制。产品型号一般由四位数字组成,必要时可增加附加代号(数字或字母),但尽量少用附加方式。第一位表示大类号,第二位表示在各大类中划分的小类号,第三位表示绝缘材料的耐热等级,用数字1、2、3、4、5、6来分别表示A、E、B、F、H、C六个等级。第四位代表产品顺序号。

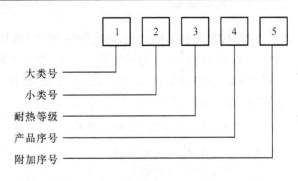

2. 常用绝缘材料

常用绝缘材料见表3.4。

表3.4　常用绝缘材料

绝缘材料名称	种类及用途
绝缘漆	绝缘漆是以高分子聚合物为基础,能在一定条件下固化成绝缘硬膜或绝缘整体的主要绝缘材料。绝缘漆一般由漆基溶剂(主要为合成树脂或天然树脂)、稀释剂、填料等组成。常用的绝缘漆分为浸渍漆、覆盖漆、硅钢片漆三种
浸渍纤维制品	有浸渍纤维布、漆管和绑扎带三类。均由绝缘纤维材料为底材,浸以绝缘漆制成

续表

绝缘材料名称	种类及用途
电工层压制品	以有机纤维、无机纤维作底材,浸涂不同的胶黏剂,经热压或卷制而成的层状结构绝缘材料。可制成具有优良介电、机械性能和耐热、耐油、耐霉、耐电弧、防电晕等特性的制品。电工层压制品分为层压板、层压管和棒、电容器套管芯三类。常用的层压制品有 3 240 层压玻璃布板,3 640层压玻璃布管和 3 840 层压玻璃布棒,这三种制品适宜做电动机的绝缘结构零件,都具有很好的电气性能和机械性能,耐油、耐潮,加工方便
压塑料	常用的压塑料有两种:4013 酚醛木粉压塑料和 4330 酚醛玻璃纤维压塑料,它们都具有很好的电气性能和防潮性能,尺寸稳定、机械强度高,适宜做电机电气的绝缘零件
云母制品	云母制品有:柔软云母板、塑料云母板云母带、换向器云母板、衬垫云母板
薄膜	薄膜要求厚度薄、柔软,电气性能及机械强度高。绝缘薄膜由若干种高分子材料聚合而成,主要用作电机、电气线圈和电缆绕包绝缘以及作电容器介质。常用的有 6020 聚酯薄膜,适用于电动机的槽绝缘、匝间绝缘、相间绝缘,以及其他电器产品线圈的绝缘
薄膜复合制品	复合膜制品要求电气性能好,机械强度高。常用的有 6520 聚酯薄膜绝缘纸复合箔及 6530 聚酯玻璃漆箔,适用于电动机的槽绝缘、匝间绝缘、相间绝缘,以及其他电工产品线圈的绝缘

 提示

其他绝缘材料是指在电动机、电器中作为结构、衬垫、包扎及保护作用的辅助绝缘材料。这类材料品种多,规格杂,有的无统一的型号。

二、导电材料

电流容易通过的材料叫导电材料。导电材料常用铜、铝以及其合金的材料,这些金属材料具有导电性能好、不易氧化、防腐蚀、加工和焊接容易,有一定的机械强度、资源丰富和价格低廉等特点。它们的主要用途是制造电线电缆。电线电缆的定义为:用于传输电能信息和实现电磁能转换的线材产品。

1. 导电材料的分类

电气设备用电线电缆的使用范围广、品种多。按产品的使用特点分为通电电线电缆、电动机/电器用电线电缆、仪器仪表用电线电缆、地质勘探和采掘用电线电缆、交通运输用电线电缆、信号控制用电线电缆和直流高压软电缆七类。维修电工常用的是前两类中的六个系列,见表3.5。

表 3.5　常用电气设备的电线电缆品种分类表

电线电缆类别	电线电缆系列名称	电线电缆型号字母及含义
通用电线电缆	(1) 橡皮、塑料绝缘导线 (2) 橡皮、塑料绝缘软线 (3) 通用橡套电缆	B—绝缘布线 R—软线 Y—移动电缆
电动机、电器用电线电缆	(1) 电动机、电器用引接线 (2) 电焊机用电缆 (3) 潜水电动机用防水橡套电缆	J—电动机用引接线 YH—电焊机用的移动电缆 YHS—有防水橡套的移动电缆

2. 常用导电材料

电气设备用电线电缆由导电线芯、绝缘层和护层所组成。常见导电材料如下:

（1）B 系列橡胶、塑料电线

这种系列的电线结构简单，质量轻，价格低，电气和机械性能有较大的裕度，广泛应用于各种动力、配电和照明线路，并用于中小型电气设备作安装线。它们的交流工作电压为 500 V，直流工作电压为 1 000 V。B 系列中常用的品种见表 3.6。

表 3.6　B 系列橡胶、塑料电线常用品种

产品名称	型号		长期最高工作温度（℃）	用途及使用条件
	铜芯	铝芯		
橡胶绝缘电线	BX	BLV	65	固定敷设于室内（明敷、暗敷或穿管），可用于室外，也可作设备内部安装用线
氯丁橡胶绝缘电线	BXF	BLXF	65	同 BX 型。耐气候性能好，适用于室外
橡胶绝缘软电线	BXR		65	同 BX 型。仅用于安装时要求柔软的场合
橡胶绝缘和护套电线	BXHF	BLXHF	65	同 BX 型。适用于较潮湿的场合和做室外进户线，可替代老产品铅包电线
聚氯乙烯绝缘电线	BV	BLV	65	同 BX 型。且耐湿性和耐气候性较好
聚氯乙烯绝缘软导线	BVR		65	同 BX 型。仅用于安装时要求柔软的场合
聚氯乙烯绝缘和护套电线	BVV	BLVV	65	同 BX 型。用于潮湿的机械防护要求较高的场合，可直接埋入土壤中
耐热聚氯乙烯绝缘电线	BV-105	BLV-105	105	同 BX 型。用于 45 ℃及以上高温环境中
耐热聚氯乙烯绝缘软电线	BVR-105		105	同 BX 型。用于 45 ℃及以上高温环境中

注："X"表示橡胶绝缘；"XF"表示氯丁橡胶绝缘；"HF"表示非燃性电缆；"V"表示聚氯乙烯绝缘电线；"VV"表示聚氯乙烯绝缘和护套。"105"表示耐热 105 ℃。

（2）R 系列橡胶、塑料软线

这种系列软线的线芯是用多根细铜线绞合而成，它除了具备 B 系列电线的特点外，还比较柔软，大量用于家用电器、仪表及照明线路。R 系列中的常用品种见表 3.7。

表 3.7　R 系列橡胶、塑料软线常用品种

产品名称	型号	工作电压（V）	长期最高工作温度（℃）	用途及使用条件
聚氯乙烯绝缘软线	RV RVB RVS	交流 250 直流 500	65	供各种移动电器、仪表、电信设备、自动化装置接线用，也可作内部安装线。安装环境温度不低于−15 ℃
耐热聚氯乙烯绝缘软线	RV−105	交流 250 直流 500	105	同 BX 型。用于 45 ℃及以上高温环境中
聚氯乙烯绝缘和护套软线	RVV	交流 250 直流 500	65	同 BV 型。用于潮湿和机械防护要求较高以及经常移动、弯曲的场合
丁聚氯乙烯复合物绝缘软线	RFB RFS	交流 250 直流 500	70	同 RVB、RVS 型。且低温柔软性较好
棉纱编织橡胶绝缘双绞软线、棉纱纺织橡胶绝缘软线	RXS RX	交流 250 直流 500	65	室内家用电器、照明用电源线
棉纱纺织橡胶绝缘平型软线	RXB	交流 250 直流 500	65	室内家用电器、照明用电源线

（3）Y 系列通用橡套电缆

这种系列的电缆适用于一般场合,作为各种电气设备、电动工具、仪器和家用电器的移动电源线,所以称为移动电缆。按其承受机械力分为轻、中、重三种形式。Y 系列中常用的品种见表 3.8。

表 3.8 Y 系列通用橡套电缆品种表

产品名称	型号	交流工作电压(V)	用途及使用条件
轻型橡套电缆	YQ	250	轻型移动设备和家用电器电源线
	YQW		轻型移动设备和家用电器电源线,且具有耐气候和一定的耐油性能
中型橡套电缆	YZ	500	各种移动电气设备和农用机械设备电源线
	YZW		各种移动电气设备和农用机械设备电源线,且具有耐气候和一定的耐油性能
重型橡套电缆	YG	500	同 YZ 型。能承受一定的机械外力作用
	YCW		同 YZ 型。能承受一定的机械外力作用,且具有耐气候和一定的耐油性能

三、电热材料

电热材料是用来制造各种电阻加热设备中的发热元件,作为电阻接到电路中,把电能转变为热能,使加热设备的温度升高。对电热材料的基本要求是电阻率高,加工性能好,在高温时具有足够的机械强度和良好的抗氧化能力。常用的电热材料是镍铬合金和铁铬铝合金,其品种、工作温度、特点和用途见表 3.9。

表 3.9 电热材料的品种、特点和用途

品种		工作温度(℃)		特点和用途
		常用	最高	
镍铬合金	Cr20 Ni80	1 000～1 050	1 150	电阻率高,加工性能好,高温时机械强度较好,用后不变脆,适用于移动设备
	Cr20 Ni50	900～950	1 050	
铁铬铝合金	Cr13 Al4	900～950	1 100	抗干扰性能比镍铬合金好,电阻率比镍铬合金高,价格较便宜,但高温时机械强度较差,用后会变脆。适用于固定设备
	Cr13 Al6 Mn2	1 050～1 200	1 300	
	Cr25 Al5	1 050～1 200	1 300	
	Cr27 Al7 Mn2	1 200～1 300	1 400	

四、磁性材料

1. 磁性材料的分类、主要特点及应用范围

电工使用的磁性材料具有较高导磁性和可加工性。按其特性一般为软磁材料、硬磁材料和特殊磁性材料。

1）软磁材料 软磁材料的特点是导磁率高,矫顽力和剩磁小。在外磁场作用下产生较高的磁通密度,去掉外磁场后,磁性就基本消失。常用的软磁材料有电工纯铁、硅钢片等。

2）硬磁材料 硬磁材料的特点是矫顽力和剩磁都较大,经磁化后去掉外磁场,在长时间内仍然保持原来的磁性。常用的硬磁材料有铝镍钴合金等。它们主要用于制造水磁电机

和微电机的磁极铁心。

3）特殊磁性材料 特殊磁性材料用于精密互感器铁心、仪表表头铁心、空间技术器件、计算机内存元件磁芯以及信息磁性材料。

2. 硅钢片的品种、性能和主要用途

铁中加入 0.8%～4.5% 的硅就是硅钢，它的电阻率比电工纯铁高，用来作为各种电机、变压器、继电器、互感器、开关等设备元件的铁心。常用的硅钢片有热轧硅钢片和冷轧硅钢片两种类型。

五、电工导电材料的选用

1. 导线的正确选用

（1）导线线芯材料的选择

作为线芯的金属材料，必须具备的特点是：电阻率较低；有足够的机械强度；在一般情况下有较好的耐腐蚀性；容易进行各种形式的机械加工，价格较便宜。铜和铝基本符合这些特点，因此铜和铝常作为导线的线芯。铜导线的电阻率比铝导线小，焊接性能和机械性能比铝导线好，常用于要求较高的场合；铝导线密度比铜导线小，价格相对低廉，目前，铝导线的使用较为普通。

（2）导线截面的选择

1）根据导线发热条件选择导线截面 电线电缆的允许载流量是指在不超过它们最高工作温度的条件下，允许长期通过的最大电流量，又称安全载流量，这是电线电缆的一个重要参数。

单根 RV、RVB、RVS、RVV 和 BLVV 型导线在空气中敷设时的载流量（环境温度为 25 ℃）见表 3.10。

表 3.10 导线长期允许载流量

导线标称截面积（mm²）	长期连续负荷允许载流量（A）			
	一芯线		二芯线	
	铜芯线	铝芯线	铜芯线	铝芯线
0.3	9	—	7	—
0.4	11	—	8.5	—
0.5	12.5	—	9.5	—
0.75	16	—	12.5	—
1.0	19	—	15	—
1.5	24	—	19	—
2.0	28	—	22	—
2.5	32	25	26	20
4	42	34	36	26
6	55	43	47	33
10	75	59	65	51

2）根据线路的机械强度选择导线截面 导线安装和运行中，要受到外力的影响，导线

本身自重和不同的敷设方式使导线受到不同的张力,如果导线不能承受张力作用,会造成断线事故。在选择导线时,必须考虑导线截面。

3) 根据电压损失条件选择导线截面　住宅用户,由变压器低压侧至线路末端,电压损失应不小于6%;电动机在正常情况下,电动机端电压与额定电压不得相差±5%。

提示

1. 根据以上条件选择导线截面的结果,在同样负载条件下可能得出不同截面的数据。此时,应选择其中最大的截面。

2. 导线截面还要与线路中装设的熔断器相适应。

2. 熔体的选择

常用的熔体是铅锡合金,它的特点是熔点低。熔体是低压熔断器最重要的零件。将熔体串联在线路中,当电流超过允许值时,熔体首先被熔断而切断电源,因此起保护其他电气设备的作用。熔体通常制作成片状和丝状。

正确、合理地选择熔体,对保证线路和电气设备的安全运行起着很大的作用。熔体选择的原则是:第一,当电流超过设备正常值一定时间后,熔体应熔断。第二,在电气设备正常短时过电流时(如电动机启动等),熔体不应熔断。

熔体选择的方法因线路不同而有所差异。熔体选择的方法见表3.11。

表3.11　熔体选择的方法

熔体对象	熔体选择方法
照明及电路设备线路	(1) 在线路上总熔体的额定电流等于电能表额定电流的0.9～1倍 (2) 在支路上熔体的额定电流等于支路上所有负载额定电流之和的1～1.1倍
交流电焊机线路	单台交流电焊机线路上熔体可用下列简便方法估算: (1) 电源电压为220 V时,熔体的额定电流等于电焊机功率(kW)数值的6倍 (2) 电源电压超过380 V时,熔体的额定电流等于电焊机功率(kW)数值的4倍
交流电动机线路	(1) 单台交流电动机线路上熔体的额定电流等于该电动机额定电流的1.5～2.5倍 (2) 多台电动机线路上的额定电流等于线路上功率最大的一台电动机额定电流的1.5～2.5倍,再加上其他电动机额定功率的总和

提示

选择熔体时系数的控制:若电动机是空载或轻载启动的,则系数取小一点;反之则取大一点。在个别情况下,系数取2.5倍后不能满足电动机启动要求时,还可以适当放大,但不能超过3倍。对于用补偿器启动的交流电动机,系数取1.5～2倍。

◆习题

1. 绝缘材料的主要性能有哪些?
2. 绝缘材料按耐热性可分为几类?
3. 常见的导电材料有哪些?
4. 常见的电热材料有哪些?
5. 如何选择导线线芯材料?

6. 如何选择导线的横截面?

7. 如何选择熔体?

项目二　　导线的连接

任务目标

1. 掌握导线的测量方法。

2. 掌握导线的剥切方法。

3. 掌握导线的各种连接方法。

一、认识导线

导线是传递和输送电流的载体(见图3.1)。其分类情况如下:按导线外面有无绝缘保护层,可分为绝缘导线和裸导线;按材质,可分为铜(T)、铝(L)、钢(G);按绝缘材料,可分为橡胶和塑料导线;按形状,可分为平行线、绞线、花线等;按股数,可分为单股、双股、三股、四股、五股及多股导线。

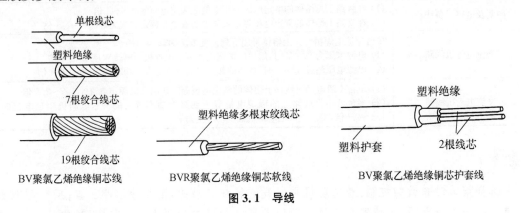

BV聚氯乙烯绝缘铜芯线　　　BVR聚氯乙烯绝缘铜芯软线　　　BV聚氯乙烯绝缘铜芯护套线

图3.1　导线

二、导线的测量

1. 导线测量的意义

导线的规格主要用导线的线径来量度。导线线径是选用导线的主要依据之一。

2. 导线测量的工具

导线测量的工具有钢尺、游标卡尺、千分尺等。钢尺的精度为1 mm,读数时一般可估读到0.1 mm。游标卡尺是中等精度的测量工具,它可以测量工件的内径、外径、长度和深度等数值,也可以直接用来测量导线的线径,其精确度分为0.1 mm、0.05 mm和0.02 mm三种。

千分尺又叫螺旋测微器,是测量精度较高的一种精密量具,用它可以直接测量导线的线径,其测量精度是 0.01 mm。

3. 导线线径的测量方法

单股粗导线线径的测量常用"直接测量法";单股细导线线径多用"多匝并测平均法";多股绞线线径可用"拆分测量法"。

4. 导线的截面积计算

对于单股直接测量的导线,其截面积 $S=0.785D^2$(D 为导线的直径);对于多匝并绕测量的导线,其截面积 $S=0.785nd^2$(n 为绞线的股数,d 为单股绞线的直径)。

5. 导线的安全载流量

500 V 单芯橡皮、塑料导线在常温下的安全载流量见表 3.12。

表 3.12　导线的安全载流量

线芯截面积(mm²)	橡皮绝缘导线安全载流量(A)		塑料绝缘导线安全载流量(A)	
	铜芯线	铝芯线	铜芯线	铝芯线
0.75	18	—	16	—
1.0	21	—	19	—
1.5	27	19	24	18
2.5	33	27	32	25
4	45	35	42	32
6	58	45	55	42
10	85	65	75	59
16	110	85	105	80

三、导线的剥切

1. 断线

断线的主要工具有钢丝钳、断线钳、尖嘴钳等。

演示动作:在断切较硬的铁丝时,右腿抬起,右手持钳往下压,左手持线往上抬。

2. 剥线

剥线的主要工具有钢丝钳、剥线钳、电工刀等。如图 3.2 所示。

(1) 截面大于 4 mm² 的塑料线可用电工刀剥削绝缘层。方法:刀口以 45°倾角切入绝缘层,接着刀面与芯线成 15°角向外削去上面一层,再将塑料绝缘层剥开并齐根切去。

(2) 截面小于 4 mm² 的塑料线可用钢丝钳剥削。根据所需线头长度,用钳口轻切塑料层,一手握住钳头向外勒,另一手握住电线反向拉动。

(3) 剥线钳是一种用于剥削 6 mm² 以下导线绝缘层的电工工具。使用时绝缘导线应放在略大于其芯线直径的切口上切割,以防止切伤芯线,同时剥削的线头不宜过长。基本操作方法为:左手握线,右手握钳,将线头按粗细放入剥线钳与之相适应的切口中,右手用力压钳柄,导线的绝缘层便被剥去(见图 3.2)。

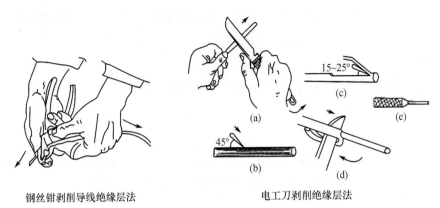

钢丝钳剥削导线绝缘层法　　　　　电工刀剥削绝缘层法

图 3.2　导线绝缘层的剥离

四、绝缘导线的连接

当导线不够长或要分接支路时,就要进行导线与导线的连接。导线连接的要求为:电接触良好、接头美观、绝缘正常、足够的机械强度。连接方式有:直线连接、分支连接、终端连接等。常用的导线的线芯由单股、7 股和 11 股,其连接方法随芯线的股数不同而不同。

1. 单股铜芯线的直线连接(见图 3.3)

1)剥 4～5 cm 绝缘层。

2)交叉,拧 1～3 个"X"。

3)线头紧密缠绕 3～5 圈,压平。

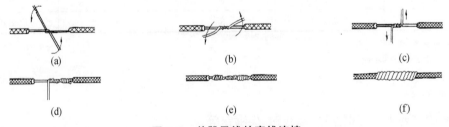

图 3.3　单股导线的直线连接

2. 单股铜芯线的 T 形分支连接(见图 3.4)

1)剥 4～5 cm 绝缘层。

2)将支路芯线线头与干路芯线十字相交,支路芯线留出 3～5 mm 的线头,对面积较小的芯线可先绕成结状(对面积较大的芯线可在干路芯线上打钩)。

3)线头紧密缠绕 3～5 圈,压平。

4)将支路芯线顺时针缠绕于干线芯线,缠绕 6～8 圈后切去剩下芯线并钳平线头末端。

3. 7 股铜芯线的直线连接(见图 3.5)

1)剥绝缘层,绝缘剖削长度应为导线直径的 21 倍左右。

2)散开芯线呈伞状,将靠近根部的 1/3 线段的芯线绞紧,余下 2/3 芯线头分散成伞状。

3)对叉伞形芯线头,把两个伞形芯线头隔跟对叉,并拉平两端芯线。

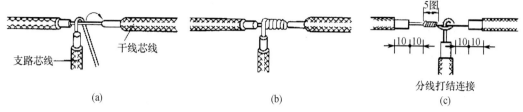

图 3.4　单股导线的 T 形分支连接

4）分组缠绕，把一端 7 股芯线按 2、2、3 跟分成三组，接着把第一组 2 根芯线扳起，垂直与芯线并顺时针方向缠绕，缠绕 2 圈后，余下的芯线向右扳直；再把下边第二组的 2 根芯线向上扳直，按顺时针方向紧紧压着前 2 根扳直的芯线缠绕，缠绕 2 圈后，将余下的芯线向右扳直；再把下边第三组的 3 根芯线向上扳直，按顺时针方向紧紧压着前 4 根扳直的芯线缠绕，缠绕 3 圈后，切去每组多余的芯线，钳平线端。

5）用同样的方法再缠绕另一端芯线。

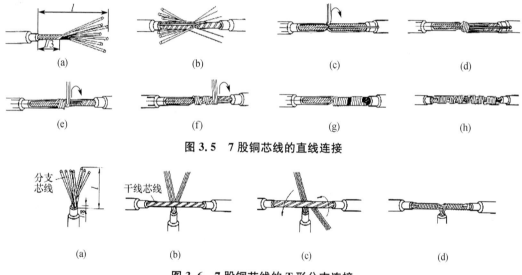

图 3.5　7 股铜芯线的直线连接

图 3.6　7 股铜芯线的 T 形分支连接

4. 7 股铜芯线的 T 形分支连接（图 3.6）

1）把分支芯线散开，线端剖开长度为 l，接着把近绝缘层 $l/8$ 的芯线绞紧。

2）把分支线头的 $7l/8$ 的芯线分成两组，一组 4 根，一组 3 根，将两组芯线分别排齐，然后用旋具把干线芯线分成两组，再把支线成排插入缝隙里。

3）把插入缝隙间的 7 根捻头分成两组，一组 3 根，一组 4 根，分别按顺时针方向和逆时针方向缠绕 3～4 圈，钳平线端。

五、线头和接线桩的连接

线头和接线桩的连接即终端连接。常用的接线桩有针孔式和螺钉压平式。

1. 线头和针孔式接线桩的连接

在与针孔式接线桩连接时,若单股芯线与接线桩插线孔大小相配则直接插入旋紧即可;若芯线较细则可把芯线对折再插入;若是多根软线则应将软线绞紧再插入插线孔。

2. 线头与螺钉平压式接线桩的连接

在与螺钉平压式接线桩连接时,若单股芯线截面较小,则应将线头弯成羊眼圈,其弯曲方向应与螺钉拧紧方向相同,羊眼圈的制作方法如图 3.7 所示;多股细丝的软线可先将接头绞紧,围绕螺钉后再自缠,自缠一圈后线头压入螺钉,如图 3.8 所示。

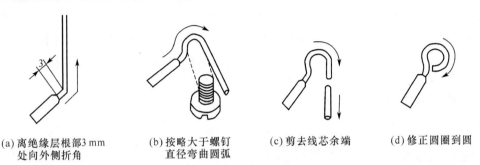

(a) 离绝缘层根部3 mm (b) 按略大于螺钉 (c) 剪去线芯余端 (d) 修正圆圈到圆
处向外侧折角   直径弯曲圆弧

图 3.7 单股线芯羊眼圈弯法

若芯线截面较大,则应先将线头装上接线耳,再将接线耳与接线桩连接,如图 3.9 所示。

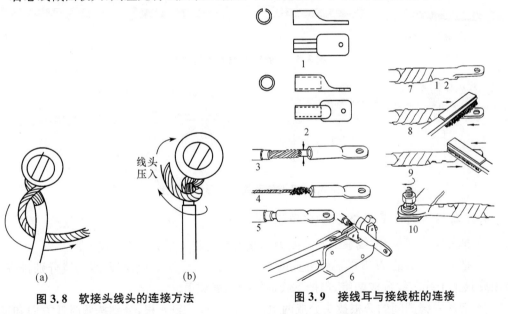

(a)　　　　　　　(b)

图 3.8 软接头线头的连接方法

图 3.9 接线耳与接线桩的连接

六、导线绝缘层的恢复

导线绝缘层被破坏或导线连接后,都应恢复绝缘层。恢复后的绝缘层的绝缘强度不应低于原绝缘层的绝缘强度。一般采用包缠法恢复绝缘层,通常用黄蜡带、涤纶薄膜带、纱线和绝缘胶带做材料。包缠时,用绝缘带包缠一个带宽后方可进入连接处的芯线部分,绝缘带与芯线保持 45°角,每圈压叠带宽的一半,包至另一端时,也需要包入一个带宽的完整绝缘层,一般需要包缠两层绝缘带。如果在室外,用塑胶带再包缠两层,如图 3.10 所示。

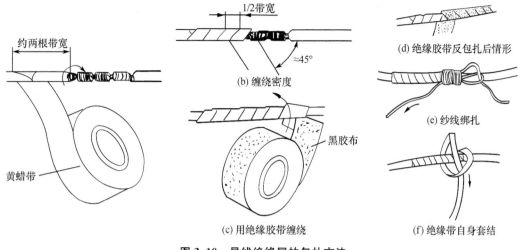

图 3.10 导线绝缘层的包扎方法

任务 导线的连接

一、工作安排

根据所学内容完成下列几种类型的导线连接:① 单股导线的直线连接;② 单股导线的 T 形分支连接;③ 绝缘导线的包缠;④ 多股导线的缠绕法和交叉连接法。

二、评分标准

评分标准见表 3.13。

表 3.13 评分标准

序号	主要内容	考核要求	评分标准	配分	扣分
1	导线连接	正确剖削导线,连接方法正确,导线缠绕紧密,切口平整,线芯不得损伤	(1) 剖削绝缘导线方法不正确,扣 10 分 (2) 缠绕方法不正确,扣 10 分 (3) 密排并绕不紧有间隙,每处扣 5 分 (4) 导线缠绕不整齐,扣 10 分 (5) 切口不平整,每处扣 10 分	60	
2	恢复绝缘	在导线连接处包缠两层绝缘带,方法正确,质量符合要求	(1) 包缠方法不正确,扣 20 分 (2) 包缠质量达不到要求,扣 20 分	30	
3	工时	120 min		10	
4	备注	各项目的最高扣分不应超过配分数	成绩		

❖ 习题

1. 如何进行塑料硬线绝缘层的剖削?

2. 如何进行塑料软线绝缘层的剖削？

3. 如何进行单股铜芯线的直线连接和 T 形分支连接？

4. 如何进行 7 股铜芯线的直线连接和 T 形分支连接？

5. 导线绝缘层剖削后恢复绝缘的操作步骤有哪些？

项目三　照明装置的安装

任务目标

1. 掌握常用照明灯具、开关及插座的安装原则和要求。
2. 掌握常用照明灯具、开关及插座的安装方法和步骤。
3. 熟悉常用照明灯具的工作原理与故障排除方法。

电气照明在工农业生产和日常生活中占有重要地位，照明装置由电光源、灯具、开关和控制电路等部分组成。

用于照明的电光源，按其发光原理，分为热辐射光源和气体放电光源两大类。热辐射光源是利用物体受热温度升高时辐射发光的原理制造的光源，如白炽灯、卤钨灯（碘钨灯和溴碘钨灯）等。气体放电光源是利用气体放电时发光的原理制造的光源，如荧光灯、高压汞灯、高压钠灯、金属卤化物灯和氙灯等。常用的照明灯具主要有白炽灯和荧光灯两大类。

一、常用电光源及灯具

1. 常用电光源及主要特性

常用电光源有白炽灯、荧光灯（日光灯）、卤钨灯（碘钨灯）、高压汞灯（高压水银荧光灯）、高压钠灯等，如图 3.11 所示为常见的电光源。

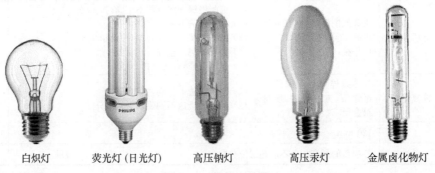

| 白炽灯 | 荧光灯（日光灯） | 高压钠灯 | 高压汞灯 | 金属卤化物灯 |

图 3.11　常见电光源

（1）白炽灯

灯泡的灯丝由钨丝制成，通电后被燃至白炽而发光，灯丝温度高达 2 400～3 000 ℃。灯泡的灯头有螺口式和插口式(卡口式)。多用于室内一般照明和临时照明,开关频繁,适用于及时点亮或调光的场所。平均寿命一般 1 000 h,白炽灯发光率较低,只有 2%～3% 的电能转换为可见光。

(2) 荧光灯

通电后,电源电压经镇流器、灯丝,在启辉器的作用下引燃管内的汞蒸气产生弧光放电,发出可见光和大量紫外线,紫外线激励灯管内壁的荧光粉,发出近似日光的灯光(如图 3.12、图 3.13)。目前的镇流器已采用了电子镇流器,具有节电、启动电压高、启动时间短、无噪声、无频闪等特点,可以在 15～60 ℃ 范围内工作,悬挂在 4 m 以下的工作场所。

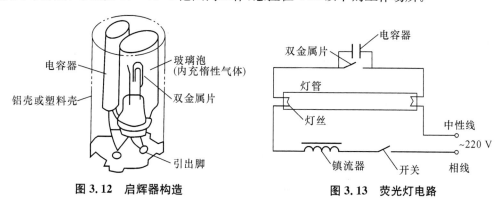

图 3.12　启辉器构造　　　　　图 3.13　荧光灯电路

(3) 卤钨灯

卤钨灯是在白炽灯泡内充入含有微量卤族元素或卤化物的气体,利用卤钨循环原理来提高光源的发光效率和使用寿命的一种新光源,通电后灯管内温度高达 1 200～1 400 ℃。用于照明强度要求和悬挂高度均较高的室内外照明场所,具有结构简单、发光效率高、体积小等优点,安装时必须保持水平,水平倾角<4°否则会缩短使用寿命,因发光时温度很高,必须装在有隔热装置的金属灯架上。

(4) 高压汞灯

常用的高压汞灯有照明荧光高压汞灯和自镇式高压汞灯,电源接通后,引燃极和辅助电极之间首先启辉放电,使放电管温度上升,水银蒸发到一定时候时,主辅两电极间产生弧光放电,使放电管内汞汽化而产生紫外线,从而激励外壳与内壁的荧光粉发出荧光。多用于街道、车间、广场车站等场所,悬挂高度 4 m 以上,高压汞灯启动时间长,需点燃 8～10 mim,当电压突降5%时,灯会熄灭。

(5) 高压钠灯

高压钠灯是发光率高、透雾能力强的新型电光源,主要由灯丝、双金属热继电器、放电管、玻璃外壳等组成。灯丝由钨丝绕成螺旋形或编织成能储存一定数量的碱土金属氧化物的形状,当灯丝发热时,碱土金属氧化物就成为电子发射材料。高压钠灯通电后,电流经过镇流器、热电阻、双金属片动断触点形成通路,此时放电管内无电流。随后电阻发热,使热继电器动断触点断开,在断开瞬间镇流器线圈产生 3 kV 的脉冲电压,与电源电压一起加到放电管两端,使管内氙气电离,从而使汞变成蒸气而放电,随着温度上升钠也变成气体,5 min左右开始放电,发射出较强的金黄色光。高压钠灯属于节能型新光源,紫外线少,不招飞虫,因此适用于户外大广场或马路。同高压汞灯一样高压钠灯启动时间长,当电压上升或下降

5％时,灯会熄灭。

二、选择电光源及灯具的一般原则

(1) 一般室内照明,为节电宜采用荧光灯代替白炽灯,最好使用三基色荧光灯。

(2) 处理有色物品的场所,宜用显色性好的光源或基色荧光灯。

(3) 灯具吊挂较低的场所,宜用荧光灯或高压钠灯。

(4) 安装高度在 4 m 以上的室内光源,宜用金属卤化物灯,也可选用高压钠灯、金属卤化物灯和荧光灯混合使用。

(5) 高大厂房和露天场所一般选用高压钠灯、金属卤化物灯或外镇流高压汞灯,不宜采用管形卤钨灯和大功率白炽灯。

(6) 生产场所应尽量不用自镇式高压汞灯和大功率白炽灯,只在要求照度不高和开关频繁时才用白炽灯。

(7) 在 1～15 ℃的低温场所,宜选用与快速启动镇流器配套的荧光灯。

(8) 厂区和居民的道路照明,宜用高压钠灯和外镇流式高压汞灯。

(9) 在通风散热不良的场所,应选用有散热孔的灯罩。

(10) 应选用维修方便、使用安全的灯具。

(11) 在有爆炸性气体或粉尘的车间里内,应选用防尘、防水及防爆式灯具,控制开关不应装在同一场所。

(12) 潮湿的室内外场所,应选用具有结晶水出口的封闭式灯具或带有防水灯口的敞开式灯具。

(13) 灼热、多尘的场所,应选用投光灯。

(14) 有腐蚀性气体和特别潮湿的室内,应选用密封式灯具,灯具的各部件要做防腐处理,开关设备需加保护装置。

(15) 有粉尘的室内,按粉尘的排出量及性质,可采用完全封闭式或密封式灯具。

(16) 在可能受到机械损伤的车间内,可采用有保护网的灯具。

三、照明灯具安装的一般要求

照明灯具按其配线方式、厂房结构、环境条件及对照明的不同要求而有吸顶式、壁式、嵌入式和悬吊式等几种方式,不论采用何种方式,都必须遵守以下各项基本原则:

(1) 灯具安装的高度,室外一般不低于 3 m,室内一般不低于 2.5 m,如遇特殊情况不能满足要求时,可采取相应的保护措施或改用安全电压供电。

(2) 灯具安装时应牢固,灯具质量超过 1 kg 时,必须固定在预埋的吊钩上。

(3) 灯具固定时,不应该因灯具自重而使导线受力。

(4) 灯架及管内不允许有接头。

(5) 导线的分支及连接处应便于检查。

(6) 导线在引入灯具处应有绝缘物保护,以免磨损导线的绝缘,也不应使其受到应力。

(7) 必须接地或接零的灯具外壳应有专门的接地螺栓和标志,并和地线(零线)良好连接。

（8）室内照明开关一般安装在门边便于操作的位置,拉线开关一般应离地 2～3 m,暗装翘板开关一般离地 1.3 m,与门框的距离一般为 150～200 mm。

（9）明装插座的安装高度一般应离地 1.4 m。暗装插座一般应离地 300 mm,同一场所暗装的插座高度应一致,其高度相差一般应不大于 5 mm;多个插座成排安装时,其高度差应不大于 2 mm。

四、白炽灯照明线路的安装与维修

1. 白炽灯灯具

白炽灯是利用电流的热效应将灯丝加热而发光。白炽灯的结构简单,使用可靠,价格低廉,装、修方便。灯泡主要由灯丝、玻璃壳和灯头三部分组成,如图 3.14 所示。白炽灯灯泡的规格很多,按其工作电压分,有 6 V、12 V、24 V、36 V、110 V 和 220 V 等六种,其中 36 V 以下的属于低压安全灯泡。灯泡的灯头有卡口式和螺口式两种,功率超过 300 W 的灯泡,一般采用螺口式灯头,因为螺口式灯头在电接触和散热方面,都要比卡口式灯头好得多。

(a) 螺口式　　　　　　　(b) 卡口式

图 3.14　白炽灯外形图

2. 白炽灯照明线路的安装

基本操作步骤描述:确定安装方案→检查元器件→布线→安装灯座→安装开关→安装插座→通电试验。

（1）根据安装要求,确定安装方案(如护套线、槽板配线、瓷夹配线),准备好所需材料。

（2）检查元器件,如灯泡、灯头、开关及插座等。

（3）按照布线工艺,定位后布线。

（4）灯座有螺口和卡口两种样式,根据安装形式不同又分为平灯座和吊灯座,如图 3.15 所示。

螺口平灯座　　　螺口吊灯头　　　卡口吊灯头

图 3.15　灯座

1）平灯座的安装　平灯座的安装步骤如下：

① 将圆木按灯座穿线孔的位置钻孔 $\phi 5$ mm，并将圆木边缘开出缺口（位置为护套线进入处），缺口大小为护套线的护套尺寸。

② 剥去进入圆木护套线的护套层。

③ 将导线穿出圆木的穿线孔，穿出孔后的导线长度一般为 50 mm，根据圆木固定孔的位置，用木螺钉将圆木固定在原先做好记号的位置上（或预先打入的圆木上）。

④ 将开关线接入平灯座的中心柱头上：用剥线钳剥去导线的绝缘线（约 15 mm），用尖嘴钳将线芯扳成 90°，再钳住线芯顺时针方向打圈。

⑤ 零线接入螺口平灯座与螺纹连接的接线柱柱头上。

⑥ 用木螺钉将灯座固定在圆木榫上。

提示

插口平灯座上两个接线柱，可任意连接上述两个线头；而螺口平灯座上两个接线柱，为了使用安全，必须把电源中性线线头连接在连通螺纹圈的接线柱上，把来自开关的线头接在连通中心簧片的接线柱上。

2）吊灯座的安装　吊灯座必须用两根绞合的塑料软线或花线作为与挂线盒的连接线，两端均应将线头绝缘层剥去，将上端塑料软线穿入挂线盒盖孔内打个结，使其能承受吊灯的质量。然后，把软线上端两个线头分别穿入挂线盒底座正中凸起部分的两个侧孔里，再分别接到两个接线柱上，罩上挂线盒盖。接着将下端塑料软线穿入吊灯座盖孔内打一个结，把两个线头接到吊灯座上的两个接线柱上，罩上挂线盒盖，再将下端塑料软线穿入吊灯座盖孔内打一个结，把两个线头接到吊灯座上的两个接线柱上，罩上吊灯座盖子即可。其安装示意图如图 3.16 所示。

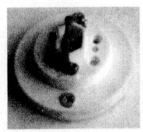

(a) 圆木、吊线盒　　(b) 安装吊线盒座　　(c) 吊线盒接线

图 3.16　吊灯座的安装

（5）开关的安装

开关有明装和暗装之分。暗装开关一般在土建工程施工过程后安装。明装开关一般安装在木台上或直接安装在墙壁上（盒装）。

1）单联开关的安装

① 在木台上安装拉线开关。先在墙上准备装开关的地方安装木榫，将一根相线和另一根开关线穿过木台两孔，并将木台固定在墙上，再将两根导线穿进开关两孔眼，接着固定开关进行接线，装上开关盒子即可。其安装示意图如图 3.17 所示。

(a) 圆木、拉线开关　　　　(b) 固定圆木　　　　(c) 安装开关座

图 3.17　在木台上安装拉线开关

② 盒装开关的安装。盒装开关的安装步骤如下：

做好记号，固定开关盒。根据开关盒固定孔的位置用旋具将木螺钉旋入，使开关盒固定在原先做好记号的位置上，如果是砖墙应先打好木榫。

按电路图将导线接在开关的接线柱上。

零线在开关盒内对接，将两根导线的绝缘层剥去 20 mm，用钢丝钳将两铜芯线相互缠绕。

最后要用绝缘胶布采用半叠包的形式进行绝缘的恢复处理，应包裹两层绝缘胶布。潮湿场所应先用塑料包裹两层后，再用黑胶布包裹两层。

2）双联开关的安装　双联开关一般用于两处控制一只灯的线路，双联开关控制一只灯的线路安装方法如图 3.18 所示。两只双联开关中连铜片的柱头不能接错。

（6）插座的安装

插座根据电源电压的不同可分为三组（即四孔）插座和单相（即三孔或二孔）插座，根据安装形式的不同又可分为明装式和暗装式两种，插座外形如图 3.19 所示。

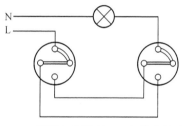

图 3.18　双联开关控制一只灯的接线电路

单相二孔和三孔插座

三相插座

单相三孔明插座(明装)

图 3.19　插座的外形图

根据单相插座的接线原则，即"左零右火上接地"，将导线分别接入插座的接线柱内。这里应注意接地线的颜色，根据标准规定接地线应是黄绿双色线。

（7）通电检验

1）检查电路是否正常　方法如下:用万用表电阻 $R \times 1$ 挡,将两表笔分别置于两个熔断器的出线端(下柱头)上进行检测。

2）在线路正常情况下接通电源,扳动开关检查灯泡控制情况。在线路正常的情况下,接上电源后,合上开关灯亮,断开开关灯灭。

3）三孔插座的检查　将万用表置于交流 250 V 挡,两表笔分别插入相线与零线两孔内,万用表应显示 220 V,再将零线一端的表笔插入接地孔内,同样应显示 220 V。

 提示

如果此时显示为零,说明接地线没有接好。

3. 白炽灯照明电路的故障诊断及维修

照明线路在运行中,会因为各种原因而出现故障,如线路老化、电气元件故障(开关、灯座、灯泡、插座)等。

白炽灯照明电路维修的基本操作步骤为:了解故障现象→故障现象分析→检修。

1）了解故障现象　在维修时首先了解故障现象,这是保障整个维修工作能否顺利进行的前提。了解故障现象可通过询问当事人、观察故障现场等手段获取。

2）故障现象分析　根据故障现象,利用电路图及布置图进行分析,确定可能造成故障的大致范围,为检修提供方案。

3）检修　通过检测手段,如用验电器、万用表等工具检测确定故障点,针对故障元件或线路进行维修或更换。

白炽灯照明电路的常见故障及检修方法见表3.14。

表 3.14　白炽灯照明电路的常见故障及检修方法

故障现象	产生原因	检修方法
灯泡不亮	(1) 灯泡钨丝烧断 (2) 电源熔断器的熔丝烧断 (3) 灯座或开关接线松动或接触不良 (4) 线路中有断路故障	(1) 调换新灯泡 (2) 查找熔丝烧断的原因并更换同规格熔丝 (3) 检查灯座和开关的接线并复原 (4) 用验电器检查线路的断路处并修复
开关合上后熔断器熔丝熔断	(1) 灯座内有两线头短路 (2) 螺口灯座内中心铜片与螺旋铜圈相碰短路 (3) 线路中发生短路 (4) 电器元件发生短路 (5) 用电量超过熔丝容量	(1) 检查灯座内两线头并修复 (2) 检查灯座并扳中心铜片 (3) 检查导线绝缘是否老化或损坏并修复 (4) 检查电气元件并修复 (5) 减小负载或更换熔断器
灯泡忽亮忽灭	(1) 灯丝烧断,但受震动后忽接忽离 (2) 灯座或开关接线松动 (3) 熔断器熔丝接触不良 (4) 电源电压不稳	(1) 更换灯泡 (2) 检查灯座和开关并修复 (3) 检查熔断器并修复 (4) 检查电源电压
灯泡发强烈白光,并瞬时或短时烧毁	(1) 灯泡额定电压低于电源电压 (2) 灯泡钨丝有搭丝,从而使电阻减小,电流增大	(1) 更换与电源电压相符合的灯泡 (2) 更换新灯泡
灯光暗淡	(1) 灯泡内钨丝挥发后积聚在玻璃壳内,使其透光度降低,同时由于钨丝挥发后变细,电阻增大,电流减小,光通量减小 (2) 电源电压过低 (3) 线路因老化或绝缘损坏有漏电现象	(1) 正常现象,不必修理 (2) 提高电源电压 (3) 检查线路,更换导线

任务 照明线路的安装

一、训练内容

在配线板上用塑料槽板装接两地控制一只白炽灯并有一个插座的线路,然后试灯。

二、工具、仪器仪表及材料

绝缘电线(根据灯的功率自定)15 m,塑料槽板(自定)5 m,塑料槽板配套分接盒(自定)2个,铁钉(塑料槽板固定用钉)30个,拉线开关(两地控制用)2只,白炽灯及灯座(~220 V,40 W,螺口)1套,单相三极插座(~250 V,15 A)1套,配线板[500 mm×(600~2 000 mm)×25 mm]1块,万用表1只,电工工具1套。

三、训练步骤

1) 根据实际安装位置,设计并绘制安装电路图,如图3.20所示。

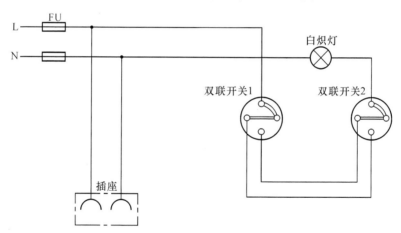

图 3.20 槽板配线电路图

2) 依照实际的安装位置,确定两地开关、插座及白炽灯的安装位置并做好标记。

3) **定位画线** 按照已确定好的开关及插座等的位置,进行定位画线,操作时要依据横平竖直的原则。

4) **截取塑料槽板** 根据实际画线的位置及尺寸,量取并切割塑料槽板,切记要做好每段槽板的相对位置标记,以免混乱。

5) **打孔并固定** 可先在每段槽板上间隔50 cm左右的距离钻4 mm的排孔(两头处均应钻孔),按每段相对放置位置,把槽板置于画线位置,将画线穿过排孔,在定位画线处和原画线垂直划一"＋"字作为木榫的底孔圆心,然后在每一圆心处均打孔,并镶嵌木榫。

6) **固定槽板** 把相对应的每段槽板用木螺钉固定在墙和天花板上,在拐弯处应选用合适的接头或弯角。

7）装接开关和插座 把开关和插座分别接线,固定在事先准备好的圆木上。把灯座接线并固定在灯头盒上。

8）连接白炽灯并通电试灯 用万用表或兆欧表检测线路绝缘和通断状况,确保无误后,接入电源,合闸试灯。

 提示

1. 通电试验前,要认真核对电路图,检查安装训练的正确性。
2. 通电试验时,应有指导教师进行监护。

四、评分标准

评分标准见表 3.15。

表 3.15 评分标准

序号	主要内容	评分标准		配分	扣分
1	线路的安装	（1）元件布置不合理,扣 10 分 （2）木台、灯座、开关、插座盒吊线盒等安装松动,每处扣 5 分 （3）电气元件损坏,每只扣 10 分 （4）相线未进开关,扣 5 分 （5）塑料槽板不平直,每根扣 5 分 （6）线芯剖削有损伤,每处扣 5 分 （7）塑料槽板转角不符合要求,每处扣 5 分 （8）管卡安装不符合要求,每处扣 1 分		60	
2	通电试验	安装线路错误,造成短路、断路故障,每多通电 1 次扣 10 分,扣完 20 分为止		20	
3	安全文明生产	违反操作规程,扣 10 分		10	
4	工时:100 min	超时扣		10	
5	备注	各项目的最高扣分不应超过配分数	成绩		

专题四

常见三相异步电动机控制电路

项目一　　**点动控制线路**

任务目标

1. 学会正确识别、选用、安装、使用低压断路器、低压熔断器、按钮开关、交流接触器,熟悉它们的功能、基本结构、工作原理及型号意义,熟记它们的图形符号和文字符号。

2. 掌握点动控制线路的原理。

3. 熟悉电动机基本控制线路的一般安装步骤和工艺要求,能正确安装点动正转控制线路。

按下按钮电动机就得电运转,松开按钮电动机就失电停转的控制方法,称为点动控制。

例如 CA6140 型车床,操作人员需要快速移动车床刀架时,只需按下按钮,刀架就能快速移动;松开按钮,刀架立即停止移动。刀架的快速移动采用的是一种点动控制线路,它是通过主令电器——按钮和自动控制电器——接触器来实现线路自动控制的。

手动正转控制线路的优点是所用电器元件少,线路简单;缺点是操作劳动强度大,安全性差,且不便于实现远距离控制和自动控制。

一、点动控制线路工作原理

如图 4.1 所示为点动正转控制线路,它是用按钮、接触器来控制电动机运转的最简单的正转控制线路。生产机械电气控制线路的电气图常用电气图、布置图和接线图来表示。

由图 4.1(b)所示的电路图可以看出,三相交流电源 L_1、L_2、L_3 与低压断路器 QF 组成电源电路;熔断器 FU_1、接触器 KM 的线圈组成控制电路。

低压断路器 QF 作电源隔离开关;熔断器 FU_1、FU_2 分别作主电路、控制电路的短路保护;启动按钮 SB 控制接触器 KM 的线圈得电与失电;接触器 KM 的主触头控制电动机 M 的启动和停止。

根据电路图,点动正转控制线路的工作原理可叙述为:

先合上电源开关 QF。

启动:按下 SB→KM 线圈得电→KM 主触头闭合→电动机 M 启动运转。

停止:松开 SB→KM 线圈失电→KM 主触头断开→电动机 M 断电停转。

停止使用时,断开电源开关 QF。

电动葫芦的起重电动机和车床拖板箱快速移动电动机都采用的是点动控制方式。

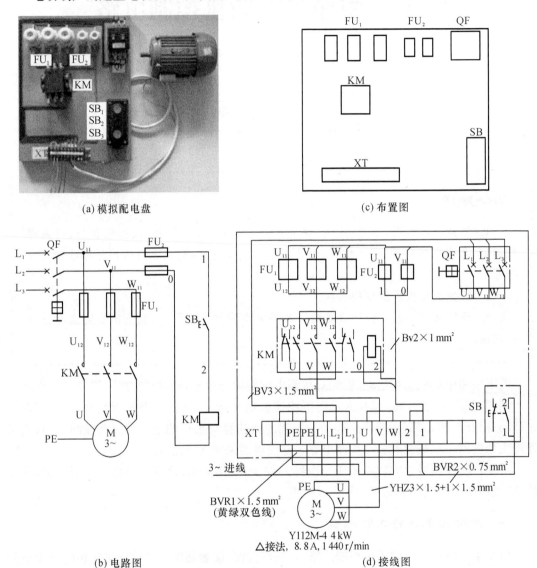

(a) 模拟配电盘

(c) 布置图

(b) 电路图

(d) 接线图

图 4.1　点动正转控制线路

二、电路图、布置图和接线图的识读与绘制

思考

把图 4.1(b)、(c)、(d)三个图认真地比较一下,看看它们有什么异同? 它们各起什么作用? 能看出绘制、识读三个图的原则吗?

1. 电路图

电路图是根据生产机械运动形式对电气控制系统的要求,采用国家统一规定的电气图形符号和文字符号,按照电气设备和电器的工作顺序排列,详细表示电路、设备或成套装置的全部基本组成和连接关系的一种简图,它不涉及电器元件的结构尺寸、材料选用、安装位置和实际配线方法。

电路图能充分表达电气设备和电器的用途、作用及线路的工作原理,是电气线路安装、调试和维修的理论依据。

绘制、识读电路图应遵循以下原则:

(1) 电路图一般分电源电路、主电路和辅助电路三部分。

1) 电源电路的电源线一般画成水平线,三相交流电源相序 L_1、L_2、L_3 自上而下依次画出,若有中线 N 和保护地线 PE,则应依次画在相线之下。直流电源的"+"端在上,"-"端在下画出。电源开关要水平画出。

2) 主电路是指受电的动力装置及控制、保护电路的支路等,是电源向负载提供电能的电路,它由主熔断器、接触器的主触头、热继电器的热元件以及电动机等组成。主电路通过的是电动机的工作电流,电流比较大,因此一般在图纸上用粗实线垂直于电源电路绘于电路图的左侧。

3) 辅助电路一般包括控制主电路工作状态的控制电路、显示主电路工作状态的指示电路、提供机床设备局部照明的照明电路等。一般由主令电器的触头、接触器的线圈和辅助触头、继电器的线圈和触头、仪表、指示灯及照明灯等组成。通常,辅助电路通过的电流较小,一般不超过 5 A。

辅助电路要跨接在两相电源之间,一般按照控制电路、指示电路和照明电路的顺序,用细实线依次垂直画在主电路的右侧,并且耗能元件(如接触器和继电器的线圈、指示灯、照明灯等)要画在电路图的下方,与下边电源线相连,而电器的触头要画在耗能元件与上边电源线之间。为读图方便,一般应按照自左向右、自上而下的排列来表示操作顺序。

思考

试根据如图 4.1(b)所示的电路图,圈出电源电路、主电路和辅助电路。此图中有指示电路和照明电路吗?

(2) 电路图中,电器元件不画实际的外形图,而应采用国家统一规定的电气图形符号表示。同一电器的各元件不按它们的实际位置画在一起,而是按其在线路中所起的作用分别画在不同的电路中,但它们的动作是相互关联的,必须用同一文字符号标注。若同一电路图中相同的电器较多时,需要在电器元件文字符号后面加注不同的数字以示区别。各电器的触头位置都按电路未通电或电器未受外力作用时的常态位置画出,分析原理时应从触头的常态位置出发。

思考

仔细观察一下如图 4.1(b)所示电路图中,为什么把文字符号 KM 标在了两处?两个熔断器的文字符号为什么分别用 FU_1 和 FU_2 标注,而不都用 FU 标注呢?

（3）电路图采用电路编号法，即对电路中的各个接点用字母或数字编号。

1）主电路在电源开关的出线端按相序依次编号为 U_{11}、V_{11}、W_{11}。然后按从上至下、从左至右的顺序，每经过一个电器元件后，编号要递增，如 U_{12}、V_{12}、W_{12}；U_{13}、V_{13}、W_{13}；……单台三相交流电动机（或设备）的三根引出线，按相序依次编号为 U、V、W。对于多台电动机引出线的编号，为了不致引起误解和混淆，可在字母前用不同的数字加以区别，如 1U、1V、1W；2U、2V、2W；……

2）辅助电路编号按"等电位"原则，按从上至下、从左至右的顺序，用数字依次编号，每经过一个电器元件后，编号要依次递增。控制电路编号的起始数字必须是 1，其他辅助电路编号的起始数字依次递增 100，如照明电路编号从 101 开始，指示电路编号从 201 开始等。

2. 布置图

布置图是根据电器元件在控制板上的实际安装位置，采用简化的外形符号（如正方形、矩形、圆形等）绘制的一种简图。它不表示各电器的具体结构、作用、接线情况以及工作原理，主要用于电器元件的布置和安装。布置图中各电器的文字符号，必须与电路图和接线图的标注一致，如图 4.1(c) 所示就是点动正转控制线路的布置图。

3. 接线图

接线图是根据电气设备和电器元件的实际位置和安装情况的绘制，它只用来表示电气设备和电器元件的位置、配线方式和接线方式，而不明显表示电气动作原理和电器元件之间的控制关系。它是电气施工的主要图样，主要用于安装训练、线路的检查和故障处理。如图 4.1(d) 所示是点动正转控制线路的接线图。

绘制、识读接线图应遵循以下原则：

（1）接线图中一般应示出以下内容：电气设备和电器元件的相对位置、文字符号、端子号、导线号、导线类型、导线截面积、屏蔽和导线绞合等。

（2）所有的电气设备和电器元件都应按其所在的实际位置绘制在图纸上，且同一电器的各元件应根据其实际结构，使用与电路图相同的图形符号画在一起，并用在画线框上，其文字符号以及接线端子的编号应与电路图中的标注相一致，以便对照检查接线。

（3）接线图中的导线有单根导线、导线组（或线扎）、电缆等之分，可用连续线或中断线表示。凡导线走向相同的可以合并，用线束来表示导线组、电缆时，可用加粗的线条表示，在不引起误解的情况下，也可采用部分加粗。另外，导线及管子的型号、根数和规格应标注清楚。

在实际工作中，电路图、布置图和接线图应结合起来使用。

三、低压断路器

在电力拖动中，低压开关多数用作机床电路的电源开关和局部照明电路的控制开关，有时也可用来直接控制小容量电动机的启动、停止和正反转。常用的低压开关有低压断路器、负荷开关和组合开关。下面介绍低压断路器。

1. 低压断路器的功能

低压断路器又叫自动空气开关或自动空气断路器，简称断路器。它集控制和多种保护功能于一体,在线路工作正常时,它作为电源开关接通和分断电路;当电路中发生短路、过载和失压等故障时,它能自动跳闸切断电路,从而保护线路和电气设备。

低压断路器具有操作安全、安装使用方便、工作可靠、动作值可调、分断能力较高、兼作多种保护、动作后不需要更换元件等优点,因此得到了广泛应用。

2. 低压断路器的分类

低压断路器按结构形式可分为塑壳式(又称装置式)、万能式(又称框架式)、限流式、直流快速式、灭磁式和漏电保护式等六类;按操作方式又可分为人力操作式、动力操作式和储能操作式;按极数可分为单极、二极、三极和四极式;按安装方式又可分为固定式、插入式和抽屉式;按断路器在电路中的用途可分为配电用断路器、电动机保护用断路器和其他负载(如照明)用断路器等。

通常使用较多是按结构形式分类,几种塑壳式和万能式低压断路器的外形如图4.2所示。在电力拖动系统中常用的是 DZ 系列塑壳式低压断路器,下面以 DZ5 - 20 型低压断路器为例介绍。

(a) DZ5系列塑壳式　　(b) DZ15系列塑壳式　　(c) NH2-100隔离开关　　(d) DW15系列万能式　　(e) DW16系列万能式

图 4.2　低压断路器

3. 低压断路器的结构及原理

DZ5 系列低压断路器的结构如图 4.3 所示。它由触头系统、灭弧装置、操作机构、热脱扣器、电磁脱扣器及绝缘外壳等部分组成。

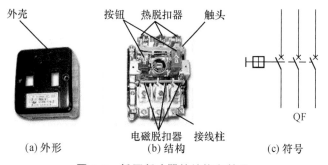

(a) 外形　　(b) 结构　　(c) 符号

图 4.3　低压断路器的结构和符号

DZ5 系列断路器有三对主触头、一对常开辅助触头和一对常闭辅助触头。使用时三对主触头串联在被控制的三相电路中,用以接通和分断主回路的大电流。按下绿色"合"按钮时接通电路,按下"分"按钮时切断电路。当电路出现短路、过载等故障时,断路器会自动跳闸切断电路。

断路器的热脱扣器用于过载保护,整定电流的大小由电流调节装置调节。出厂时,电磁脱扣器的瞬间脱扣整定电流一般整定为 $10I_N$（I_N 为断路器的额定电流）。

电磁脱扣器用作短路保护，瞬时脱扣整定电流的大小由电流调节装置调节。出厂时，电磁脱扣器的瞬时脱扣整定电流一般整定为 $10I_N$（I_N 为断路器的额定电流）。

欠压脱扣器用作零压和欠压保护。具有欠压脱扣器的断路器，在欠压脱扣器两端无电压或电压过低时不能接通电路。

4. 低压断路器的符号及型号含义

断路器的电气图形符号和文字符号如图 4.3(c)所示。DZ5 系列低压断路器的型号及含义如下：

思考

型号 DZ5 - 20/380 中各字母和数字的含义是什么？

DZ5 系列低压断路器适用于交流频率 50 Hz、额定电压 380 V、额定电流 0.15 至 50 A 的电路。保护电动机用断路器用于电动机的短路和过载保护；配电用断路器在配电网络中用来分配电能和对线路及电源设备的短路和过载保护。在使用不频繁的情况下，两者也可分别用于电动机的启动和线路的转换。

DZ5 - 20 型低压断路器的技术数据见表 4.1。

表 4.1　DZ5 - 20 型低压断路器技术数据

型号	额定电压（V）	主触头额定电流（A）	极数	脱扣器形式	热脱扣器额定电流（括号内为整定电流调节范围）(A)	电磁脱扣器瞬时动作整定值(A)
DZ5 - 20/380 DZ5 - 20/230	AC380 DC220	20	3 2	复式	0.15(0.10～0.15) 0.20(0.15～0.20)	为电磁脱扣器额定电流的 8～12 倍（出厂时整定于 10 倍）
DZ5 - 20/320 DZ5 - 20/220	AC380 DC220	20	3 2	电磁式	0.30(0.20～0.30) 0.45(0.30～0.45) 0.65(0.45～0.65)	
DZ5 - 20/310 DZ5 - 20/210	AC380 DC220	20	3 2	热式	1(0.65～1) 1.5(1～1.5) 2(1.5～2) 3(2～3) 4.5(3～4.5) 6.5(4.5～6.5) 10(6.5～10) 15(10～15) 20(15～20)	
DZ5 - 20/300 DZ5 - 20/200	AC380 DC220	20	3 2	无脱扣器式		

5. 低压断路器的选用

低压断路器的选用原则如下：

（1）低压断路器的额定电压和额定电流应不小于线路、设备的正常工作电压和工作电流。

（2）热脱扣器的整定电流应等于所控制负载的额定电流。

（3）电磁式脱扣器的瞬时脱扣整定电流应大于负载电路正常工作时的峰值电流。用于控制电动机的断路器，其瞬时脱扣整定电流可按下式选取

$$I_z \geqslant K I_{st} \tag{4.1}$$

式中：K 为安全系数，可取 $1.5 \sim 1.7$；I_{st} 为电动机的启动电流。

（4）欠压脱扣器的额定电压应等于线路的额定电压。

（5）断路器的极限通断能力应不小于电路的最大短路电流。

6. 低压断路器的安装与使用

（1）低压断路器应垂直安装，电源线接在上端，负载线接在下端。

（2）低压断路器用作电源总开关或电动机的控制开关时，在电源进线侧必须加装刀开关或熔断器等，以形成明显的断开点。

（3）低压断路器使用前应将脱扣器工作面上的防锈油脂擦净，以免影响其正常工作。同时应定期检修，清除断路器上的积尘，给操作机构添加润滑剂。

（4）各脱扣器的动作值调整好后，不允许随意变动，并应定期检查各脱扣器的动作值是否满足要求。

（5）断路器的触头使用一定次数或分断短路电流后，应及时检查触头系统，如果触头表面有毛刺、颗粒等，应及时维修或更换。

7. 低压断路器的常见故障及处理方法

低压断路器的常见故障及处理方法见表 4.2。

表 4.2　低压断路器的常见故障及处理方法

故障现象	可能原因	处理方法
不能合闸	欠压脱扣器无电压或线圈损坏	检查施加电压或更换线圈
	储能弹簧变形	更换储能弹簧
	反作用弹簧力过大	重新调整
	操作机构不能复位再扣	调整再扣接触面至规定值
电流达到整定值，断路器不动作	热脱扣器双金属片损坏	更换双金属片
	电磁脱扣器的衔铁与铁心距离太大或电磁线圈损坏	调整衔铁与铁心的距离或更换断路器
	主触头熔焊	检查原因并更换主触头
启动电动机时断路器立即分断	电磁脱扣器瞬时整定值过小	调高整定值至规定值
	电磁脱扣器的某些零件损坏	更换脱扣器
断路器闭合后一定时间自行分断	热脱扣器整定值过小	调高整定值至规定值
断路器温升过高	触头压力过小	调整触头压力或更换弹簧
	触头表面过分磨损或接触不良	更换触头或修整弹簧
	两个导电零件连接螺钉松动	重新拧紧

四、低压熔断器

低压熔断器的作用是在线路中作短路保护,通常简称为熔断器。短路是由于电气设备或导线的绝缘损坏而导致的一种电气故障。如图 4.4(a)所示为 RL6 系列螺旋式低压熔断器的外形图,图 4.4 所示为熔断器在电路图中的符号。

使用时,熔断器应串联在被保护的电路中。正常情况下,熔断器的熔体相当于一段导线;当电路发生短路故障时,熔体能迅速熔断分断电路,从而起到保护线路和电气设备的作用。熔断器的结构简单,价格便宜,动作可靠,使用维护方便,因而得到了广泛应用。

(a) RL6系列螺旋式熔断器　　　(b) 符号

图 4.4　低压熔断器

1. 熔断器的结构与主要技术参数

(1)熔断器的结构

熔断器主要有熔体、安装熔体的熔管和熔座三部分组成,如图 4.4(a)所示。

熔体是熔断器的核心,常做成丝状、片状或栅状,制作熔体的材料一般有铅锡合金、锌、铜、银等,根据受保护电路的要求而定。熔管是熔体的保护外壳,用耐热绝缘材料制成,在熔体熔断时兼有灭弧作用。熔座是熔断器的底座,用于固定熔管和外接引线。

(2)熔断器的主要技术参数

1)额定电压　指熔断器长期工作所能承受的电压。如果熔断器的实际工作电压大于其额定电压,熔体熔断时可能会发生电弧不能熄灭的危险。

2)额定电流　指保证熔断器能长期正常工作的电流。它由熔断器各部分长期工作时允许的温升决定。

 提示

熔断器的额定电流与熔体的额定电流是两个不同的概念。熔体的额定电流是指在规定的工作条件下,长时间通过熔体而熔体不熔断的最大电流值。通常,一个额定电流等级的熔断器可以配用若干个额定电流等级的熔体,但要保证熔体的额定电流值不能大于熔断器的额定电流值。例如,型号为 RL1 - 15 的熔断器,其额定电流为 15 A,它可以配用额定电流为 2 A、4 A、6 A、10 A 和 15 A 的熔体。

3)分断能力　在规定的使用和性能条件下,在规定电压下熔断器能分断的预期分断电流值。常用极限分断电流值来表示。

4)时间—电流特性　也称为安—秒特性或保护特性,是指在规定的条件下,表征流过熔体的电流与熔体的熔断时间的关系曲线,如图 4.5 所示。从特性上可以看出,熔断器的熔断时间随电流的增大而缩短,是反时限特性。

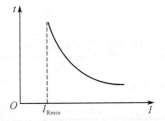

图 4.5　熔断器的时间—电流特性

另外,在时间—电流特性曲线中有一个熔断电流与不熔断电流的分界线,与此相对应的电流称为最小熔化电流或临界电流,用 I_{Rmin} 表示。往往以在 $1\sim2\,\text{h}$ 内能熔断的最小电流值作为最小熔断电流。

根据对熔断器的要求,熔体在额定电流 I_{N} 下绝对不应熔断,所以熔化电流 I_{Rmin} 必须大于额定电流 I_{N}。一般熔断器的熔断电流 I_{S} 与熔断时间 t 的关系见表4.3。

表 4.3　熔断器的熔断电流与熔断时间的关系

熔断电流 I_S(A)	$1.25I_N$	$1.6I_N$	$2.01I_N$	$2.5I_N$	$3.01I_N$	$4.01I_N$	$8.01I_N$	$10.01I_N$
熔断时间 t(s)	∞	3 600	40	8	4.5	2.5	1	0.4

思考

在电动机控制电路中,熔断器只能作短路保护电器使用,而不能作为过载保护电器使用,你能解释其原因吗?

由表4.3可以看出,熔断器对过载的反应是很不灵敏的,当电气设备发生轻度过载时,熔断器将持续很长时间才能熔断,有时甚至不熔断。因此,除照明和电加热电路外,熔断器一般不宜用作过载保护电器,主要用于短路保护。

2. 常用低压熔断器

熔断器型号及含义如下:

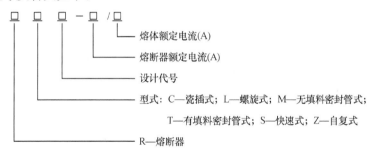

如型号 RC1A-15/10 中,R 表示熔断器,C 表示瓷插式,设计代号为 1 A,熔断器额定电流是 15 A,熔体额定电流是 10 A。

常用的熔断器有如下几种:

(1) RC1A 系列瓷插式熔断器(见图 4.6)

1) 特点　由瓷座、瓷盖、动触头、静触头及熔丝五部分组成,其特点是结构简单,价格低廉,更换方便,使用时将瓷盖插入瓷座,拔下瓷盖便可更换熔丝。但该熔断器极限分断能力较差,由于为半封闭结构,熔丝熔断时有声光现象,在易燃易爆的动作场合应静止使用。

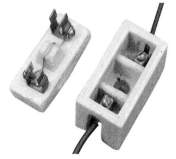

图 4.6　RC1A 系列瓷插式熔断器

1—熔丝;2—动触头;3—瓷器;
4—空腔;5—静触头;6—瓷座

2) 应用场合　主要用于交流 50 Hz、额定电压 380 V及以下、额定电流为 5~200 A 的低压线路末端或分支电路中,作线路和用电设备的短路保护,在照明线路中还可以起过载保护作用。

（2）RL₁ 系列螺旋式熔断器（见图 4.7）

1）特点　主要由瓷帽、熔断管、瓷套、上接线座、下接线座及瓷座等部分组成。熔断管内装有石英砂、熔丝和带小红点的熔断指示器,石英砂用于增强灭弧性能。该系列熔断器的分断能力较高,结构紧凑,体积小,安装面积小,更换熔体方便,工作安全可靠,熔丝熔断后有明显指示。当从瓷帽玻璃窗口观测到带小红点的熔断指示器自动脱落时,表示熔丝已经熔断。

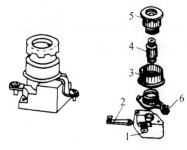

(a) 外形　　(b) 结构

图 4.7　RL₁ 系列螺旋式熔断器

1—瓷座;2—下接线座;3—瓷套;
4—熔断管;5—瓷帽;6—上接线座

2）应用场合　广泛应用于控制箱、配电屏、机床设备及振动较大的场合,在交流额定电压 500 V、额定电流 200 A 及以下的电路中,作为短路保护器件。

（3）RM10 系列封闭管式熔断器（见图 4.8）

1）特点　它由熔断管、熔体、夹头及夹座等部分组成。熔断管为钢纸制成,两端为黄铜制成的可拆式管帽,管内熔体为变截面的熔片,更换熔体较方便。RM10 系列的极限分断能力比 RC1A 熔断器高。

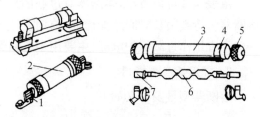

(a) 外形　　　　　　(b) 结构

图 4.8　RM10 系列封闭管式熔断器

1—夹座;2—熔断管;3—钢纸管;4—黄铜套管;
5—黄铜帽;6—熔片;7—刀形接触片

2）应用场合　主要用于交流额定电压 380 V 及以下、直流 440 V 及以下、电流在 600 A 以下的电力线路中,作导线、电缆及电气设备的短路和连续过载保护。

（4）RT0 系列有填料封闭管式熔断器（见图 4.9）

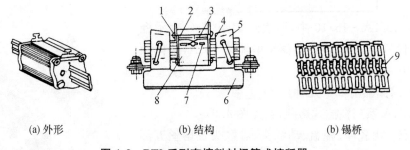

(a) 外形　　　　　(b) 结构　　　　　(b) 锡桥

图 4.9　RT0 系列有填料封闭管式熔断器

1—熔断指示器;2—石英砂填料;3—指示器熔丝;4—夹头;5—夹座;6—底座;7—熔体;8—熔管;9—锡桥

1）特点　主要由熔管、底座、夹头、夹座等部分组成。它的熔管用高频电工瓷制成,熔体是亮片网状紫铜片,中间用锡桥连接。熔体周围填满石英砂起灭弧作用,该熔断器的分断能力比同容量的 RM10 型大 2.5～4 倍。该系列熔断器配有熔断指示装置,熔体熔断后,显示出醒目的红色熔断信号,并可用配备的专用绝缘手柄在带电的情况下更换熔管,装取方便,安全可靠。

2）应用场合　主要用于交流额定电压 380 V 及以下、直流 440 V 及以下、电流在 600 A

以下的电力线路中,作导线、电缆及电气设备的短路和连续过载保护。

(5) NG30 系列有填料封闭管式圆筒帽形熔断器(见图 4.10)

1) 特点　该系列熔断器由熔断体及熔断器支持件组成。熔断体由熔管、熔体、填料组成,由纯铜片(或铜丝)制成的变截面熔体封装于高强度熔管内,熔管内充满高纯度石英砂作为灭弧介质,熔体两端采用点焊与端帽牢固连接。

熔断器支持件由底板、载熔体、插座等组成,由塑料压制的底板装上载熔体插座后,铆合或螺丝固定而成,为半封闭式结构,且带有熔断指示灯。熔体熔断时指示灯即亮。

2) 应用场合　主要用于交流额定电压 380 V 及以下、直流 440 V 及以下、电流在 600 A 以下的电力线路中,作导线、电缆及电气设备的短路和连续过载保护。

(6) RS0、RS3 系列有填料快速熔断器(见图 4.11)

1) 特点　该系列熔断器又叫半导体器件保护用熔断器,电力半导体器件的过载能力很差,采用熔断器保护时,要求过载或短路时必须快速熔断,一般在 6 倍额定电流时,熔断时间不大于20 ms。故快速熔断器的主要特点是熔断时间短,动作迅速(小于 5 ms)。RS0、RS3 系列,其外形与 RT0 系列相似,熔断管内有石英砂填料,熔体也采用变截面形状、导热性能强、热容量小的银片,融化速度快。

2) 应用场合　主要用于半导体硅整流元件的过电流保护。常用的有 RLS、RS0、RS3 等系列。RLS 系列主要用于小容量硅元件及成套装置的短路保护;RS0 和 RS3 系列主要用于大容量晶闸管元件的短路和过载保护,它们的结构相同,但 RS3 系列的动作更快,分断能力更高。

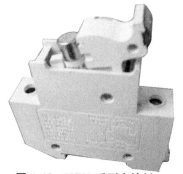

图 4.10　NG30 系列有填料封闭管式圆筒帽形熔断器

图 4.11　RS0、RS3 系列有填料快速熔断器

图 4.12　自复式熔断器

(7) 自复式熔断器(见图 4.12)

1) 特点　自复式熔断器是一种采用气体、超导体或液态金属钠等作熔体的限流元件。在故障短路电流产生的高温下使熔体瞬间呈现高阻状态,从而限制了短路电流。当故障消失后,温度下降,熔体又自动恢复至原来的低阻导电状态。自复式熔断器具有限流作用显著、动作时间短、动作后不必更换熔体、能重复使用、能实现自动重合闸等优点,所以在生产中的应用范围广泛。

2) 应用场合　目前自复式熔断器的工业产业有 RZ1 系列,它适用于交流 380 V 的电路中与断路器配合使用。熔断器的电流有 100 A、200 A、400 A、600 A 四个等级,在功率因数 λ≤0.3 时的分断能力为 100 kA。

常用低压熔断器的主要技术参数见表4.4。

表4.4 常用低压熔断器的主要技术参数

类别	型号	额定电压(V)	额定电流(A)	熔体额定电流等级(A)	极限分断能力(kA)	功率因数
瓷插式熔断器	RC1A	380	5	2、5	0.25	0.8
			10	2、4、6、10	0.5	
			15	6、10、15		
			30	20、25、30	1.5	0.7
			60	40、50、60	3	0.6
			100	80、100		
			200	120、150、200		
螺旋式熔断器	RL$_1$	500	15	2、4、6、10、15	2	≥0.3
			60	20、25、30、35、40、50、60	3.5	
			100	60、80、100	20	
			200	100、125、150、200	50	
	RL$_2$	500	25	2、4、6、10、15、20、25	1	
			60	25、35、50、60	2	
			100	80、100	3.5	
无填料封闭管式熔断器	RM10	380	15	6、10、15	1.2	0.8
			60	15、20、25、35、45、60	3.5	0.7
			100	60、80、100	10	0.35
			200	100、125、160、200		
			350	200、225、260、300、350		
			600	350、430、500、600	12	0.35
有填料封闭管式熔断器	RT0	交流380 直流440	100	30、40、50、60、100	交流50 直流25	>0.3
			200	120、150、200、250		
			400	300、350、400、450		
			600	500、550、600		
有填料封闭管式圆筒帽形熔断器	RT18	380	32	2、4、6、8、10、12、16、20、25、32	100	0.1~0.2
			63	2、4、6、8、10、16、20、25、32、40、50、63		
快速熔断器	RLS2	500	30	16、20、25、30	50	0.1~0.2
			63	35、(45)、50、63		
			100	(75)、80、(90)、100		

3. 熔断器的选择

熔断器有不同的类型和规格。对熔断器的要求是:在电气设备正常运行时,熔断器应不熔断;在出现短路故障时,应立即熔断;在电流发生正常变动时(如电动机启动过程),熔断器应不熔断;在用电设备持续过载时,应延时熔断。

对熔断器的选用主要包括熔断器类型、熔断器额定电压、熔断器额定电流和熔体额定电流的选用。

(1) 熔断器类型的选用

根据使用环境、负载性质和短路电流的大小选用适当类型的熔断器。例如,对于容量较小的照明电路,可选用 RT 系列圆筒帽形熔断器或 RC1A 系列瓷插式熔断器;对于短路电流相当大的电路或有易燃气体的环境,应选用 RT0 系列有填料封闭管式熔断器;在机床控制线路中,多选用 RL 系列螺旋式熔断器;用于半导体功率元件及晶闸管的保护时,应选用 RS 或 RLS 系列快速熔断器。

(2) 熔断器额定电压和额定电流的选用

熔断器的额定电压必须等于或大于线路的额定电压;熔断器的额定电流必须等于或大于所装熔体的额定电流;熔断器的分断能力应大于电路中可能出现的最大短路电流。

(3) 熔体额定电流的选用

1) 对照明和电热等电流较平稳、无冲击电流的负载的短路保护,熔体的额定电流应等于或稍大于负载的额定电流。

2) 对一台不经常启动且启动时间不常的电动机短路保护,熔体的额定电流 I_{RN} 应大于或等于 1.5~2.5 倍电动机额定电流 I_N,即

$$I_{RN} \geq (1.5 \sim 2.5)I_N \tag{4.2}$$

3) 对多台电动机的短路保护,熔体的额定电流应大于或等于其中最大容量电动机的额定电流 I_{Nmax} 的 1.5~2.5 倍,再加上其余电动机额定电流的总和 $\sum I_N$,即

$$I_{RN} \geq (1.5 \sim 2.5)I_{Nmax} + \sum I_N \tag{4.3}$$

❖ 例题

【例 4.1】 某机床电动机的型号为 Y112M-4,额定功率为 4 kW,额定电压为 380 V,额定电流为 8.8 A,该电动机正常工作时不需要频繁启动。若用熔断器为该电动机提供短路保护,试确定熔断器的型号规格。

解 (1) 选择熔断器的类型:该电动机是在机床中使用,所以熔断器可选用 RL₁ 系列螺旋式熔断器。

(2) 选择熔体额定电流:由于所保护的电动机不需要经常启动,则熔体额定电流取为:
$$I_{RN} = (1.5 \sim 2.5) \times 8.8 \approx 13.2 \sim 22 \text{ (A)}$$

查表 4.4 得熔体额定电流为:$I_{RN} = 20$ A 或 15 A,但选取时通常留有一定余量,故一般取 $I_{RN} = 20$ A。

(3) 选择熔断器的额定电流和额定电压:查表 4.4,可选取 RL1-60/20 型熔断器,其额定电流为 60 A,额定电压为 500 V。

4. 熔断器的安装与使用

(1) 用于安装使用的熔断器应完整无损,并标有额定电压、额定电流值。

(2) 熔断器安装时应保证熔体与夹头、夹头与夹座接触良好。瓷插式熔断器应垂直安装。螺旋式熔断器接线时,电源线应接在下接线座上,负载线应接在上接线座上,以保证能安全地更换熔管。

(3) 熔断器内要安装合格的熔体,不能用多根小规格的熔体并联代替一根大规格的熔体。在多级保护的场合,各级熔体应相互配合,上级熔断器的额定电流等级应大于下级熔断

器的额定电流等级两级为宜。

（4）更换熔体或熔管时，必须切断电源，尤其不允许带负荷操作，以免发生电弧灼伤。管式熔断器的熔体应用专用的绝缘插拔器进行更换。

（5）对 RM10 系列熔断器，在切断过三次相当于分断能力的电流后，必须更换熔断管，以保证能可靠地切断所规定分断能力的电流。

（6）熔体熔断后，应分析原因排除故障后，再更换新的熔体。在更换新的熔体时，不能轻易改变熔体的规格，更不能使用铜丝或铁丝代替熔体。

（7）熔断器兼作隔离器件使用时，应安装在控制开关的电源进线端；若仅作短路保护用，应装在控制开关的出线端。

5. 熔断器的常见故障及处理方法

熔断器的常见故障及处理方法见表 4.5。

表 4.5 熔断器的常见故障及处理方法

故障现象	可能原因	处理方法
电路接通瞬间，熔体熔断	熔体电流等级选择过小	更换熔体
	负载侧短路或接地	排除负载故障
	熔体安装时受机械损伤	更换熔体
熔体未熔断，但电路不通	熔体或接线座接触不良	重新连接

五、按钮开关

按钮、行程开关这类电器都属于主令电器。主令电器是用作接通或断开控制电路，以发出指令或用于程序的开关电器。常用的主令电器有按钮、行程开关、万能转换开关、主令控制器等。下面介绍按钮开关。

1. 按钮的功能

按钮是一种用人体某一部分（一般为手指或手掌）施加力而操作并具有弹簧储能复位的控制开关，是一种最常用的主令电器。按钮的触头允许通过的电流较小，一般不超过 5 A。因此，一般情况下，它不直接控制主电路（大电流电路）的通断，而是在控制电路（小电流电路）中发出指令或信号，控制接触器、继电器等电器，再由它们去控制主电路的通断、功能转换或电气联锁。

2. 按钮的结构原理与符号

按钮一般由按钮帽、复位弹簧、桥式动触头、静触头、支柱连杆及外壳等部分组成，如图 4.13 所示。

按钮按不受外力作用（即静态）时触头的分合状态，分为启动按钮（即常开按钮）、停止按钮（即常闭按钮）和复合按钮（即常开、常闭触头组合为一体的按钮），各种按钮的结构与符号如图 4.13 所示。不同类型和用途的按钮符号如图 4.14 所示。

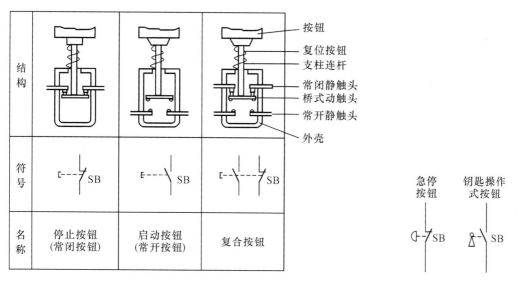

结构				按钮 复位按钮 支柱连杆 常闭静触头 桥式动触头 常开静触头 外壳
符号	ʜ⌐＼SB	⌐ʜ＼SB	⌐ʜ＼SB	
名称	停止按钮 （常闭按钮）	启动按钮 （常开按钮）	复合按钮	

图 4.13　按钮的结构与符号

图 4.14　不同类型和用途的按钮符号

提示

对启动按钮而言，按下按钮帽时触头闭合，松开后触头自动断开复位；停止按钮则相反，按下按钮帽时触头分断，松开后触头自动闭合复位。复合按钮是当按下按钮帽时，桥式动触头向下运动，使常闭触头先断开后，常开触头才闭合；当松开按钮帽时，则常开触头先分断复位后，常闭触头再闭合复位。

3. 按钮和指示灯的颜色

为了便于识别各种按钮的作用，避免误操作，通常用不同的颜色和符号标志来区分按钮的作用。按钮颜色的含义见表 4.6，指示灯颜色的含义见表 4.7。当难以选定适当的颜色时，应使用白色。急停操作件的红色不应依赖于其灯光的照度。

表 4.6　按钮颜色的含义

颜色	含义	说明	应用举例
红	紧急	危险或紧急情况时操作	急停
黄	异常	异常情况时操作	干预、制止异常情况 干预、重新启动中断了的自动循环
绿	安全	安全情况或为正常情况准备时操作	启动/接通
蓝	强制性的	要求强制动作情况下的操作	复位功能
白			启动/接通（优先） 停止/断开
灰	未赋予特定含义	除急停以外的一般功能的启动	启动/接通 停止/断开
黑			启动/接通 停止/断开（优先）

表 4.7　指示灯的颜色及其相对于工业机械状态的含义

颜色	含义	说明	操作者的动作	应用示例
红	紧急	危险情况	立即动作去处理危险情况(如操作急停)	压力/温度超过安全极限、电压下降、击穿、行程超越停止位置
黄	异常	异常情况 紧急临界情况	监视和(或)干预(如重建需要的功能)	压力/温度超过正常限值保护器件脱扣
绿	正常	正常情况	任选	压力/温度在正常范围内
蓝	强制性	指示操作者需要动作	强制性动作	指示输入预选值
白	无确定性	其他情况,可用于红、黄、绿、蓝色的应用有疑问时	监视	一般信息

4. 按钮的型号及含义

按钮的型号及含义如下:

其中,结构形式代号的含义如下:

K—开启式,嵌装在操作面板上;

H—保护式,带保护外壳,可防止内部零件受机械损伤或人偶然触及带电部分;

S—防水式,具有密封外壳,可防止雨水侵入;

F—防腐式,能防止腐蚀性气体进入;

J—紧急式,带有红色大蘑菇钮头(突出在外),作紧急切断电源用;

X—旋钮式,用旋钮旋转进行操作,有通和断两个位置;

Y—钥匙操作式,用钥匙插入进行操作,可防止误操作或供专人操作;

D—光标按钮,按钮内装有信号灯,兼作信号指示。

5. 按钮的选用

(1) 根据使用场合和具体用途选择按钮的种类。例如,嵌装在操作面板上的按钮可选用开启式;需显示工作状态的选用光标式;需要防止无关人员误操作的重要场合宜用钥匙操作式;在有腐蚀性气体处要用防腐式。

(2) 根据工作状态指示和工作情况要求,选择按钮或指示灯的颜色。例如,启动按钮可选用白、灰或黑色,优先选用白色,也可选用绿色;急停按钮应选用红色;停止按钮可选用黑、灰或白色,优先用黑色,也可选用红色。

(3) 根据控制回路的需要选择按钮的数量。如单联钮、双联钮和三联钮等。

LA10 系列按钮的主要技术数据见表 4.8。

表 4.8　LA10 系列按钮的主要技术数据

型号	形式	触头数量		额定电压、电流和控制容量	按钮	
		常开	常闭		钮数	颜色
KA10-1K	开启式	1	1	电压：AC380 V　DC220 V 电流：5 A 容量：AC300 VA　DC60 W	1	或黑、或绿、或红
KA10-2K	开启式	2	2		2	黑、红或绿、红
KA10-3K	开启式	3	3		3	黑、绿、红
KA10-1H	保护式	1	1		1	或黑、或绿、或红
KA10-2H	保护式	2	2		2	黑、红或绿、红
KA10-3H	保护式	3	3		3	黑、绿、红
KA10-1S	防水式	1	1		1	或黑、或绿、或红
KA10-2S	防水式	2	2		2	黑、红或绿、红
KA10-3S	防水式	3	3		3	黑、绿、红
KA10-1F	防腐式	1	1		1	或黑、或绿、或红
KA10-2F	防腐式	2	2		2	黑、红或绿、红
KA10-3F	防腐式	3	3		3	黑、绿、红

6. 按钮的安装与使用

（1）按钮安装在面板上时，应布置整齐，排列合理，如根据电动机启动的先后顺序，从上到下或从左到右排列。

（2）同一机床运动部件有几种不同的工作状态时（如上、下、前、后、松、紧等），应使每一对相反状态的按钮安装在一组。

（3）按钮的安装应牢固，安装按钮的金属板或金属按钮盒必须可靠接地。

（4）按钮的触头间距较小，如有油污等，极易发生短路故障，故应保持触头间的清洁。

（5）光标按钮一般不宜用于需长期通电显示的地方，以免塑料外壳过度受热而变形，使更换灯泡困难。

7. 按钮的常见故障及处理方法

按钮常见故障及处理方法见表 4.9。

表 4.9　按钮的常见故障及处理方法

故障现象	可能原因	处理方法
触头接触不良	触头烧损	修整触头或更换产品
	触头表面有尘垢	清洁触头表面
	触头弹簧失效	重绕弹簧或更换产品
触头间短路	塑料受热变形导致接线螺钉相碰短路	查明发热原因排除故障并更换产品
	杂物或油垢在触头间形成通路	清洁按钮内部

六、交流接触器

低压开关、主令电器等电器，都是依靠手控直接操作来实现触头接通或断开电路，属于非自动切换电器。在电力拖动中，广泛应用一种自动切换电器——接触器来实现电路的自动控制,接触器实际上是一种自动的电磁式开关。触头的通断不是由手来控制,而是电动操作。如图 4.15 所示,电动机通过接触器主触头接入电源,接触器线圈与启动按钮串接后接入电源。按下启动按钮,线圈得电使静铁心被磁化产生电磁吸力,吸引动铁心带动主触头闭合接通电路;松开启动按钮,线圈失电,电磁吸力消失,动铁心在反作用弹簧(图中未画出)的作用下释放,带动主触头复位切断电路。

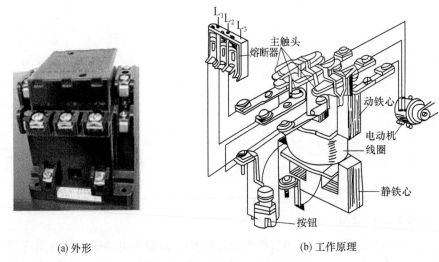

(a) 外形　　　　　　　　　(b) 工作原理

图 4.15　用接触器控制电动机转动

接触器的优点是能实现远距离自动控制,具有欠压和失压自动释放保护功能,控制容量大,工作可靠,操作频率高,使用寿命长,适用于远距离频繁地接通和断开交、直流主电路及大容量的控制电路。其主要控制对象是电动机,也可以用于控制电热设备、电焊机以及电容器组等其他负载,在电力拖动和自动控制系统中得到广泛应用。

交流接触器的种类很多,空气电磁式交流接触器应用广泛,其产品系列、品种最多,结构和工作原理基本相同。常用的有国产的 CJ10(CJT1)、CJ20 和 CJ40 等系列,引进国外先进技术生产的 CJX1(3TB 和 3TF)系列、CJX8(B)系列、CJX2 系列等。下面以 CJ10 系列为例来介绍交流接触器。

1. 交流接触器的型号及含义

交流接触器的型号及含义如下:

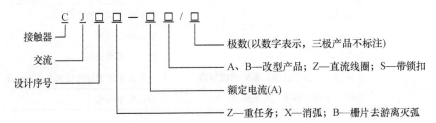

2. 交流接触器的结构和符号

交流接触器主要由电磁系统、触头系统、灭弧装置和辅助部件等组成。CJ10 - 20 型交流接触器的结构如图 4.16 所示。

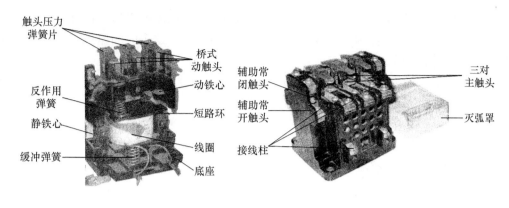

(a) 电磁系统及辅助部件   (b) 触头系统和灭弧罩

图 4.16　交流接触器结构图

（1）电磁系统

电磁系统主要由线圈、静铁心和动铁心（衔铁）三部分组成。静铁心在下、动铁心在上，线圈装在静铁心上。铁心是交流接触器发热的主要部件，静、动铁心一般用 E 形硅钢片叠压而成，以减少铁心的磁滞和涡流损耗，避免铁心过热。另外，在 E 形铁心的中柱端面留有 0.1～0.2 mm 的气隙以减小剩磁影响，避免线圈断电后衔铁黏住不能释放。铁心的两个断面上嵌有短路环，如图 4.17 所示，用以消除电磁系统的振动和噪声。线圈做成粗而短的圆筒形，且在线圈和铁心之间留有空隙，以增强铁心的散热效果。

交流接触器利用电磁系统中线圈的通电或断电，使静铁心吸合或释放衔铁，从而带动动触头与静触头闭合或分断，实现电路的接通或断开。

CJ10 系列交流接触器的衔铁运动方式有两种，对于额定电流为 40 A 及以下的接触器，采用衔铁直线运动的螺管式，如图 4.18(a)所示；对于额定电流为 60 A 及以上的接触器，采用衔铁绕轴转动的拍合式，如图 4.18(b)所示。

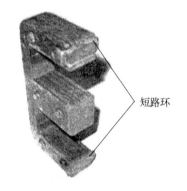

图 4.17　交流接触器铁心的短路环

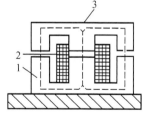 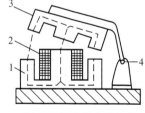

(a) 衔铁直线运动的螺管式   (b) 衔铁绕轴转动拍合式

图 4.18　交流接触器电磁系统结构图

1—静铁心；2—线圈；3—动铁心（衔铁）；4—轴

（2）触头系统

交流接触器的触头按通断能力可分为主触头和辅助触头，如图 4.16(b)所示。主触头用以通断电流较大的主电路，一般由三对常开触头组成。所谓触头的常开和常闭，是指电磁系统为通电动作前触头的状态。常开触头和常闭触头是联动的。当线圈通电时，常闭触头先断开,常开触头随后闭合,中间有一个很短的时间差。当线圈断电后,常开触头先恢复断开,随后常闭触头恢复闭合,中间也存在一个很短的时间差。这个时间差虽短,但对分析线路的控制原理却很重要。

交流接触器的触头按接触器情况可分为点接触式、线接触式和面接触式三种,如图 4.19 所示;按触头的结构形式可分为桥式触头和指形触头两种,如图 4.20 所示。CJ10 系列交流接触器的触头一般采用双断点桥式触头,其动触头用紫铜片冲压而成,在触头桥的两端镶有银基合金制成的触头块,以避免接触点由于产生氧化铜而影响其导电性能。静触头一般用黄铜板冲压而成,一端镶焊触头块,另一端为接线柱。在触头上装有压力弹簧片,用以减少接触电阻,及消除开始接触时产生的有害振动。

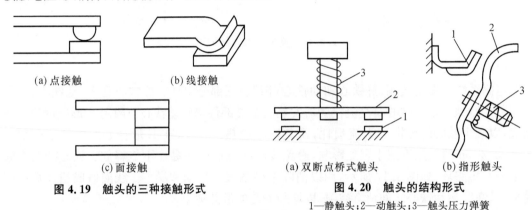

(a) 点接触　　(b) 线接触

(c) 面接触

图 4.19　触头的三种接触形式

(a) 双断点桥式触头　　(b) 指形触头

图 4.20　触头的结构形式

1—静触头;2—动触头;3—触头压力弹簧

(3) 灭弧装置

交流接触器在断开大电流或高电压电路时,会在动、静触头之间产生很强的电弧。电弧是触头间气体在强电场作用下产生的放电现象,它一方面会灼伤触头,减少触头的使用寿命;另一方面会使电路切断时间延长,甚至造成弧光短路或引起火灾事故。因此触头间的电弧应尽快熄灭。

灭弧装置的作用是熄灭触头分断时产生的电弧,以减轻对触头的灼伤,保证可靠的分断电路。交流接触器常采用的灭弧装置有双断口结构的电动力灭弧装置、纵缝灭弧装置和栅片灭弧装置,如图 4.21 所示。对于容量较小的交流接触器,如 CJ10 - 10 型,一般采用双断口结构的电动力灭弧装置;CJ10 系列交流接触器额定电流在 20 A 及以上的,常采用纵缝灭弧装置灭弧;对于容量较大的交流接触器,多采用栅片来灭弧。

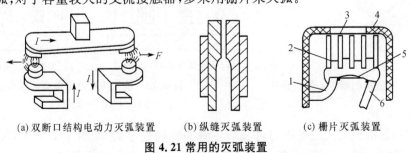

(a) 双断口结构电动力灭弧装置　　(b) 纵缝灭弧装置　　(c) 栅片灭弧装置

图 4.21 常用的灭弧装置

1—静触头;2—短电弧;3—灭弧栅片;4—灭弧罩;5—电弧;6—动触头

（4）辅助部件

交流接触器的辅助部件有反作用弹簧、缓冲弹簧、触头压力弹簧、传动机构及底座、接线柱等，如图 4.16(a)所示。反作用弹簧安装在衔铁和线圈之间，其作用时间为线圈断电后，推动衔铁释放，带动触头复位；缓冲弹簧安装在静铁心和线圈之间，其作用时缓冲衔铁在吸合时对静铁心和外壳的冲击力，保护外壳；触头压力弹簧安装在动触头上面，其作用时增加动、静触头间的压力，从而增大接触面积，以减少接触电阻，防止触头过热损伤；传动机构是作用是在衔铁或反作用弹簧的作用下，带动动触头实现与静触头的接通或分断。

交流接触器在电路图中的符号如图 4.22 所示。

| (a)线圈 | (b)主触头 | (c)辅助常开触头 | (d)辅助常闭触头 |

图 4.22　接触器的符号

3. 交流接触器的工作原理

当接触器的线圈通电后，线圈中的电流产生磁场，使静铁心磁化产生足够大的电磁吸力，克服反作用弹簧的反作用力将衔铁吸合，衔铁通过传动机构带动辅助常闭触头先分断开，三对常开主触头和辅助常开触头后闭合；当接触器线圈断电后电压显著下降时，由于铁心的电磁吸力消失或过小，衔铁在反作用弹簧力的作用下复位，并带动各触头恢复到原始状态。

常用的 CJ10 等系列交流接触器在 0.85～1.05 倍的额定电压下，能保证可靠吸合。电压过高，磁路趋于饱和，线圈电流会显著增大。电压过低，电磁吸力不足，衔铁吸合不上，线圈电流会达到额定电流的几十倍，因此，电压过高或过低都会造成线圈过热而烧毁。

CJ10 系列交流接触器的替代产品是 CJT1 系列，适用于交流频率 50 Hz(或 60 Hz)、电压至 380 V、电流至 150 A 的电力线路中，供远距离接通和分断电路之用，并适用于频繁启动、停止和反转交流电动机。其型号及含义如下：

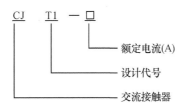

4. 接触器的选择

（1）选择接触器的类型

交流接触器按负荷种类一般分为一类、二类、三类和四类，分别记为 AC1、AC2、AC3 和 AC4。一类交流接触器对应的控制对象是无感或微感负荷，如白炽灯、电阻炉等；二类交流接触器用于绕线转子异步电动机的启动和停止；三类交流接触器的典型用途是笼型异步电动机的运转和运行中分断；四类交流接触器用于笼型异步电动机的启动、反接制动、反转和点动。

（2）选择接触器主触头的额定电压

接触器主触头的额定电压应大于或等于所控制线路的额定电压。

（3）选择接触器主触头的额定电流

接触器主触头的额定电流应大于或等于负载的额定电流。控制电动机时,可按下列经验公式计算(仅适用于 CJ10 系列)

$$I_C=\frac{P_N\times 10^3}{KU_N} \tag{4.4}$$

式中：K——经验系数,一般取 1～1.4;

P_N——被控制电动机的额定功率(kW);

U_N——被控制电动机的额定电压(V);

I_C——接触器主触头电流(A)。

接触器若使用在频繁启动、制动及正反转的场合,应将接触器主触头的额定电流降低一个等级使用。

（4）选择接触器吸引线圈的额定电压

当控制线路简单、使用电器较小时,可直接选用 380 V 或 220 V 的电压。若线路较复杂、使用电器的个数超过 5 只时,可选用 36 V 或 110 V 电压的线圈,以保证安全。

（5）选择接触器触头的数量和种类

接触器的触头数量和种类应满足控制线路的要求。常用 CJ10 系列和 CJ20 系列交流接触器的技术数据分别见表 4.10 和表 4.11。

表 4.10 CJ10 系列交流接触器的技术数据

型号	触头额定电压(V)	主触头		辅助触头		线圈		可控制三相异步电动机的最大功率(kW)		额定操作频率(次/h)
		额定电流(A)	对数	额定电流(A)	对数	电压(V)	功率(VA)	220 V	380 V	
CJ10－10	380	10	3	5	均为2常开、2常闭	可为36、110、220、380	11	2.2	4	≤600
CJ10－20		20					22	5.5	10	
CJ10－40		40					32	11	20	
CJ10－60		60					70	17	30	

表 4.11 CJ20 系列交流接触器的技术数据

型号	极数	额定工作电压 U_N (V)	约定发热电流 I_{th} (A)	额定工作电流 I_N (A)	额定操作频率(AC－3)(次/h)	机械寿命(万次)	辅助触头	
							约定发热电流 I_{th}(A)	触头组合
CJ20－10	3	220	10	10	1 200	1 000	10	2常开、2常闭
		380		10	1 200			
		660		5.8	600			
CJ20－16		220	16	16	1 200			
		380		16	1 200			
		660		13	600			
CJ20－25		220	32	25	1 200			
		380		25	1 200			
		660		16	600			

型号	极数	额定工作电压 U_N (V)	约定发热电流 I_{th} (A)	额定工作电流 I_N (A)	额定操作频率(AC—3)(次/h)	机械寿命（万次）	辅助触头 约定发热电流 I_{th}(A)	触头组合
CJ20-40		220	55	40	1 200			
		380		40	1 200			
		660		25	600			
CJ20-63		220	80	63	1 200			
		380		63	1 200			
		660		40	600			
CJ20-100	3	220	125	100	1 200	1 000	10	2 常开、2 常闭
		380		100	1 200			
		660		63	600			
CJ20-160		220	200	160	1 200			
		380		160	1 200			
		660		100	600			
		1 140	200	80	300			

5. 接触器的安装与使用

（1）安装前检查

1）检查接触器铭牌与线圈的技术数据（如额定电压、电流、操作频率等）是否符合实际使用要求。

2）检查接触器外观，应无机械损伤；用手推动接触器可动部分时，接触器应动作灵活，无卡阻现象；灭弧罩应完整无损，固定牢固。

3）铁心极面上涂有防锈油，使用前应将防锈油擦净，以免多次使用后衔铁被黏住，造成断电后不能释放。

4）测量接触器的线圈电阻和绝缘电阻。

（2）接触器的安装

1）交流接触器一般应安装在垂直面上，倾斜度不得超过 5 ℃；若有散热孔，则应将有孔的一面放在垂直方向上，以利散热，并按规定留有适当的飞弧空间，以免飞弧烧坏相邻电器。

2）安装和接线时，注意不要将零件掉入接触器内部。安装孔的螺钉应装有弹簧垫圈和平垫圈，并拧紧螺钉以防振动松脱。

3）安装完毕，检查接线正确无误后，在主触头不带电的情况下操作几次，然后测量产品的动作值和释放值，所测数值应符合产品的规定要求。

（3）日常维护

1）应对接触器做定期检查，观察螺钉有无松动，可动部分是否灵活等。

2）接触器的触头应定期清扫，保持清洁，但不允许涂油。当触头表面因电灼作用形成金属小颗粒时，应及时清除。

3）拆装时注意不要损坏灭弧罩。带灭弧罩的接触器决不允许不带灭弧罩或带破损的灭弧罩运行，以免发生电弧短路故障。

6. 接触器的常见故障及处理方法

接触器的常见故障及处理方法见表 4.12

表 4.12　接触器常见故障及处理方法

故障现象	可能原因	处理方法
吸不上或吸力不足（即触头已闭合而铁心尚未完全吸合）	电源电压过低或波动过大	调高电源电压
	操作回路电源容量不足或发生断线、配线错误及触头接触不良	增加电源容量,更换线路,修理控制触头
	线圈技术参数与使用条件不符	更换线圈
	产品本身受损	更换新品
	触头弹簧压力过大	按要求调整触头参数
不释放或释放缓慢	触头弹簧压力过小	调整触头参数
	触头熔焊	排除熔焊故障,更换触头
	机械可动部分被卡住,转轴生锈或歪斜	排除卡住现象,修理受损零件
	反力弹簧损坏	更换反力弹簧
	铁心极面有油污或尘埃	清理铁心极面
	铁心磨损过大	更换铁心
电磁铁(交流)噪声大	电源的电压过低	提高操作回路电压
	触头弹簧压力过大	调整触头弹簧压力
	短路环断裂	更换短路环
	铁心极面有污垢	清除铁心极面
	磁系统歪斜或机械上卡住,使铁心不能吸平	排除机械卡住的故障
	铁心极面过度磨损而不平	更换铁心
线圈过热或烧坏	电源电压过高或过低	调整电源电压
	线圈技术参数与实际使用条件不符	调整线圈或接触器
	操作频率过高	选择其他合适的接触器
	线圈匝间短路	排除短路故障,更换线圈
触头灼伤或熔焊	触头压力过小	调高触头弹簧压力
	触头表面有金属颗粒异物	清理触头表面
	操作频率过高,或工作电流过大,断开电容量不够	调整容量较大的接触器
	长期过载使用	调换合适的接触器
	负载侧短路	排除短路故障,更换触头

任务　点动正转控制线路的安装

一、准备工作

认真识读如图 4.1 所示点动正转控制线路电气图,明确线路的构成和工作原理后,根据电动机的规格选配工具、仪表和器材,并进行质量检验,见表 4.13。

表 4.13　工具、仪表与器材

项目内容						质检要求
工具	测电笔、螺钉旋具、尖嘴钳、斜口钳、剥线钳、电工刀等电工常用工具					1. 根据电动机规格检验选配的工具、仪表、器材、等是否满足要求
仪表	ZC25-3 型兆欧表(500 V,0~500 MΩ)、MG3-1 型钳形电流表、MF47 型万用表					2. 电器元件外观应完整无损,附件、备件齐全
器材	代号	名称	型号	规格	数量	3. 用万用表、兆欧表检测电器元件及电动机的技术数据是否符合要求
	M	三相笼型异步电动机	Y112M-4	4 kW、380 V、△形接法、8.8 A、1 440 r/min	1	
	QF	低压熔断器	DZ5-20/380	三极复式脱扣器、380 V、20 A	1	
	FU₁	螺旋式熔断器	RL1-60/25	500 V、62 A、配熔体额定电流 25 A	3	
	FU₂	螺旋式熔断器	RL1-15/2	500 V、15 A、配熔体额定电流 2 A	2	
	KM	交流接触器	CJT1-20	20 A、线圈电压 380 V	1	
	SB	按钮	LA4-3H	保护式、按钮数3(代用)	1	
	XT	端子板	TD-1515	15 A、15 节、660 V	1	
		控制板一块		500 mm×400 mm×20 mm	1	
		主电路塑铜线		BVR1.5 mm² 和 BVR1.5 mm²(黑色)	若干	
		控制电路塑铜线		BVR1 mm²(红色)	若干	
		按钮塑铜线		BVR0.75 mm²(红色)	若干	
		接地塑铜线		BVR1.5 mm²(黄绿双色)	若干	
		紧固体和编码套管			若干	

二、安装步骤及工艺要求

1. 安装元件

按图 4.1(c)所示布置图在控制板上安装电器元件,并贴上醒目的文字符号。

工艺要求:

(1) 断路器、熔断器的受电端子应安装在控制板的外侧,并确保熔断器的受电端为底座的中心端。

(2) 各元件的安装位置应整齐、匀称,间距合理,便于元件的更换。

(3) 紧固各元件时,用力要均匀,紧固程度适当。在紧固熔断器、接触器等易碎元件时,应该用手按住元件一边轻轻摇动,一边用旋具轮换旋紧对角线上的螺钉,直到手摇不动后,再适当加固旋紧些即可。

2. 布线

按图 4.1(d)所示接线图的走线方法,进行板前明线布线和套编码套管。

工艺要求:

(1) 布线通道要尽可能少,同路并行导线按主、控电路分类集中,单层密排,紧贴安装面布线。

(2) 同一平面的导线应高低一致或前后一致,不能交叉。非交叉不可时,该根导线应在接线端子引出时就水平架空跨越,且必须走线合理。

(3) 布线应横平竖直,分布均匀。变换走向时应垂直转向。

(4) 布线时严禁损伤线芯和导线绝缘。

(5) 布线顺序一般以接触器为中心,由里向外,由低至高,先控制电路,后主电路的顺序进行,以不妨碍后续布线为原则。

(6) 在每根剥去绝缘导线的两端套上编码套管。所有从一个接线端子(或接线桩)到另一个接线端子(或接线桩)的导线必须连续,中间无接头。

(7) 导线与接线端子和接线桩连接时,不得压绝缘层、不反圈及不露铜过长。

(8) 同一元件、同一回路的不同接点的导线间距离应保持一致。

(9) 一个电器元件接线端子上的连接导线不得多于两根,每节接线端子板上的连接导线一般只允许连接一根。

3. 检查布线

根据图 4.1(b)所示电路图检查控制板布线的正确性。

4. 安装电动机

5. 连接

先连接电动机和按钮金属外壳的保护接地线,然后连接电源、电动机等控制版外部的导线。

6. 自检

工艺要求:

(1) 按电路图或接线图从电源端开始,逐段核对接线及接线端子处线号是否正确,有无漏接、错接之处。检查导线接点是否符合要求,压接是否牢固。同时注意接点接触良好,以避免带负载运转时产生闪弧现象。

(2) 用万用表检查线路的通断情况。检查时,应选用倍率适当的电阻挡,并进行校零,以防发生短路故障。对控制电路的检查(断开主电路),可将表笔分别搭在 U_{11}、V_{11} 线端上,读数应为"∞"。按下 SB 时,读数应为接触器线圈的直流电阻值。然后断开控制电路,再检查主电路有无开路或短路现象,此时,可手动来替代接触器通电进行检查。

(3) 用兆欧表检查线路的绝缘电阻的阻值应不得小于 1 MΩ。

7. 交验

8. 通电试车

工艺要求:

(1) 为保证人身安全,在通电试车时,要认真执行安全操作规程的有关规定,一人监护,一人操作。试车前,应检查与通电试车有关的电气设备是否有不安全的因素存在,若查出应立即整改,然后方能试车。

(2) 通电试车前,必须征得教师的同意,并由指导教师接通三相电源 L_1、L_2、L_3,同时在现场监督。学生合上电源开关 QF 后,用测电笔检查熔断器出线端,氖管亮说明电源接通。按下 SB,观察接触器情况是否正常,是否符合线路功能要求,电器元件的动作是否灵活,有无卡阻及噪声过大等现象,电动机运行情况是否正常等。但不得对线路接线是否正确进行带电检查。观察过程中,若发现有异常现象,应立即停车。当电动机运行平稳后,用钳形电流表测量三相电流是否平衡。

(3) 试车成功率以通电后第一次按下按钮时计算。

(4) 出现故障后,学生应独立进行检修。若需带电检查时,教师必须在现场监护。检修完毕后,如需要再次试车,教师也应该在现场监护,并做好时间记录。

三、注意事项

（1）电动机及按钮的金属外壳必须可靠接地。按钮内接线时，用力不可过猛，以防螺钉打滑。接至电动机的导线，必须穿在导线通道内加以保护，或采用坚韧的四芯橡皮线或塑料护套线进行临时通电校验。

（2）电源进线应接在螺旋式熔断器的下接线座上，出线应接在上接线座上。

（3）安装完毕的控制线路板，必须经过认真检查后，才允许通电试车，以防止错接、漏接，造成不能正常运转或短路事故。

（4）训练应在规定的时间内完成。训练结束后，安装的控制板留用。

四、评分标准

评分标准见表4.14。

表 4.14　评分标准

项目内容	配分	扣分标准		扣分
装前检查	5分	电器元件漏检或错检	每处扣1分	
安装元件	15分	（1）不按布置图安装 （2）元件安装不牢固 （3）元件安装不整齐、不匀称、不合理 （4）损坏元件	扣15分 每只扣4分 每只扣3分 扣15分	
布线	40分	（1）不按电路图接线 （2）布线不符合要求 （3）接点松动、露铜过长、反圈等 （4）损伤导线绝缘层或线芯 （5）编码套管套装不正确 （6）漏接接地线	扣20分 每根扣3分 每个扣1分 每根扣5分 每处扣1分 扣10分	
通电试车	40分	（1）熔体规格选用不当 （2）第一次试车不成功 （3）第二次试车不成功 （4）第三次试车不成功	扣10分 扣20分 扣30分 扣40分	
安全文明生产		违反安全文明生产规程	扣5～40分	
定额时间		2.5 h，每超时5 min（不足5 min以5 min计）	扣5分	
备注		除定额时间外，各项目的最高扣分不应超过配分数	成绩	

项目二　单向连续运转控制线路

试着将如图 4.1 所示点动控制线路改装一下,使电动机在松开启动按钮 SB 后,也能保持连续运转,分析如图 4.23 所示控制线路,能否实现电动机启动后连续运转的控制要求。

一、接触器自锁正转控制线路的原理

把图 4.23(a)和图 4.1(b)比较可知,线路的主电路相同,但控制电路不同。在图 4.23(a)所示的控制电路中,串接了一个停止按钮 SB_2,在启动按钮 SB_1 的两端并接了接触器 KM 的一对辅助常开触头。

线路的工作原理如下:先合上电源开关 QF。

启动:按下 SB_1 → KM 线圈得电 —— KM 主触头闭合 ———— 电动机 M 启动连续运转
　　　　　　　　　　　　　　 —— KM 辅助常开触头闭合 ——

停止:按下 SB_2 → KM 线圈失电 —— KM 主触头分断 ———— 电动机 M 失电停转
　　　　　　　　　　　　　　 —— KM 辅助常开触头分断 ——

由以上分析可见,当松开启动按钮 SB_1 后,SB_1 的常开触头虽然恢复分断,但接触器 KM 的辅助常开触头闭合时已将 SB_1 短接,使控制电路仍保持接通,接触器 KM 继续得电,电动机 M 实现了连续运转。

当启动按钮松开后,接触器通过自身的辅助常开触头使其线圈保持得电作用叫做自锁。与启动按钮并联起自锁作用的辅助常开触头叫做自锁触头。如图 4.23 所示的控制线路称为接触器自锁控制线路。

思考

当按下图 4.23 中的停止按钮 SB_2,电动机失电停转后,松开 SB_2 其触头恢复闭合,电动机会不会自动重新启动?为什么?

当按下停止按钮 SB_2 切断控制电路时,接触器 KM 失电,其自锁触头已分断解除了自锁,而这时 SB_1 也是分断的,所以当松开 SB_2 其常闭触头恢复闭合后,接触器也不会自行得电,电动机也就不会自行重新启动运转。

例题

【例 4.2】　如图 4.24 所示自锁正转控制电路,试分析指出其中的错误及出现的现象,并

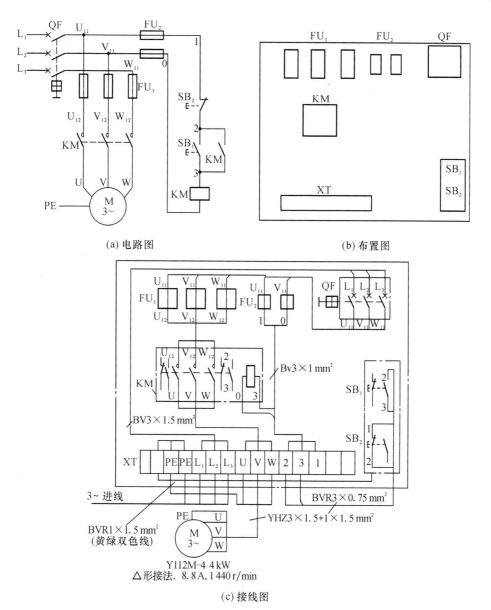

(a) 电路图　　　　　　　　　　(b) 布置图

(c) 接线图

图 4.23　接触器自锁正转控制线路

加以改正。

解　在图 4.24(a)中,接触器 KM 的自锁触头不应该用辅助常闭触头。用辅助常闭触头不单失去自锁作用,同时会使电路出现时通时断的现象,应把辅助常闭触头改换成辅助常开触头,使电路正常工作。

在图 4.24(b)中,接触器 KM 的辅助常闭触头不能串接在电路中。否则,按下启动按钮 SB 后,会使电路出现时时通时断的现象,应把 KM 的辅助常闭触头改换成停止按钮,使电路正常工作。

在图 4.24(c)中,接触器 KM 的自锁触头不能并接在停止按钮 SB₂ 的两端,否则,就失去了自锁作用,电路只能实现点动控制。应把自锁触头并接在启动按钮 SB₁ 两端。

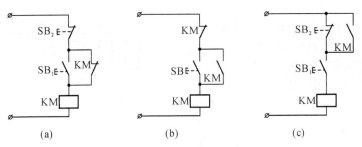

图 4.24　自锁正转控制电路

 思考

在如图 4.23 所示接触器自锁控制线路中,当电源电压降低到某一值时,发现电动机会自动停转,其原理是什么? 若出现突然断电,恢复供电时电动机能否自行启动运转呢?

接触器自锁控制线路不但能使电动机连续运转,而且还具有欠压和失压(或零压)保护作用。

(1) 欠压保护

欠压是指线路电压低于电动机应加额定电压。欠压保护是指当线路电压下降到某个数值时,电动机能自动脱离电源停转,避免电动机在欠压下运行的一种保护。

接触器自锁控制线路具有欠压保护作用。当线路电压降到一定时(一般指低于额定电压的 85%)时,接触器线圈两端的电压也同样下降到此值,使接触器线圈磁通减弱,产生的电磁吸力减小。当电磁吸力减少到小于反作用弹簧的压力时,动铁心被迫释放,其主触头和自锁触头同时分断,自动切断主电路和控制电路,电动机失电停转,启动了欠压保护的作用。

(2) 失压(或零压)保护

失压保护是指电动机在正常运行中,由于外界某种原因引起突然断电时,能自动切断电动机电源;当重新供电时,保证电动机不能自行启动的一种保护。

接触器自锁控制电路也可实现失压保护作用。接触器自锁触头和主触头在电源断电时已经分断,使控制电路和主电路都不能接通,所以在电源恢复供电时,电动机就不会自行启动运转,保证人身和设备的安全。

二、具有过载保护的接触器自锁正转控制线路的原理

 思考

如图 4.23 所示接触器自锁控制线路中都有哪些保护? 各由什么电器实现? 如图 4.25 所示线路呢?

在图 4.23 所示接触器自锁正转控制线路中,熔断器 FU_1、FU_2 分别作主电路和控制电路的短路保护用,接触器 KM 除控制电动机的启、停外,还作欠压和失压保护用。

图 4.25 所示线路图在图 4.23 接触器自锁正转控制线路中,增加了一只热继电器 KH,构成了具有过载保护的接触器自锁正转控制线路。该线路不但具有短路保护、欠压和失压保护作用,而且具有过载保护作用,在生产实际中获得广泛应用。

过载保护是指当电动机出现过载时,能自动切断电动机的电源,使电动机停转的一种保护。

电动机在运行过程中,如果长期负载过大,或启动操作频繁,或者缺相运行,都可能使电动机定子绕组的电流增大,超过其额定值。这种情况下,熔断器往往并不熔断,从而引起定子绕组过热,使温度持续升高。若温度超过允许温升,就会造成绝缘损坏,缩短电动机的使用寿命,严重时甚至会烧毁电动机的定子绕组。因此,对电动机必须采取过载保护措施。

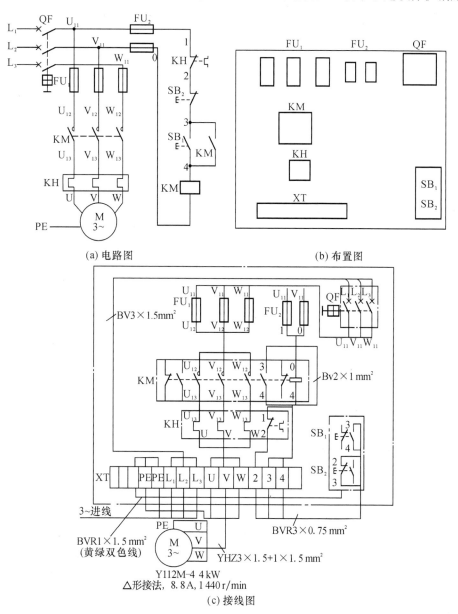

(a) 电路图　　　　　　　　　　　　　　(b) 布置图

(c) 接线图

图 4.25　具有过载保护的自锁正转控制线路

电动机控制线路中,最常用的过载保护电器是热继电器,它的热元件串接在三相主电路中,常闭触头串接在控制电路中,如图 4.25 所示。若电动机在运行过程中,由于过载或其他原因使电流超过额定值,那么经过一定时间后,串接在主电路中的热元件因受热发生弯曲,通过传动机构使串接在控制电路中的常闭触头分断,切断控制电路,接触器 KM 线圈失电,使其主触头和自锁触头分断,电动机 M 失电停转,达到过载保护的目的。

三、热继电器

热继电器是利用流过继电器的电流所产生的热效应而反时限动作的自动保护电器。所谓反时限动作,是指电器的延时动作时间随通过电路电流的增加而缩短。热继电器主要与接触器配合使用,用作电动机的过载保护、断相保护、电流不平衡运动的保护及其他电气设备发热状态的控制。

热继电器的形式有多种,其中双金属片应用最多。按极数划分有单极、两极和三极三种,其中三极的又包括带断相保护装置和不带断相保护装置两种;按复位方式划分有自动复位式和手动复位式两种。

如图 4.26 所示为目前我国在生产中常用的热继电器的外形图,它们均为双金属片式。每一系列的热继电器一般只能和相适应系列的接触器配套使用,如 JR36 系列热继电器与 CJT1 系列接触器配套使用,JR20 系列热继电器与 CJ20 系列接触器配套使用,T 系列热继电器与 B 系列接触器配套使用,3UA 系列热继电器与 3TB、3TF 系列接触器配套使用等。

(a) JR36系列 (b) JR20系列 (c) T系列 (d) JPS2(3UA)系列

图 4.26 热过载继电器

1. 热继电器的结构及工作原理

如图 4.27(a)所示为两极双金属片热继电器的结构,它主要由热元件、传动机构、常闭触头、电流整定装置和复位按钮组成。热继电器的热元件由主双金属片和绕在外面的电阻丝组成。主双金属片由两种热膨胀系数不同的金属片复合而成。

热继电器使用时,需要将热元件串联在主电路中,常闭触头串联在控制电路中,如图 4.27(b)所示。当电动机过载时,流过电阻丝的电流超过热继电器的整定电流,电阻丝发热增多,温度升高,由于两块金属片的热膨胀程度不同而使主双金属片向右弯曲,通过传动机构推动常闭触头断开,分断控制电路,再通过接触器切断主电路,实现对电动机的过载保护。电源切除后,主双金属片逐渐冷却恢复原位。热继电器的复位机构有手动复位和自动复位两种形式,可根据使用要求通过复位调节螺钉来自由调整选择。一般自动复位时间不大于 5 min,手动复位时间不大于 2 min。

热继电器的整定电流是指热继电器连续工作而不动作的最大电流。其大小可通过电流整定装置来调节。超过整定电流,热继电器将在负载未达到其允许的过载极限之前动作。

热继电器在电路图中的符号如图 4.27(c)所示。

实践证明,三相异步电动机的缺相运行是导致电动机过热烧毁的主要原因之一。对定

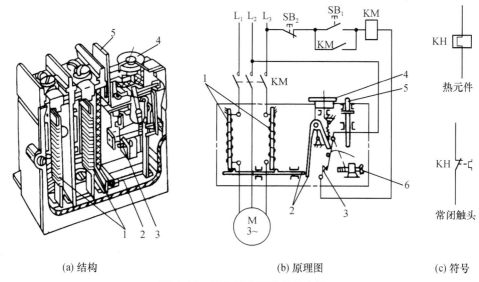

(a) 结构   (b) 原理图   (c) 符号

图 4.27　两极双金属片热继电器

1—热元件；2—传动机构；3—常闭触头；4—电流整定装置；5—复位按钮；6—限位螺钉

子绕组接成 Y 形的电动机,普通两极或三极结构的热继电器均能实现断相保护。而定子绕组接成△形的电动机,必须采用三极断相保护装置的热继电器,才能实现断相保护。

 提示

由于热继电器主双金属片受热膨胀的热惯性及传动机构传递信号的惰性,热继电器从电动机过载到触头动作需要一定的时间,也就是说,即使电动机严重过载甚至短路,热继电器也不会瞬时动作,因此热继电器不能作短路保护。但也正是这个热惯性和机械惰性,保证了热继电器在电动机启动或短时过载时不会动作,从而满足了电动机的运行要求。

 思考

熔断器和热继电器都是保护电器,两者能否相互代用? 为什么?

在照明、电加热等电路中,熔断器 FU 既可以作短路保护,也可以作过载保护。但对三相异步点动机控制线路来说,熔断器只能用作短路保护。这是因为三相异步电动机的启动电流很大(全压启动的启动电流能达到额定电流的 4～7 倍),若用熔断器作过载保护,则选择额定电流就应等于或稍大于电动机的额定电流,这样电动机在启动时,由于启动电流大大超过了熔断器的额定电流,使熔断器在很短的时间内熔断造成电动机无法启动。所以熔断器只能作短路保护,熔体额定电流应取电动机额定电流的 1.5～2.5 倍。

热继电器在三相异步电动机控制线路中也只能作过载保护,不能用作短路保护。这是因为热继电器的热惯性大,即热继电器的双金属片受热膨胀弯曲需要一定时间。当电动机发生短路时,由于短路电流很大,热继电器还没来得及动作,供电线路和电源设备可能就已经损坏。而电动机启动时,由于启动时间很短,热继电器还未动作,电动机已启动完毕。

总之,热继电器和熔断器两者所起的作用不同,不能相互代替使用。

2. 热继电器的型号含义及技术数据

常用 JR36 系列热继电器的型号含义如下:

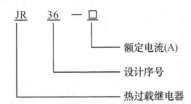

JR36 系列热继电器是在 JR16B 上改进设计的,是 JR16B 的替代产品,其外形尺寸和安装尺寸与 JR16B 系列完全一致,具有断相保护、温度补偿、自动与手动复位等功能,动作可靠,适用于交流 50 Hz、电压至 600 V(或 690 V)、电流 0.25～160 A 的电路中,对长期或间断长期工作的交流电动机作过载与断相保护。该产品可与 CJT1 接触器组成 QC36 型的电磁启动器。

JR36 系列热继电器的主要技术数据见表 4.15。

表 4.15 JR36 系列热继电器的主要技术数据　　　　　　　　　　　　(单位:A)

热继电器型号	热继电器额定电流	热元件等级	
		热元件额定电流	电流调节范围
JR36 - 20	20	0.35	0.25～0.35
		0.5	0.32～0.5
		0.72	0.45～0.72
		1.1	0.68～1.1
		1.6	1～1.6
		2.4	1.5～2.4
		3.5	2.2～3.5
		5	3.2～5
		7.2	4.5～7.2
		11	6.8～11
		16	10～16
		22	14～22
JR36 - 32	32	16	10～16
		22	14～22
		32	10～16
JR36 - 63	63	22	14～22
		32	20～32
		45	28～45
		63	40～63
JR36 - 160	160	63	40～63
		85	53～85
		120	75～120
		160	100～160

3. 热继电器的选用

选择热继电器时,主要根据所保护的电动机的额定电流来确定热继电器的规格和热元件的电流等级。

(1)根据电动机的额定电流选择热继电器的规格。一般应使热继电器的额定电流略大于电动机的额定电流。

（2）根据需要的整定电流值选择热元件的编号和电流等级。一般情况下,热元件的整定电流应为电动机额定电流的 0.95~1.05 倍。

（3）根据电动机定子绕组的连接方式选择热继电器的结构形式,即定子绕组作 Y 形连接的电动机选用普通三相结构的热继电器,而作△形连接的电动机应选用三相结构带断相保护装置的热继电器。

❖例题

【例 4.3】　某机床电动机的型号为 Y132M$_1$ - 6,定子绕组为△形接法,额定功率为 4 kW,额定电流为 9.4 A,额定电压为 380 V,要对该电动机进行过载保护,试选用热继电器的型号、规格。

解　根据电动机的额定电流值 9.4 A,查表 4.15 可知,应选择额定电流为 20 A 的热继电器,其整定电流可取电动机的额定电流 9.4 A,热元件的电流等级选用 11 A,其调节范围为 6.8~11 A;由于电动机的定子绕组采用△形接法,应选用带断相保护装置的热继电器。因此,应选用型号为 JR36 - 20 的热继电器,热元件的额定电流选用 11 A。

4. 热继电器的安装与使用

（1）热继电器必须按照产品说明书中规定的方式安装。安装处的环境温度应与电动机所处的环境温度基本相同。当与其他电器安装在一起时,应注意将热继电器安装在其他电器的下方,以免其动作特性受到其他电器发热的影响。

（2）安装时,应清除触头表面尘污,以免因接触电阻过大或电路不通而影响热继电器的动作性能。

（3）热继电器出线端的连接导线,应按表 4.16 的规定选用。这是因为导线的粗细和材料将影响到热元件端接点传导至外部热量的多少。导线过细,轴向导热性差,热继电器可能提前动作;反之,导线过粗,轴向导热快,热继电器可能滞后动作。

表 4.16　热继电器连接导线选用表

热继电器额定电流（A）	连接导线截面积（mm^2）	连接导线种类
10	2.5	单股铜芯塑料线
20	4	单股铜芯塑料线
60	16	多股铜芯塑料线

（4）使用中的热继电器应定期通电校验。此外,当发生短路故障后,应检查热元件是否已发生永久变形。若已变形,则需通电校验。因热元件变形或其他原因致使动作不准确时,只能调整其可调部件,而绝不能弯折热元件。

（5）热继电器在出厂时均调整为手动复位方式,如果需要自动复位,只要将复位螺钉沿顺时针方向旋转 3~4 圈,并稍微拧紧即可。

（6）热继电器在使用中,应定期用布擦净尘埃和污垢,若发现双金属片上有锈斑,应用清洁棉布蘸汽油轻轻擦除,切忌用砂纸打磨。

5. 热继电器常见故障及处理方法

热继电器常见故障及处理方法见表 4.17。

表 4.17　热继电器的常见故障及处理方法

故障现象	故障原因	维修方法
热元件烧坏	负载侧短路,电流过大	排除故障,更换热继电器
	操作频率过高	更换合适参数的热继电器
热继电器不动作	热继电器的额定电流值选用不合适	按保护容量合理选用
	整定值偏大	合理调整整定电流值
	动作触头接触不良	消除触头接触不良因素
	热元件烧断或脱焊	更换热继电器
	动作机构卡阻	消除卡阻因素
	导板脱出	重新放入导板并调试
热继电器动作不稳定,时快时慢	热继电器内部机构某些部件松动	紧固松动部件
	在检修中弯折了双金属片	用两倍电流预试几次或将双金属片拆下来进行热处理(一般约 240 ℃)以去除内应力
	通电电流波动太大,或接线螺钉松动	检查电源电压或拧紧接线螺钉
热继电器动作太快	整定值偏小	合理调整整定值
	电动机启动时间过长	按启动时间要求,选择具有合适的可返回时间的热继电器或在启动过程中将热继电器短接
	连接导线太细	选用标准导线
	操作频率过高	更换合适型号的热继电器
	使用场合有强烈冲击和振动	采取防振动措施或选用带防冲击振动的热继电器
	可逆转换频繁	改用其他保护方式
	安装热继电器处与电动机处环境温差太大	按两地温差情况配置适当的热继电器
主电路不通	热元件烧坏	更换热元件或热继电器
	接线螺钉松动	紧固接线螺钉
控制电路不通	触头烧坏或动触头弹性消失	更换触头或弹簧
	可调整式旋钮转到不合适的位置	调整旋钮或螺钉
	热继电器动作后未恢复	按动复位按钮

任务　接触器自锁正转控制线路的安装

一、准备工作

　　认真识读如图 4.23 所示接触器自锁正转控制线路和如图 4.25 所示具有过载保护的接触器自锁正转控制线路电气图,明确线路的构成和工作原理后,根据电动机的规格选配工具、仪表和器材,并进行质量检验,见表 4.18。

表 4.18 工具、仪表与器材

	工具	测电笔、螺钉旋具、尖嘴钳、斜口钳、剥线钳、电工刀等电工常用工具			
	仪表	ZC25-3 型兆欧表、MG3-1 型钳形电流表、MF47 型万用表			
器材	代号	名称	型号	规格²	数量
	M	三相笼型异步电动机	Y112M-4	4 kW,380 V、△形接法、8.8 A、1 440 r/min	1
	KH	热继电器	JR36-20	三极、20 A、热元件 11 A、整定电流 8.8 A	1
		点动正转控制板			1
		主电路塑铜线		BVR1.5 mm² 和 BVR1.5 mm²（黑色）	若干
		控制电路塑铜线		BVR1 mm²（红色）	若干
		按钮塑铜线		BVR0.75 mm²（红色）	若干
		接地塑铜线		BVR1.5 mm²（黄绿双色）	若干
		紧固体和编码套管			若干

二、安装训练

1. 安装自锁正转控制线路

按照电气线路的安装步骤和工艺要求,根据如图 4.23 所示接触器自锁正转控制线路,在已安装好的点动控制线路板上,安装停止按钮 SB₂ 和接触器 KM 自锁触头,完成接触器自锁正转控制线路的安装。

思考

停止按钮 SB₂ 和接触器 KM 的自锁触头是怎样接入控制电路的?

2. 安装具有过载保护的接触器自锁正转控制线路

按照电气线路的安装步骤和工艺要求,根据如图 4.21 所示的具有过载保护的接触器自锁正转控制线路,在已安装好的自锁正转控制线路板上,加装热继电器 KH,完成具有过载保护的接触器自锁正转控制线路的安装。

思考

热继电器 KH 的热元件应串接在主电路中?还是控制电路中?它的常闭触头呢?

三、注意事项

(1) 接触器 KM 的自锁触头应该并接在启动按钮 SB₁ 两端,停止按钮 SB₂ 应串接在控制电路中;热继电器 KH 的热元件应串接在主电路中,它的常闭触头应串接在上接线座上。

(2) 电源进线应接在螺旋式熔断器的下接线座上,出线则应接在上接线座上。

(3) 按钮内接线时,用力不可过猛,以防螺钉打滑。

(4) 电动机及按钮的金属外壳必须可靠接地。接至电动机的导线,必须穿在导线通道内加以保护,或采用坚韧的四芯橡皮线或塑料护套线进行临时通电效验。

(5) 热继电器的整定电流应按电动机的额定电流自行调整,决不允许弯折双金属片。

(6) 热继电器因电动机过载动作后,若需再次启动电动机,必须待热元件冷却并且热继电器复位后才可进行。

(7) 编码套管套装要正确。

(8) 启动电动机时,在按下启动按钮 SB_1 的同时,手还必须按在停止按钮 SB_2 上,以保证万一出现故障时可立即按下 SB_2 停车,防止事故的扩大。

四、评分标准

评分标准见表 4.19。

表 4.19　评分标准

项目内容	配分	扣分标准		扣分
装前检查	5分	电器元件漏检或错检	每处扣1分	
安装元件	15分	(1) 不按布置图安装 (2) 元件安装不牢固 (3) 元件安装不整齐、不匀称、不合理 (4) 损坏元件	扣15分 每只扣4分 每只扣3分 扣15分	
布线	40分	(1) 不按电路图接线 (2) 布线不符合要求 (3) 接点松动、露铜过长、反圈等 (4) 损伤导线绝缘层或线芯 (5) 编码套管套装不正确 (6) 漏接接地线	扣25分 每根扣3分 每个扣1分 每根扣5分 每处扣1分 扣10分	
通电试车	40分	(1) 热继电器未整定或整定错误 (2) 熔体规格选用不当 (3) 第一次试车不成功 (4) 第二次试车不成功 (5) 第三次试车不成功	扣15分 扣10分 扣20分 扣30分 扣40分	
安全文明生产		违反安全文明生产规程	扣5～40分	
定额时间		3 h,每超时5 min(不足5 min以5 min计)	扣5分	
备注		除定额时间外,各项目的最高扣分不应超过配分数	成绩	

项目三　连续与点动混合正转控制线路

任务目标

1. 掌握连续与点动混合正转控制线路的原理。

2. 能根据连续与点动混合正转控制线路的电路图,选用、安装和检修所用的工具、仪表及器材。

3. 能正确编写安装步骤和工艺要求。

4. 能正确安装、调试和检修连续与点动混合正转控制线路。

机床设备在正常工作时,一般需要电动机处在连续运转状态,但在试车或调整刀具与工件的相对位置时,又需要电动机能点动控制,实现这种工艺要求的线路是连续与点动混合的控制线路,如图 4.28 所示。

思考

把图 4.28(a)与图 4.25 进行比较,两者线路有什么不同?

如图 4.28 所示线路是在具有过载保护的接触器自锁正转控制线路的基础上,把手动开关 SA 串接在自锁电路中。显然,当 SA 闭合或打开时,就可实现电动机的连续或点动控制。

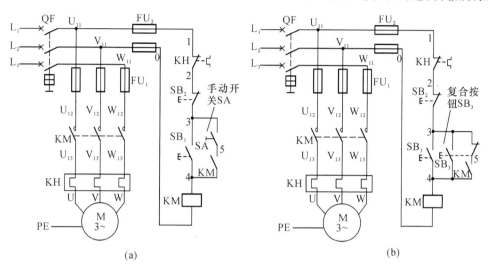

图 4.28 连续与点动混合正转控制电路图

思考

在图 4.28(b)中,点动控制、连续控制和停止控制时应分别按下哪个按钮?

如图 4.28(b)所示线路是在启动按钮 SB₁ 的两端并接一个复合按钮 SB₃ 来实现连续与点动的混合正转控制,SB₃ 的常闭触头与 KM 自锁触头串接。线路的工作原理如下:先合上电源开关 QF。

1. 连续控制

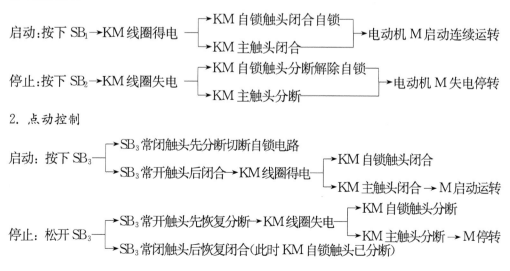

任务 连续与点动混合正转控制线路的安装与检测

一、安装准备

根据三相异步电动机 Y132M-4 的技术数据和图 4.28(b)所示电路图,选用工具、仪表及器材,并填入表 4.20 中。

表 4.20 工具、仪表及器材

工具			测电笔、螺钉旋具、尖嘴钳、斜口钳、剥线钳、电工刀等电工常用工具		
仪表			ZC25-3 型兆欧表、MG3-1 型钳形电流表、MF47 型万用表		
器材	代号	名称	型号	规格	数量
	M	三相笼型异步电动机	Y132M-4	7.5 kW、380 V、15.4 A、△形接法、1 440 r/min	1
	QF	低压熔断器	DZ5-20/380	三极复式脱扣器、380 V、20 A	1
	FU$_1$	熔断器	RL1-60/25	500 V、60 A、配熔体额定电流 25 A	3
	FU$_2$	熔断器	RL1-15/2	500 V、15 A、配熔体额定电流 2 A	2
	KM	交流接触器	CJT1-20	20 A、线圈电压 380 V	1
	KH	热继电器	JR36-20/3	三极、20 A、热元件 11 A、整定电流 8.8 A	1
	SB$_1$-SB$_2$	按钮	LA4-3H	保护式、按钮数 3(代用)	2
	XT	端子板	TD-1515	15 A、15 节、660 V	1
		主电路导线	BVR-1.5	1.5 mm^2(7×0.52 mm)	若干
		控制电路导线	BVR-1.0	1 mm^2(7×0.43 mm)	若干
		按钮线	BVR-0.75	0.75 mm^2	若干
		接地线	BVR-1.5	1.5 mm^2(黄绿双色)	若干
		电动机引线			若干
		控制板		50 mm×400 mm×20 mm	1
		紧固体及编码套管			若干

二、安装训练

根据电动机基本控制线路的一般安装步骤、工艺要求及注意事项,进行安装训练。

电动机基本控制线路的一般安装步骤:

(1)识读电路图,明确线路所用电器元件及其作用,熟悉线路的工作原理。

(2)根据电路图或元件明细表配齐电器元件,并进行质量检验。

(3)根据电器元件选配安装工具和控制板。

(4)根据电路图绘制布置图和接线图,然后按要求在控制板上安装除电动机以外的电器元件,并贴上醒目的文字符号。

(5)根据电动机容量选配主电路导线的截面。控制电路导线一般采用 BVR1 mm^2 的铜芯线(红色);按钮一线一般采用 BVR0.75 mm^2 的铜芯线(红色);接地线一般采用截面不小于 1.5 mm^2 的铜芯线(BVR 黄绿双色)。

(6)根据接线图布线,并在剥去绝缘层的两端线头上套上与电路图编号相一致的编码套管。

（7）安装电动机。

（8）连接电动机和所有电器元件金属外壳的保护接地线。

（9）自检。

（10）校验。

（11）通电试车。

三、检修训练

1. 电动机基本控制线路检修的一般步骤和方法

（1）用试验法观察故障现象，初步判定故障范围

在不扩大故障范围、不损坏电气设备和机械设备的前提下，对线路进行通电试验。通过观察电气设备和电器元件的动作是否正常、各控制环节的动作程序是否符合要求，初步确定故障发生的大致部位或回路。

（2）用逻辑分析法缩小故障范围

根据电气控制线路的工作原理、控制环节的动作程序以及它们之间的联系，结合故障现象做具体的分析，缩小故障范围，特别适用于对复杂线路的故障检查。

（3）用测量法确定故障点

利用电工工具和仪表对线路进行带电或断电测量，常用的方法有电压测量法和电阻测量法。

1）电压测量法　测量检查时，首先把万用表的转换开关置于交流电压 500 V 的挡位上，然后按图 4.29 所示的方法进行测量。

接通电源，若按下启动按钮 SB_1 时，接触器 KM 不吸合，则说明控制电路有故障。

检测时，在松开按钮 SB_1 的条件下，先用万用表测量 0 和 1 两点之间的电压，若电压为 380 V，则说明控制电路的电源电压正常。然后把黑表笔接到 0 点上，红表笔依次接到 2、3 各点上，分别测量 0—2、0—3 两点间的电压，若电压均为 380 V，再把黑表笔接到 1 点上，红表笔接到 4 点上，测量出 1—4 两点间的电压。根据测量结果即可找出故障点，见表 4.21。表中符号"×"表示不需再测量。

表 4.21　电压测量法查找故障点

故障现象	0—2	0—3	1—4	故障点
按下 SB_1 时,接触器 KM 不吸合	0	×	×	KH 常闭触头接触不良
	380 V	0	0	SB_2 常开触头接触不良
	380 V	380 V	380 V	KM 线圈短路
	380 V	380 V		SB_1 接触不良

2）电阻测量法　测量检查时，首先把万用表的转换开关置于倍率适当的电阻挡位上（一般选 $R\times100$ 以上的挡位），然后按图 4.30 所示的方法进行测量。

接通电源，若按下启动按钮 SB_1 时，接触器 KM 不吸合，则说明控制电路有故障。

检测时,首先切断电路的电源(这点与电压测量法不同),用万用表依次测量出1—2、1—3、0—4各两点间的电阻值。根据测量结果即可找出故障点,见表4.22。

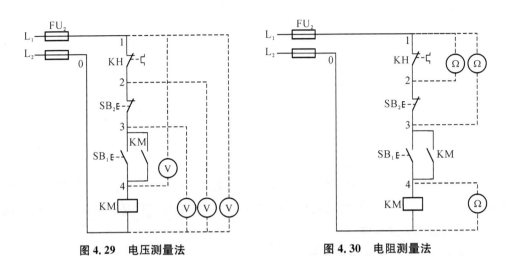

图 4.29 电压测量法   图 4.30 电阻测量法

表 4.22 电阻测量法查找故障点

故障现象	1—2	1—3	0—4	故障点
按下 SB₁ 时,KM 不吸合	∞	×	×	KH 常闭触头接触不良
	0	∞	×	SB₂ 常闭触头接触不良
	0	0	∞	KM 线圈短路
	0	0	0	R	SB₁ 接触不良

注:R 为接触器 KM 线圈的电阻值。

以上是用测量法查找确定控制电路的故障点,对于主电路的故障点,结合图4.28说明如下:

首先测量接触器电源端的 U_{12}—V_{12}、U_{12}—W_{12}、W_{12}—V_{12} 之间的电压。若均为380 V,说明 U_{12}、V_{12}、W_{12} 三点至电源无故障,可进行第二步测量。否则可再测量 U_{11}—V_{11}、U_{11}—W_{11}、W_{11}—V_{11} 顺次至 L_1—L_2、L_2—L_3、L_3—L_1,直到发现故障。

其次断开主电路电源,用万用表的电阻挡(一般选 $R×10$ 以上挡位)测量接触器负载端 U_{13}—V_{13}、U_{13}—W_{13}、W_{13}—V_{13} 之间的电阻。若电阻均较小(电动机定子绕组的直流电阻),说明 U_{13}、V_{13}、W_{13} 三点至电动机无故障,可判断为接触器主触头有故障。否则可再测量 U—V、U—W、W—V 到电动机接线端子处,直到发现故障。

4) 根据故障点的不同情况,采用正确的维修方法排除故障。

5) 检修完毕,进行通电空载校验或局部空载校验。

6) 检验合格,通电正常运行。

2. 检修连续与点动混合正转控制线路人为设置的两个故障

故障设置在如图4.28(b)所示线路的主电路和控制电路中,人为设置电气自然故障各一处。

通电检查时,除去出现主电路缺相运行的现象,一般先查控制电路,后查主电路。故障检修步骤和方法见表4.23。

表 4.23　故障检修步骤和方法

检修步骤	检修方法	
	控制电路	主电路
(1) 用试验法观察故障现象	合上 QF,按下 SB₁ 或 SB₃ 时,KM 均不吸合	合上 QF,按下 SB₁ 或 SB₃ 时,M 转速极低甚至不转,并发出"嗡嗡"声,此时,应立即切断电源
(2) 用逻辑分析法判定故障范围	由 KM 不吸合分析电路图,初步确定故障点可能在控制电路的公共支路上	根据故障现象分析线路判定故障范围可能在电源电路和主电路上
(3) 用测量法确定故障点	电源测量法找的故障点为控制电路上 KM 常闭触头已分断	断开 QF,用测电笔检验主电路无电后,拆除 M 的负载线并恢复绝缘。再合上 QF,按下 SB₁,用测电笔从上至下依次测试各接点,查得 W₁₃段的导线开路
(4) 根据故障点的情况,采取正确的检修方法排除故障	故障点是模拟 M 缺相运行导致 KH 常闭触头分断,故按下 KH 复位按钮后,控制电路即正常	重新接好 W₁₃处的接点,或更换同规格的连接接触器输出端 W₁₃ 与热继电器受电端 W₁₃ 的导线
(5) 检修完毕通电试车	切断电源重新连好 M 的负载线,在教师同意并监护下,合上 QF,按下 SB₁ 或 SB₃,观察和检测线路及电动机的运行情况,检验合格后电动机正常运行	

3. 检修注意事项

(1) 在排除故障的过程中,分析思路和排除方法要正确。

(2) 用测电笔检测故障时,必须检查测电笔是否符合使用要求。

(3) 不能随意更改线路或带电触摸电器元件。

(4) 仪表使用要正确,以避免引起错误判断。

(5) 带电检修故障时,必须有教师在现场监护,并要确保用电安全。

(6) 排除故障必须在规定时间内完成。

四、评分标准

评分标准见表 4.24。

表 4.24　评分标准

项目内容	配分	扣分标准		扣分
选用工具、仪表及器材	15 分	(1) 工具、仪表少选或错选 (2) 电器元件选错型号和规格 (3) 选错元件数量或规格没有写全	每个扣 2 分 每个扣 4 分 每个扣 2 分	
装前检查	5 分	电器元件漏检或错检	每处扣 1 分	
安装布线	30 分	(1) 不按布置图安装 (2) 元件安装不牢固 (3) 元件安装不整齐、不匀称、不合理 (4) 损坏元件 (5) 不按电路图接线 (6) 布线不符合要求 (7) 接点松动、露铜过长、反圈等 (8) 损伤导线绝缘层或线芯 (9) 编码套管套装不正确 (10) 漏接接地线	扣 15 分 每只扣 4 分 扣 5 分 扣 15 分 扣 15 分 每根扣 3 分 每个扣 1 分 每根扣 5 分 每处扣 1 分 扣 10 分	
故障分析	10 分	(1) 故障分析、排除故障思路不正确 (2) 标错电路故障范围	每个扣 5 分 每个扣 5 分	

项目内容	配分	扣分标准		扣分
排除故障	20分	(1) 停电不验电 (2) 工具及仪表使用不当 (3) 排除故障的顺序不对 (4) 不能查出故障点 (5) 查出故障点但不能排除 (6) 产生新的故障:已经排除 　　　　　　　　　不能排除 (7) 损坏电动机 (8) 损坏电器元件,或排除故障方法不正确	扣5分 每次扣4分 扣5~10分 每个扣10分 每个故障扣5分 每个扣10分 每个扣20分 扣20分 每只(次)扣5~20分	
通电试车	20分	(1) 热继电器未整定或整定错误 (2) 熔体规格选用不当 (3) 第一次试车不成功 (4) 第二次试车不成功 (5) 第三次试车不成功	扣10分 扣5分 扣10分 扣15分 扣20分	
安全文明生产		违反安全文明生产规程	扣10~70分	
定额时间		3 h,每超时5 min(不足5 min以5 min计)	扣5分	
备注		除定额时间外,各项目的最高扣分不应超过配分数	成绩	

❖习题

1. 什么叫点动控制？试分析判断题图4.1所示各控制电路能否实现点动控制？若不能,试分析原因,并加以改正。

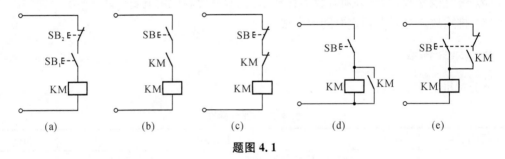

题图4.1

2. 什么是电路图？在电路图中,电源电路、主电路、控制电路、指示电路和照明电路一般怎样布局？

3. 在电路图中,怎样辨别同一电器的不同元件？

4. 什么叫自锁控制？试分析判断题图4.2所示各控制电路能否实现自锁控制。若不能,说明原因,并加以改正。

5. 什么是欠压保护？什么是失压保护？为什么说接触器自锁控制线路具有欠压和失压保护作用？

6. 在题图4.3所示的控制线路中,哪些地方画错了？试改正,并按改正后的线路叙述其工作原理。

7. 什么是过载保护？为什么对电动机要采取过载保护？

8. 在电动机的控制线路中,短路保护和过载保护各由什么电器来实现？它们能否相互代替使用？为什么？

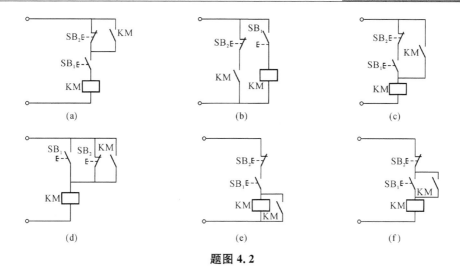

题图 **4.2**

9. 试分析题图 4.4 所示控制线路能否满足以下控制要求：

(1) 能实现单向启动和停止；

(2) 具有短路、过载、欠压和失压保护。

若线路不能满足以上要求，试加以改正，并说明改正的原因。

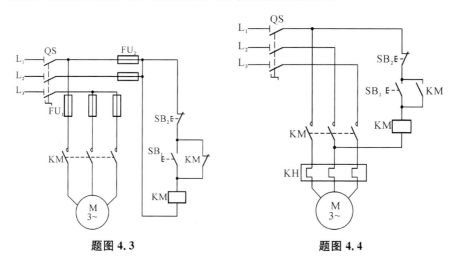

题图 **4.3**　　　　　　　　　　题图 **4.4**

项目四　三相异步电动机的正反转控制

任务目标

1. 掌握接触器联锁和双重联锁正反转控制线路原理。

2. 能正确安装和检修接触器联锁和双重联锁正反转控制线路。

在实际生产中,机床工作台需要前进与后退;万能铣床的主轴需要正转与反转;起重机的吊钩需要上升与下降。

而正转控制线路只能使电动机朝一个方向旋转,带动生产机械的运动部件朝一个方向运转。要满足生产机械运动部件能向正、反两个方向运动,就要求电动机能实现正、反转控制。

当改变通入电动机定子绕组的三相电源相序,即把接入电动机三相电源进线中的任意两相对调接线时,电动机就可以反转了。

一、接触器联锁正反转控制线路

图 4.31 所示为接触器联锁的正反转控制线路。线路中采用了两个接触器,即正转用的接触器 KM_1 和反转用的接触器 KM_2,它们分别由正转按钮 SB_1 和反转按钮 SB_2 控制。从主电路中可以看出,这两个接触器的主触头所接通的电源相序不同,KM_1 按 L_1—L_2—L_3 相序接线,KM_2 则按 L_3—L_2—L_1 相序接线。相应的控制电路有两条,一条是由按钮 SB_1 和接触器 KM_1 线圈等组成的正转控制电路;另一条是由按钮 SB_2 和接触器 KM_2 线圈等组成的反转控制电路

思考

接触器 KM_1 和 KM_2 的主触头同时闭合会造成什么后果?应采取什么措施避免?

必须指出,接触器 KM_1 和 KM_2 的主触头绝不允许同时闭合,否则将造成两相电源(L_1 相和 L_3 相)短路事故。为了避免两个接触器 KM_1 和 KM_2 同时得电动作,在正、反转控制电路中分别串接了对方接触器的一对辅助常闭触头。

当一个接触器得电动作时,通过其辅助常闭触头使另一个接触器不能得电动作,接触器之间这种相互制约的作用叫做接触器联锁(或互锁)。实现联锁作用的辅助常闭触头称为联锁触头(或互锁触头),联锁用符号"▽"表示。

思考

试分析接触器联锁正反转控制线路的工作原理。该电路有哪些优点和不足?

接触器联锁正反转控制线路中,电动机从正转变为反转时,必须先按下停止按钮后,才能按反转启动按钮,否则由于接触器的联锁作用,不能实现反转。此线路工作安全可靠,但操作不便。

二、接触器、按钮双重联锁正反转控制线路的原理

思考

怎样克服接触器正反转控制线路操作不便的缺点?用两个复合按钮代替图 4.31 中的两个启动按钮能否实现?

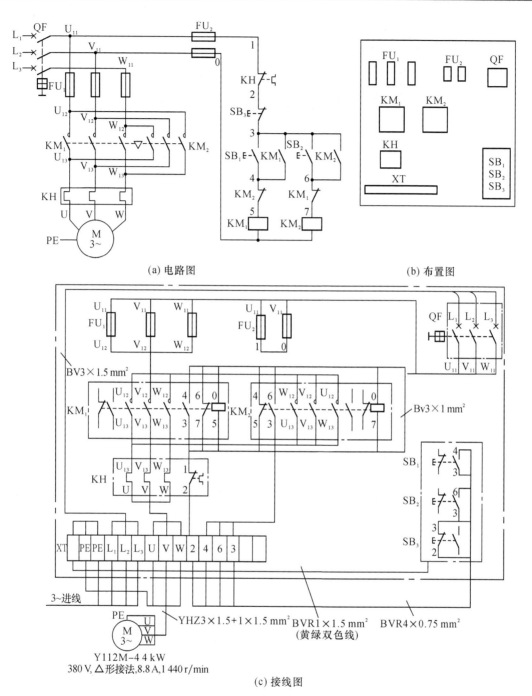

(a) 电路图　　　　　　　　　　　　　　(b) 布置图

(c) 接线图

图4.31　接触器联锁正反转控制线路

如果把正转按钮 SB_1 和反转按钮 SB_2 换成两个复合按钮,并把两个复合按钮的常闭触头也串联在对方的控制电路中,构成如图4.32所示的按钮和接触器双重联锁正反转控制线路,就能克服接触器联锁正反转控制线路操作不变的缺点,使线路操作方便,工作安全可靠。

线路的工作原理如下:先合上电源开关 QF。

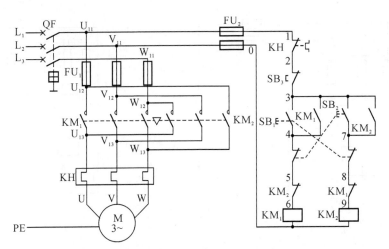

图 4.32　按钮和接触器双重联锁正反转控制电路图

（1）正转控制

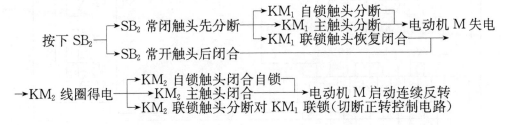

（2）反转控制

任务　正反转控制线路的安装与检修

一、安装准备

根据三相笼型异步电动机的技术数据及图 4.32 所示正反转控制线路的电路图,选用工具、仪表及器材,并分别填入表 4.25。

表 4.25 工具、仪表及器材

	工具	测电笔、螺钉旋具、尖嘴钳、剥线钳、电工刀等电工常用工具			
	仪表	ZC25-3型兆欧表、MG3-1型钳形电流表、MF47型万用表			
	代号	名称	型号	规格	数量
器材	M	三相笼型异步电动机	Y112M-4	4 kW、380 V、8.8 A、△形接法、1 440 r/min	1
	QF	低压断路器	DZ5-20/380	三极复式脱扣器、380 V、20 A	1
	FU₁	熔断器	RL1-60/25	500 V、60 A、配熔体 25 A	3
	FU₂	熔断器	RL1-15/2	500 V、15 A、配熔体 2 A	2
	KM₁、KM₂	交流接触器	CJT1-20	20 A、线圈电压 380 V	2
	KH	热继电器	JR36B-20/3	三极、20 A、整定电流 11.6 A	1
	SB₁-SB₂	按钮	LA4-3H		1
	XT	端子板	TD-1515	15 A、15 节、660 V	1
		主电路导线	BVR-1.5	1.5 mm²(7×0.52 mm)	若干
		控制电路导线	BVR-1.0	1 mm²(7×0.43 mm)	若干
		按钮线	BVR-0.75	0.75 mm²	若干
		接地线	BVR-1.5	1.5 mm²(黄绿双色)	若干
		电动机引线			若干
		控制板		50 mm×400 mm×20 mm	1
		紧固体及编码套管			若干

二、安装训练

1. 安装接触器联锁正反转控制线路

编写安装步骤,并熟悉安装工艺要求。经教师审查同意后,根据图 4.31 电气图完成接触器联锁正反转控制线路的安装。安装注意事项如下:

(1) 接触器联锁正反转必须正确,否则将会造成主电路中两相电源短路故障。

(2) 通电试车时,应先合上 QF,再按下 SB_1(或 SB_2)及 SB_3,看控制是否正常,并在按下 SB_1 后再按下 SB_2,观察有无联锁作用。

(3) 训练应在规定的定额时间内完成,同时要做到安全操作和文明生产。训练结束后,安装的控制面板留用。

2. 安装双重联锁正反转控制电路

(1) 根据图 4.32 所示的电路图,将图 4.31(c)改画成双重联锁正反转控制线路的接线图。

(2) 根据双重联锁正反转控制线路的电路图和接线图,将安装好的接触器联锁正反转控制线路板改装成双重联锁正反转控制线路板。通电试车时,注意体会该线路的优点。

三、检修训练

1. 故障设置

在控制电路后主电路中人为设置电气自然故障两处。

2. 教师示范检修

教师进行示范检修时,可把下述检修步骤及要求贯穿其中,直至故障排除:

(1) 用实验法来观察故障现象,主要注意观察电动机的运行情况、接触器的动作情况和线路的工作情况等,如发现有异常,应马上断电检查。

（2）用逻辑分析法缩小故障范围,并在电路图上用虚线标出故障部位的最小范围。

（3）用测量法准确、迅速地找出故障点。

（4）根据故障点的不同情况,采取正确的修复方法,迅速排除故障。

3. 学生检修

教师示范检修后,再由指导教师重新设置两个故障点,让学生进行检修。在学生检修的过程中,教师可进行启发性的指导。

4. 检修注意事项

（1）要认真听取和仔细观察指导教师在示范过程中的讲解和检修操作。

（2）要熟练掌握电路图中各个环节的作用。

（3）在排除故障的过程中,分析思路和排除方法要正确。

（4）工具和仪表使用要正确。

（5）不能随意更改线路和带电触摸电器元件。

（6）带电检修故障时,必须有教师在现场监护,并要确保用电安全。

（7）检修必须在规定的时间内完成。

四、评分标准

评分标准见表 4.26。

表 4.26　评分标准

项目内容	配分	扣分标准		扣分
选用工具、仪表及器材	15 分	（1）工具、仪表少选或错选 （2）电器元件选错型号和规格 （3）选错元件数量或规格没有写全	每个扣 2 分 每个扣 4 分 每个扣 2 分	
装前检查	5 分	电器元件漏检或错检	每处扣 1 分	
安装布线	30 分	（1）不按布置图安装 （2）元件安装不牢固 （3）元件安装不整齐、不匀称、不合理 （4）损坏元件 （5）不按电路图接线 （6）布线不符合要求 （7）接点松动、露铜过长、反圈等 （8）损伤导线绝缘层或线芯 （9）编码套管套装不正确 （10）漏接接地线	扣 15 分 每只扣 4 分 每只扣 5 分 扣 15 分 扣 15 分 每根扣 3 分 每个扣 1 分 每根扣 5 分 每处扣 1 分 扣 10 分	
故障分析	10 分	（1）故障分析、排除故障思路不正确 （2）标错电路故障范围	每个扣 5 分 每个扣 5 分	
排除故障	20 分	（1）停电不验电 （2）工具及仪表使用不当 （3）排除故障的顺序不对 （4）未能查出故障点 （5）查出故障点但不能排除 （6）产生新的故障:已经排除 　　　　　　　　　不能排除 （7）损坏电动机 （8）损坏电器元件,或排除故障方法不正确	扣 5 分 每次扣 4 分 扣 5～10 分 每个扣 10 分 每个故障扣 5 分 每个扣 10 分 每个扣 20 分 扣 20 分 每只(次)扣 5～20 分	

续表

项目内容	配分	扣分标准		扣分
通电试车	20分	(1) 热继电器未整定或整定错误 (2) 熔体规格选用不当 (3) 第一次试车不成功 (4) 第二次试车不成功 (5) 第三次试车不成功	扣10分 扣5分 扣10分 扣15分 扣20分	
安全文明生产		违反安全文明生产规程	扣10~70分	
定额时间		3 h，每超时5 min(不足5 min以5 min计)	扣5分	
备注		除定额时间外，各项目的最高扣分不应超过配分数	成绩	

❖ **习题**

1. 如何使电动机改变方向？

2. 题图4.5所示控制线路只能实现电动机的单向启动和停止。试用接触器和按钮在图中填画出使电动机反转的控制线路，并使线路具有接触器联锁保护作用。

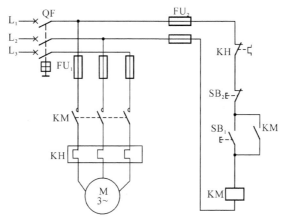

题图4.5

3. 试分析判断题图4.6所示主电路或控制电路能否实现正反转控制？若不能，试说明原因。

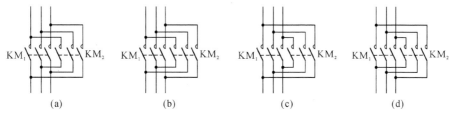

(a)　　　　　　　(b)　　　　　　　(c)　　　　　　　(d)

题图4.6

4. 什么叫联锁控制？在电动机正反转控制线路中为什么必须有联锁控制？

位置控制与自动往返控制线路

任务目标

1. 熟悉位置控制线路和自动往返控制线路的构成和工作原理。

2. 学会正确识别、选用、安装、使用行程开关,熟悉其功能、基本结构、工作原理及型号意义,熟记其图形符号和文字符号。

3. 学会正确安装与检修工作台自动往返控制线路。

在生产过程中,一些生产机械运动部件的行程或位置要受到限制,如在摇臂钻床、万能铣床、镗床、桥式起重机及各种自动或半自动控制的机床设备中就经常遇到这种控制要求。

在生产实际中,有些生产机械(如磨床)的工作台要求在一定行程开关内自动往返运动,以便实现对工件的连续加工,提高生产效率。这就需要电气控制线路能控制电动机实现自动换接正反转。

一、位置控制线路

图 4.33 所示是工厂车间里的行车常采用的位置控制电路图,图的右下角是行车运动示意图,在行车运动线路的两头终点处各安装一个行程开关 SQ_1 和 SQ_2,它们的常闭触头分别串接在正转控制电路和反转电路中。当安装在行车前后的挡铁 1 或挡铁 2 撞击行程开关的滚轮时,行程开关的常闭触点分断,切断控制电路,使行车自动停止。

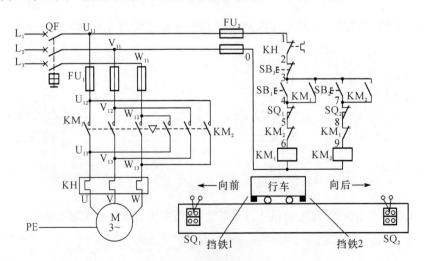

图 4.33 位置控制电路图

利用生产机械运动部件上的挡铁与行程开关碰撞,使其触头动作来接通或断开电路,以实现对生产机械运动部件的位置或行程的自动控制方法称为位置控制,又称为行程控制或限位开关。实现这种控制要求所依靠的主要电器是行程开关。

图4.33所示位置控制线路工作原理请参照接触器联锁正反转控制线路自行分析。行程开关的位置可通过运动部件的行程位置来调节。

二、行程开关

1. 行程开关的功能

行程开关是一种利用生产机械某些运动部件的碰撞来发出控制指令的主令电器。主要用于控制生产机械的运动方向、速度、行程大小或位置,是一种自动控制电器。

行程开关的作用原理与按钮相同,区别在于它不是靠手指的按压,而是利用生产机械运动部件的碰压使其触头动作,从而将机械信号转变为电信号,使运动机械按一定的位置或行程实现自动停止、反向运动、变速运动或自动往返运动等。

2. 行程开关的结构原理、符号及型号含义

机床中常用的行程开关有LX19和JLXK1等系列,各系列行程开关的基本结构大体相同,都是由操作机构、触头系统和外壳组成,如图4.34(a)所示,行程开关在电路图中的符号如图4.34(c)所示。

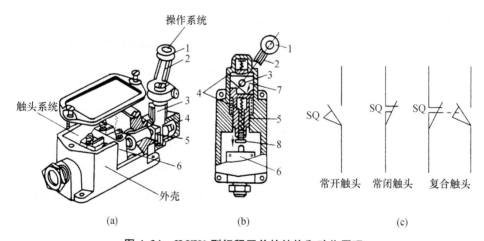

图4.34　JLXK1型行程开关的结构和动作原理

以某种行程开关元件为基础,装置不同的操作机构,可得到各种不同形式的行程开关,常见的是按钮式(直动式)和旋转式(滚轮式)。JLXK1系列行程开关的外形如图4.35所示,LX19系列行程开关的外形与JLXK1系列的相似。

JLXK1系列行程开关的动作原理如图4.34(b)所示。当运动部件的挡铁碰压行程开关

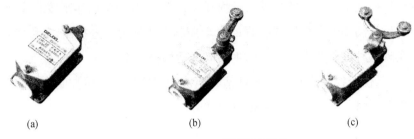

(a)　　　　　　　　　(b)　　　　　　　　　(c)

图 4.35　JLXK1 系列行程开关

的滚轮 1 时,杠杆 2 连同转轴 3 一起转动,使凸轮 7 推动撞块 5,当撞块被压到一定位置时,推动微动开关 6 快速动作,使其常闭触头断开,常开触头闭合。

行程开关的触头类型有一常开一常闭、一常开二常闭、二常开一常闭、二常开二常闭等形式。

动作方式可分为瞬动式、蠕动式和交叉从动式三种。动作后的复位方式有自动复位和非自动复位两种。

LX19 系列和 JLXK1 系列行程开关的型号及含义如下:

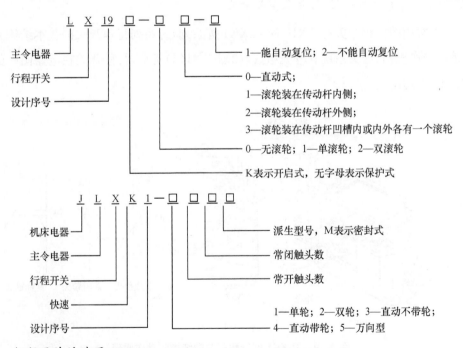

3. 行程开关的选用

行程开关的主要参数是型式、工作行程、额定电压及触头的电流容量,在产品说明书中都有详细说明。选用行程开关时,主要根据动作要求、安装位置及触头数量进行选择。LX19 和 JLXK1 系列行程开关的主要技术数据见表 4.27。

表 4.27 LX19 和 JLXK1 系列行程开关的主要技术数据

型号	额定电压 额定电流	结构特点	触头对数		工作行程	超行程	触头转换时间
			常开	常闭			
LX19		元件	1	1	3 mm	1 mm	≤0.04 s
LX19 - 111		单轮,滚轮装在传动杆内侧,能自动复位	1	1	约30°	约20°	
LX19 - 121		单轮,滚轮装在传动杆外侧,能自动复位	1	1	约30°	约20°	
LX19 - 131		单轮,滚轮装在传动杆凹槽内,能自动复位	1	1	约30°	约20°	
LX19 - 212	380 V 5 A	双轮,滚轮装在 U 形传动杆内侧,不能自动复位	1	1	约30°	约15°	
LX19 - 222		双轮,滚轮装在 U 形传动杆外侧,不能自动复位	1	1	约30°	约15°	
LX19 - 232		双轮,滚轮装在 U 形传动杆内外侧各一个,不能自动复位	1	1	约30°	约15°	
LX19 - 001		无滚轮,仅有径向传动杆,能自动复位	1	1	<4 mm	3 mm	
JLXK - 111	500 V 5 A	单轮防护式	1	1	12°~15°	≤30°	
JLXK - 211		双轮防护式	1	11	约45°	≤45°	
JLXK - 311		直动防护式	1	1	1~3 mm	2~4 mm	
JLXK - 411		直动滚轮防护式	1	1	1~3 mm	2~4 mm	

4. 行程开关的安装和使用

1) 行程开关安装时,其位置要准确,安装要牢固;滚轮的方向不能装反,挡铁与其碰撞的位置应符合控制线路的要求,并确保能可靠地与挡铁碰撞。

2) 行程开关在使用中,要定期检查和保养,除去油垢及粉尘,清理触头,经常检查其动作是否灵活、可靠,及时排除故障,防止因行程开关触头接触不良或接线松脱而产生误动作,导致设备和人身安全事故。

5. 行程开关常见故障及处理方法

行程开关的常见故障及处理方法见表 4.28。

表 4.28 行程开关的常见故障及处理方法

故障现象	可能原因	处理方法
挡铁碰撞行程开关后,触头不动作	安装位置不准确	调整安装位置
	触头接触不良或接线松脱	清刷触头或紧固接线
	触头弹簧失效	更换弹簧
杠杆已经偏转,或无外界机械力作用,但触头不复位	复位弹簧失效	更换弹簧
	内部撞块卡阻	清扫内部杂物
	调节螺钉太长,顶住开关按钮	检查调节螺钉

思考

当图 4.33 中行车上的挡铁撞击行程开关使其停止向前运动后,在按下启动按钮 SB_1,线路会不会接通使行车继续前进？为什么？

三、自动往返控制线路

由行程开关控制的工作台自动往返控制线路图和布置图如图 4.36(a)、(c)所示,工作台自动往返运动的示意图,如图 4.36(b)所示。

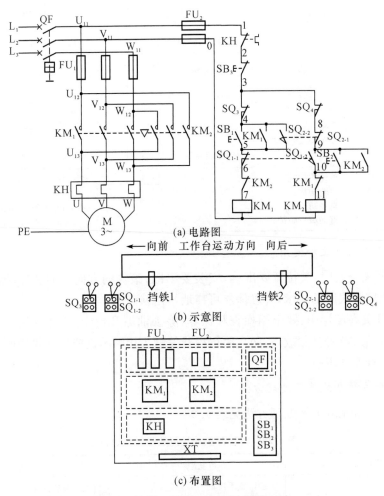

图 4.36　工作台自动往返行程控制线路

为了使电动机的正反转控制与工作台的左右运动相配合,在控制线路中设置了四个行程开关 SQ_1、SQ_2、SQ_3 和 SQ_4,并把它们安装在工作台需限位的地方。其中 SQ_1、SQ_2 用来自动换接正反转控制电路,实现工作台的自动往返;SQ_3 和 SQ_4 用作终端保护,以防止 SQ_1 和 SQ_2 失灵,工作台越过限定位置而造成事故。在工作台中的 T 形槽中装有两块挡铁,挡铁 1 只能和 SQ_1、SQ_3 相碰撞,挡铁 2 只能和 SQ_2、SQ_4 相碰撞。当工作台运动到所限位位置时,挡铁碰撞行程开关,使其触头动作,自动换接电动机正反转控制电路,通过机械运动机构使工作台自动往返运动。工作台行程可通过移动挡铁位置来调节,拉开两块挡铁间的距离,行程变短,反之则变长。

线路的工作原理如下:先合上电源开关 QF。

(1) 自动往返运动

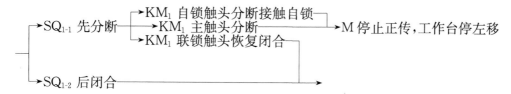

按下 $SB_1 \rightarrow KM_1$ 线圈得电 $\begin{array}{l}\rightarrow KM_1 \text{ 自锁触头闭合自锁} \\ \rightarrow KM_1 \text{ 主触头闭合} \\ \rightarrow KM_1 \text{ 联锁触头分断对 } KM_2 \text{ 联锁}\end{array} \rightarrow$ 电动机正转 $\rightarrow$

$\rightarrow$ 工作台左移 $\rightarrow$ 至限定位置挡铁 1 撞击 $SQ_1 \rightarrow$

$\begin{array}{l}\rightarrow SQ_{1\text{-}1} \text{ 先分断} \\ \\ \rightarrow SQ_{1\text{-}2} \text{ 后闭合}\end{array} \begin{array}{l}\rightarrow KM_1 \text{ 自锁触头分断接触自锁} \\ \rightarrow KM_1 \text{ 主触头分断} \\ \rightarrow KM_1 \text{ 联锁触头恢复闭合}\end{array} \rightarrow M$ 停止正传,工作台停左移

$\rightarrow KM_2$ 线圈得电 $\begin{array}{l}\rightarrow KM_2 \text{ 自锁触头闭合} \\ \rightarrow KM_2 \text{ 主触头闭合} \\ \rightarrow KM_2 \text{ 联锁触头分断对 } KM_1 \text{ 联锁}\end{array} \rightarrow$ 电动机 M 反转 $\rightarrow$

$\rightarrow$ 工作台右移(SQ_1 触头复位) $\rightarrow$ 至限定位置挡铁 2 撞击 $SQ_2 \rightarrow$

$\begin{array}{l}\rightarrow SQ_{2\text{-}1} \text{ 先分断} \rightarrow KM_2 \text{ 线圈失电} \\ \rightarrow SQ_{2\text{-}2} \text{ 后闭合}\end{array} \begin{array}{l}\rightarrow KM_2 \text{ 自锁触头分断接触自锁} \\ \rightarrow KM_2 \text{ 主触头分断} \\ \rightarrow KM_2 \text{ 联锁触头恢复闭合}\end{array} \rightarrow M$ 停止反转工作台停止右移

$\rightarrow KM_1$ 线圈得电 $\begin{array}{l}\rightarrow KM_1 \text{ 自锁触头闭合自锁} \\ \rightarrow KM_1 \text{ 主触头闭合} \\ \rightarrow KM_1 \text{ 联锁触头分断对 } KM_2 \text{ 联锁}\end{array} \rightarrow$ 电动机 M 又正转 $\rightarrow$

$\rightarrow$ 工作台又左移(SQ_2 触头复位) $\rightarrow$ …

重复上述过程,工作台就在限定的行程内自动往返运动。

(2) 停止

按下 $SB_3 \rightarrow$ 整个控制电路失电 $KM_1 \rightarrow$(或 KM_2)主触头分断 $\rightarrow$ 电动机 M 失电停电停转

这里 SB_1、SB_2 分别作为正转启动按钮和反转启动按钮,若启动时工作台在左端,则应按下 SB_2 进行启动。

任务　工作台自动往返控制线路的安装与检修

一、安装准备

根据三相异步电动机 Y112M-4 的技术数据和图 4.36 所示工作台自动往返控制线路,选用工具、仪表及器材,并填入表 4.29 中。

表 4.29　工具、仪表与器材

	工具	测电笔、螺钉旋具、尖嘴钳、斜口钳、剥线钳、电工刀等电工常用工具			
	仪表	ZC25-3 型兆欧表、MG3-1 型钳形电流表、MF47 型万用表			
器材	代号	名称	型号	规格	数量
	M	三相笼型异步电动机	Y112M-4	4kW、380 V、8.8 A、△形接法、1 440 r/min	1
	QF	低压断路器	DZ5-20/380	三极复式脱扣器、380 V、20 A	1
	FU$_1$	熔断器	RL1-60/25	500 V、60 A、配熔体额定电流 25 A	3
	FU$_2$	熔断器	RL1-15/2	500 V、15 A、配熔体额定电流 2 A	2
	KM$_1$、KM$_2$	交流接触器	CJT1-20	三极、2 A、额定电流 1.6 A	2
	KH	热继电器	JR36B-20/3		
	SQ$_1$-SQ$_4$	行程开关			4
	SB$_1$-SB$_3$	按钮	LA4-3H	保护式、按钮数 3（代用）	3
	XT	端子板	TD-1515	15 A、15 节、660 V	1
		主电路导线	BVR-1.5	1.5 mm²（7×0.52 mm）	若干
		控制电路导线	BVR-1.0	1 mm²（7×0.43 mm）	若干
		按钮线	BVR-0.75	0.75 mm²	若干
		接地线	BVR-1.5	1.5 mm²（黄绿双色）	若干
		电动机引线			若干
		走线槽		18 mm×25 mm	若干
		控制板		50 mm×40 mm×20 mm	1
		紧固体及编码套管			若干
		针形及叉形轧头			若干
		金属软管			若干

二、安装训练

1. 安装步骤和工艺要求

（1）检验所选用电器元件的质量。

（2）在控制板上按平面布置图安装走线槽和所有电器元件，并贴上醒目的文字符号。

工艺要求：安装走线槽时，应做到横平竖直、排列整齐匀称、安装牢固、便于走线。

（3）按图 4.36(a)所示电路图进行板前线槽配线，并在导线端部套编码套管和冷压接线头。

板前线槽配线的工艺要求：

1）所有导线的截面积等于或大于 0.5 mm² 时，必须采用软线。考虑机械强度的原因，所用导线的最小截面积在控制箱外为 1 mm²，在控制箱内为 0.75 mm²。但对控制箱内通过很小电流的电路连线，如电子逻辑电路，可用 0.2 mm²，并且可以采用硬线，但只能用于不移动又无振动的场合。

2）布线时，严禁损伤线芯和导线绝缘。

3）各电器元件接线端子引出导线的走向以元件的水平中心为界限。在水平中心线以上接线端子引出的导线，必须进入元件上面的走线槽；在水平中心线以下接线端子引出的导线，必须进入元件下面的走线槽。任何导线都不允许从水平方向进入走线槽内。

4）各电器元件接线端子上引出或引入的导线，除间距很小或元件机械强度很差时允许直接架空敷设外，其他导线必须经过走线槽进行连接。

5）进入走线槽内的导线要完全置于走线槽内，并应尽可能避免交叉，装线不要超过其容量的 70%，以便于能盖上线槽盖，方便以后的装配及维修。

6) 各电器元件与走线槽之间的外露导线，应合理走线，并尽可能做到横平竖直，垂直变换走向。同一个元件上位置一致的端子上，引出或引入的导线要敷设在同一平面上，并应做到高低一致或前后一致，不得交叉。

7) 所有接线端子、导线线头上，都应套有与电路图上相应接点线号一致的编码套管，并按线号进行连接，连接必须牢固，不得松开。

8) 在任何情况下，接线端子都必须与导线截面积和材料性质相适应。当接线端子不适合连接软线或不适合连接较小截面积的软线时，可以在导线端头穿上针形或叉形轧头并压紧。

9) 一般一个接线端子只能连接一根导线，如果采用专门设计的端子，可以连接两根或多根导线，但导线的连接方式必须是公认的、在工艺上成熟的，如夹紧、压接、焊接、绕接等，并应严格按照连接工艺的工序要求进行。

(4) 根据图 4.36(a)所示电路图检查控制板内部布线的正确性。

(5) 安装电动机。

(6) 连接电动机和按钮金属外壳的保护接地线。

(7) 连接电源、电动机等控制板外部的导线。

(8) 自检。

(9) 交验。

(10) 交验合格后通电试车。

2. 注意事项

(1) 行程开关可以先安装好，不占定额时间。行程开关必须牢固安装在合适的位置上，安装后，必须用手动工作台或受控机械进行试验，合格后才能使用。训练中，若无条件进行实际机械安装试验，可将行程开关安装在控制面板上方(或下方)两侧，进行手控模拟试验。

(2) 通电校验时，必须先手动控制行程开关，试验各行程控制盒终端保护动作是否正常可靠。

思考

通电校验时，在电动机正转(工作台向左运动)时，扳动行程开关 SQ_1，电动机不反转，且继续正转，原因是什么? 应当如何处理?

(3) 走线槽安装后可不必拆卸，以供后面课题训练时使用。安装线槽的时间不计入定额时间内。

(4) 通电校验时，必须有指导教师在现场监护，学生应根据电路的控制要求独立进行校验，若出现故障也应自行排除。

(5) 安装训练应在定额时间内完成，同时要做到安全操作和文明生产。

三、检修训练

在图 4.36(a)的主电路或控制电路中人为设置电气自然故障两处。自编检修步骤，经指导教师审查合格后开始检修。检修注意事项如下:

(1) 检修前，要先掌握电路图中各个控制环节的作用和原理。

（2）在检修过程中，严禁扩大和产生新的故障，否则要立即停止检修。

（3）检修思路和方法要正确。

（4）寻找故障现象时，不要漏检行程开关，并且严禁在行程开关 SQ_3、SQ_4 上设置故障。

（5）带电检修故障时，必须有指导教师在现场监护，并要确保用电安全。

（6）检修必须在定额时间内完成。

四、评分标准

评分标准见表 4.30。

表 4.30　评分标准

项目内容	配分	扣分标准		扣分
选用工具、仪表及器材	15 分	（1）工具、仪表少选或错选 （2）电器元件选错型号和规格 （3）选错元件数量或规格没有写全	每个扣 2 分 每个扣 4 分 每个扣 2 分	
装前检查	5 分	电器元件漏检或错检	每处扣 1 分	
安装布线	30 分	（1）不按布置图安装 （2）元件安装不牢固 （3）元件安装不整齐、不匀称、不合理 （4）损坏元件 （5）不按电路图接线 （6）布线不符合要求 （7）接点松动、露铜过长、反圈等 （8）损伤导线绝缘层或线芯 （9）编码套管套装不正确 （10）漏接接地线	扣 15 分 每只扣 4 分 扣 5 分 扣 15 分 扣 15 分 每根扣 3 分 每个扣 1 分 每根扣 5 分 每处扣 1 分 扣 10 分	
故障分析	10 分	（1）故障分析、排除故障思路不正确 （2）标错电路故障范围	每个扣 5 分 每个扣 5 分	
排除故障	20 分	（1）停电不验电 （2）工具及仪表使用不当 （3）排除故障的顺序不对 （4）不能查出故障点 （5）查出故障点但不能排除 （6）产生新的故障：已经排除 　　　　　　　　　　不能排除 （7）损坏电动机 （8）损坏电器元件，或排除故障方法不正确	扣 5 分 每次扣 4 分 扣 5～10 分 每个扣 10 分 每个故障扣 5 分 每个扣 10 分 每个扣 20 分 扣 20 分 每只（次）扣 5～20 分	
通电试车	20 分	（1）热继电器未整定或整定错误 （2）熔体规格选用不当 （3）第一次试车不成功 （4）第二次试车不成功 （5）第三次试车不成功	扣 10 分 扣 5 分 扣 10 分 扣 15 分 扣 20 分	
安全文明生产		违反安全文明生产规程	扣 10～70 分	
定额时间		3 h，每超时 5 min（不足 5 min 以 5 min 计）	扣 5 分	
备注		除定额时间外，各项目的最高扣分不应超过配分数		成绩

顺序控制与多地控制

任务目标

1. 学会正确安装两台电动机顺序启动、逆序停止控制线路。
2. 学会正确安装与检修两地控制的具有过载保护的接触器自锁正转控制线路。

在装有多台电动机的生产机械上,各电动机所起的作用是不同的,有时需按一定的顺序启动或停止,才能保证操作过程的合理和工作的安全可靠。如 X62W 型万能铣床上,要求主轴电动机启动后,进给电动机才能启动;M7120 型平面磨床则要求当砂轮电动机启动后,冷却泵电动机才能启动。

要求几台电动机的启动或停止必须按一定的先后顺序来完成的控制方式,叫做电动机的顺序控制。能在两地或多地控制同一台电动机的控制方式叫做电动机的多地控制。

一、顺序控制线路

 思考

图 4.37 所示控制线路中的两台电动机能否同时启动运转?为什么?该线路能满足何种控制要求?

1. 主电路实现顺序控制

图 4.37 所示是主电路实现电动机顺序控制的电路图。线路的特点是电动机 M_2 的主电路接在 KM(或 KM_1)主触头的下面。

图 4.37(a)所示控制线路中,电动机 M_2 通过接触器 X 接在接触器 KM 主触头的下面,因此,只有当 KM 主触头闭合,电动机 M_1 启动运转后,电动机 M_2 才可能接通电源运转。M7120 型平面磨床的砂轮电动机和冷却泵电动机就采用了这种顺序控制电路。

在图 4.37(b)所示控制线路中,电动机 M_1 和 M_2 分别通过接触器 KM_1 和 KM_2 来控制,接触器 KM_2 的主触头接在接触器 KM_1 主触头的下面,这样就保证了当 KM_1 主触头闭合,电动机 M_1 启动运转后,电动机 M_2 才可能接通电源运转。

线路的工作原理如下:先合上电源开关 QF。

M_1 启动后 M_2 才能启动:

按 SB_1 → KM_1 线圈得电 → KM_1 主触头闭合 →
　　　　　　　　　　　　 → KM_1 自锁触头闭合自锁 →

→ 电动机 M_1 启动连续运转
→ 再按下 SB_2 → KM_2 线圈得电 → KM_2 主触头闭合 → 电动机 M_2 启动连续运转
　　　　　　　　　　　　　　　 → KM_2 自锁触头闭合自锁 →

M_1、M_2 同时停转:

按下 SB$_3$→控制电路失电→KM$_1$、KM$_2$ 主触头分断→M$_1$、M$_2$ 同时停转

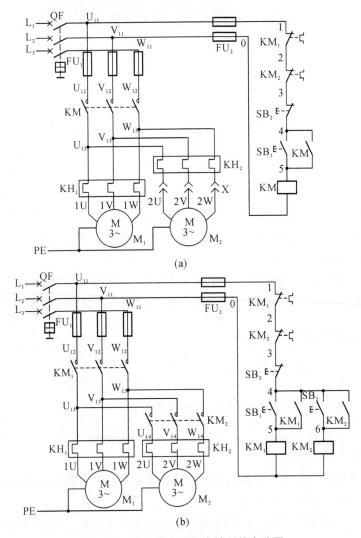

图 4.37　主电路实现顺序控制的电路图

思考

　　能否通过控制电路来实现电动机的顺序控制？试一下，你能设计出几种形式的控制线路？

2. 控制电路实现顺序控制

　　几种在控制电路实现电动机顺序控制的电路如图 4.38 所示。图 4.38(a)所示控制线路的特点是：电动机 M$_2$ 的控制电路先与接触器 KM$_1$ 的自锁触头串接，这样就保证了 M$_1$ 启动后，M$_2$ 才能启动的顺序控制要求。线路的工作原理与图 4.37(b)所示线路的工作原理相同。

　　图 4.38(b)所示控制线路的特点是：在电动机 M$_2$ 的控制电路中，串接了接触器 KM$_1$ 的

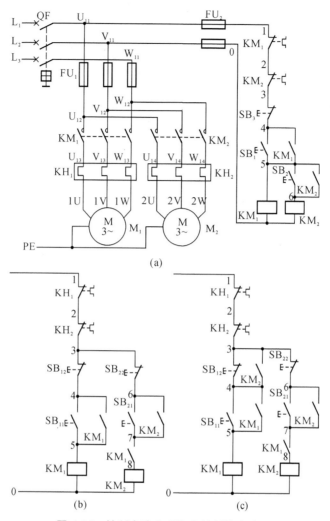

图 4.38　控制电路实现顺序控制的电路图

辅助常开触头。显然,只要 M_1 不启动,即使按下 SB_{21},由于 KM_1 的辅助常开触头未闭合, KM_2 线圈也不能得电,从而保证了 M_1 启动后,M_2 才能启动的顺序控制要求。线路中停止按钮 SB_{12} 控制两台电动机同时停止,SB_{22} 控制 M_2 的单独停止。

图 4.38(c)所示控制线路是在图 4.38(b)所示线路中的 SB_{12} 的两端并接了接触器 KM_2 的辅助常开触头,从而实现了 M_1 启动后 M_2 才能启动,M_2 停止后 M_1 才能停止的控制要求,即 M_1、M_2 是顺序启动,逆序停止。

❖例题

【例 4.4】　图 4.39 所示是三条传送带运输机的示意图。对于这三条带运输机的电气要求是:

(1) 启动顺序为 1 号、2 号、3 号,即顺序启动,以防止货物在带上堆积;

(2) 停止顺序为 3 号、2 号、1 号,即逆序停止,以保证停车后带上不残存货物;

(3) 当 1 号或 2 号出现故障停止时,3 号能随即停止,以免继续进料。

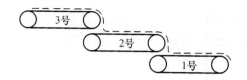

图 4.39　三条传送带运输机的示意图

试画出这三条传送带运输机的电路图,并叙述其工作原理。

解　能满足三条传送带运输机顺序启动、逆序停止控制要求的电路图如图 4.40 所示。三台电动机都用熔断器和热继电器作短路和过载保护,三台中任何一台出现过载故障,三台电动机都会停车。线路的工作原理请自行分析。

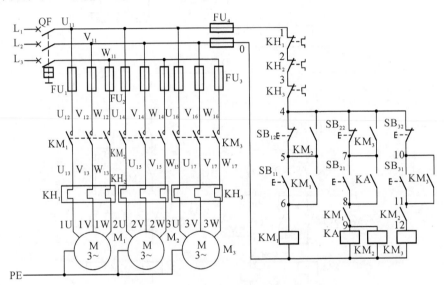

图 4.40　三条传送带运输机的控制电路图

思考

若让图 4.40 所示控制线路实现 M_1(1 号)、M_2(2 号)、M_3(3 号)顺序启动,应依次按下哪几个按钮? 若让 M_1(1 号)、M_2(2 号)、M_3(3 号)逆序停止,又应依次按下哪几个按钮?

二、多地控制线路

思考

能否实现在两地或多地控制同一台电动机的运转? 若能,试设计画出两地控制的具有过载保护接触器自锁正转控制功能的电路图。

图 4.41 所示为两地控制的具有过载保护接触器自锁正转控制功能的电路图。其中 SB_{11}、SB_{12} 为安装在甲地的启动按钮和停止按钮;SB_{21}、SB_{22} 为安装在乙地的启动按钮和停止按钮。线路的特点是:两地的启动按钮 SB_{11}、SB_{21} 要并联在一起,停止按钮 SB_{12}、SB_{22} 要串联在一起。这样就可以分在甲、乙两地启动和停止同一台电动机,达到操作方便的目的。

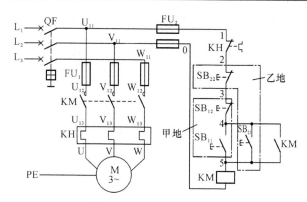

图 4.41　两地控制电路图

对三地或多地控制,要把各地的启动按钮并接、停止按钮串接就可以实现。

任务一　两台电动机顺序启动逆序停止控制线路的安装

一、安装准备

工具、仪表及器材的选用见表 4.31。

表 4.31　工具、仪表及器材

	工具	测电笔、螺钉旋具、尖嘴钳、斜口钳、剥线钳、电工刀等			
	仪表	ZC25-3 型兆欧表(500 V、0~500 MΩ)、MG3-1 型钳形电流表、MF47 型万用表			
	代号	名称	型号	规格	数量
器材	M_1	三相笼型异步电动机	Y112M-4	4 kW、380 V、△形接线、1 440 r/min	1
	M_2	三相笼型异步电动机	Y90S-2	1.5 kW、380 V、3.4 A、Y形接线、2 845 r/min	1
	QF	低压断路器	DZ5-20/380	三极复式脱扣器、380 V、20 A	1
	FU_1	熔断器	RL1-60/25	500 V、60 A、配熔体额定电流 25 A	3
	FU_2	熔断器	RL1-15/2	500 V、15 A、配熔体额定电流 2 A	2
	KM_1	交流接触器	CJT1-20	20 A、线圈电压 380 V	1
	KM_2	交流接触器	CJY1-10	10 A、线圈电压 380 V	1
	KH_1	热继电器	JR36-20/3	三极、20 A、整定电流 8.8 A	1
	KH_2	热继电器	JR36-20/3	三极、20 A、整定电流 3.4 A	1
	SB_{11}、SB_{12}	按钮	LA4-3H	保护式、按钮数 3	2
	SB_{21}、SB_{22}	按钮	LA4-3H	保护式、按钮数 3	2
	XT	端子板	JD0-1020	380 V、10 A、20 节	1
		控制板		50 mm×400 mm×20 mm	1
		主电路导线	BVR-1.5	1.5 mm²(7×0.52 mm)	若干
		控制电路导线	BVR-1.0	1 mm²(7×0.43 mm)	若干
		按钮线	BVR-0.75	0.75 mm²	若干
		接地线	BVR-1.5	1.5 mm²(黄绿双色)	若干
		走线槽		18 mm×25 mm	若干
		电动机引线			若干
		紧固体及编码套管			若干
		针形及叉形轧头			若干
		金属软管			若干

二、安装训练

1. 安装步骤

(1) 按表 4.31 配齐所用工具、仪表和器材,并检验电器元件质量。

（2）根据图 4.38(c)所示电路图［主电路如图 4.38(a)所示］，画出布置图。

（3）在控制板上按布置走线槽和所有电器元件，并贴上醒目的文字符号。

（4）在控制板上按图 4.38(c)所示电路图进行板前线槽布线，并在导线端部套编码套管和冷压接点头。

（5）安装电动机。

（6）连接电动机和电器元件金属外壳的保护接地线。

（7）连接控制板外部的导线。

（8）自检。

（9）交验检查无误后通电试车。

2. 注意事项

（1）通电试车前，应熟悉线路的操作顺序，即先合上电源开关 QF，然后按下 SB_{11} 后再按下 SB_{21} 顺序启动，按下 SB_{22} 后再按下 SB_{12} 逆序停止。

（2）通电试车时，注意观察电动机、各电器元件及线路各部分工作是否正常。若发现异常情况，必须立即切断电源开关 QF，而不是按下 SB_{12}，因为此时停止按钮 SB_{12} 可能已失去作用。

三、评分标准

评分标准见表 4.32。

表 4.32　评分标准

项目内容	配分	评分标准		扣分
装前检查	15 分	（1）电动机质量检查 （2）电器元件漏检或错检	每漏一处扣 5 分 每处扣 1 分	
安装布线	45 分	（1）电器布置不合理 （2）电器元件安装不牢固 （3）电器元件安装不整齐、不匀称、不合理 （4）损坏电器元件 （5）走线槽安装不符合要求 （6）不按电路图接线 （7）布线不符合要求 （8）接点松动、露铜过长、压绝缘层、反圈等 （9）损伤导线绝缘层或线芯 （10）漏装或套错编码套管 （11）漏接接地线	扣 5 分 每只扣 4 分 每只扣 3 分 扣 15 分 每处扣 2 分 扣 25 分 每根扣 3 分 每个扣 1 分 每根扣 5 分 每个扣 1 分 扣 10 分	
通电试车	40 分	（1）热继电器未整定或整定错误 （2）熔体规格选用不当 （3）第一次试车不成功 （4）第二次试车不成功 （5）第三次试车不成功	每只扣 5 分 扣 5 分 扣 10 分 扣 20 分 扣 40 分	
安全文明生产		（1）违反安全文明生产规程 （2）乱线敷设	扣 10～40 分 扣 10 分	
定额时间		3 h，每超时 5 min（不足 5 min 以 5 min 计）	扣 5 分	
备注		除定额时间外，各项内容的最高扣分不得超过配分数		成绩

任务二　两地控制的具有过载保护接触器自锁正转控制线路的安装和检修

一、安装训练

根据 4.41 所示电路图,画出布置图,根据安装步骤和工艺要求进行安装。

二、检修训练

根据以下故障现象,同学之间相互设置故障点、查找故障点,并正确排除故障,把结果填入表 4.33,教师巡视指导并做好现场监护。

表 4.33　检修结果表

故障现象	故障点	排故方法
按下 SB_{11}、SB_{12} 电动机都不能启动		
电动机只能点动控制		
按下 SB_{11} 电动机不启动、按下 SB_{21} 能启动		

三、评分标准

评分标准见表 4.34。

表 4.34　评分标准

项目内容	配分	扣分标准		扣分
选用工具、仪表及器材	15 分	(1) 工具、仪表少选或错选 (2) 电器元件选错型号和规格 (3) 选错元件数量或规格没有写全	每个扣 2 分 每个扣 4 分 每个扣 2 分	
装前检查	5 分	电器元件漏检或错检	每处扣 1 分	
安装布线	30 分	(1) 不按布置图安装 (2) 元件安装不牢固 (3) 元件安装不整齐、不匀称、不合理 (4) 损坏元件 (5) 不按电路图接线 (6) 布线不符合要求 (7) 接点松动、露铜过长、反圈等 (8) 损伤导线绝缘层或线芯 (9) 编码套管套装不正确 (10) 漏接接地线	扣 15 分 每只扣 4 分 扣 5 分 扣 15 分 扣 15 分 每根扣 3 分 每个扣 1 分 每根扣 5 分 每处扣 1 分 扣 10 分	
故障分析	10 分	(1) 故障分析、排除故障思路不正确 (2) 标错电路故障范围	每个扣 5 分 每个扣 5 分	
排除故障	20 分	(1) 停电不验电 (2) 工具及仪表使用不当 (3) 排除故障的顺序不对 (4) 不能查出故障点 (5) 查出故障点但不能排除 (6) 产生新的故障:已经排除 　　　　　　　　　不能排除 (7) 损坏电动机 (8) 损坏电器元件,或排除故障方法不正确	扣 5 分 每次扣 4 分 扣 5～10 分 每个扣 10 分 每个故障扣 5 分 每个扣 10 分 每个扣 20 分 扣 20 分 每只(次)扣 5～20 分	

续表

项目内容	配分	扣分标准		扣分
通电试车	20分	(1) 热继电器未整定或整定错误 (2) 熔体规格选用不当 (3) 第一次试车不成功 (4) 第二次试车不成功 (5) 第三次试车不成功	扣10分 扣5分 扣10分 扣15分 扣20分	
安全文明生产		违反安全文明生产规程	扣10~70分	
定额时间		3 h,每超时5 min(不足5 min以5 min计)	扣5分	
备注		除定额时间外,各项目的最高扣分不应超过配分数	成绩	

❖习题

1. 什么是顺序控制? 常见的顺序控制有哪些? 各举一例说明。

2. 试分析题图4.7所示控制线路的工作原理,并说明该线路属于哪种顺序控制线路。

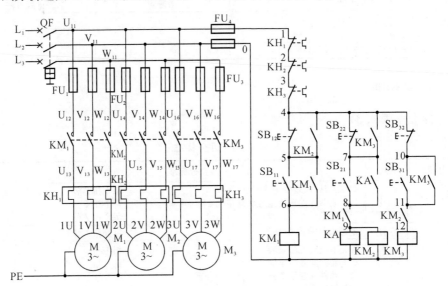

题图4.7

3. 题图4.8所示是两种在控制电路实现电动机顺序控制的线路(主电路略),试分析说明各线路有什么特点,能满足什么控制要求。

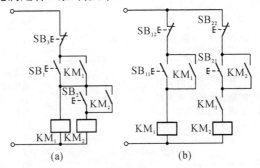

题图4.8

4. 什么叫电动机的多地控制？多地控制线路的接线特点是什么？

5. 试画出能在两地控制同一台电动机正反转电动控制电路图。

项目七　三相异步电动机的降压启动控制线路

任务目标

1. 学会正确安装定子绕组串接电阻降压启动控制线路。

2. 学会正确安装自耦变压器降压启动控制线路。

3. 学会正确安装与检修 Y-△形降压启动控制线路。

启动时加在电动机定子绕组上的电压为电动机的额定电压，属于全压启动，也叫直接启动。直接启动的优点是所用电器设备少，线路简单，维修量较小。但直接启动时的启动电流较大，一般为额定电流的 4～7 倍。在电源变压器容量不够大，而电动机功率较大的情况下，直接启动将导致电源变压器输出电压下降，不仅会减小电动机本身的启动转矩，而且会影响同一供电线路中其他电器设备的正常工作。因此，较大容量的电动机启动时，需要采用降压启动的方法。

通常规定：电源容量在 180 kVA 以上，电动机容量在 7 kVA 以下的三相异步电动机可采用直接启动。

判断一台电动机能否直接启动，还可以用下面的经验公式来确定：

$$\frac{I_{st}}{I_N} \leqslant \frac{3}{4} + \frac{S}{4P} \tag{4.5}$$

式中：I_{st}——电动机全压启动电流（A）；

I_N——电动机额定电流（A）；

S——电源变压器容量（kVA）；

P——电动机功率（kW）。

凡不满足直接启动条件的，均须采用降压启动。

降压启动是指利用启动设备将电压适当降低后，加到电动机的定子绕组上进行启动，待电动机启动运转后，再使其电压恢复到额定电压正常运转。

由于电流随电压的降低而减小，所以降压启动达到了减小启动电流的目的。但是，由于电动机的转矩与电压的平方成正比，所以降压启动也将导致电动机的启动转矩大为降低。因此，降压启动需要在空载或轻载下进行。

常见的降压启动方法有定子绕组串接电阻降压启动、自耦变压器降压启动、Y-△形降压启动、延边三角形降压启动等。

一、定子绕组串接电阻降压启动控制线路

思考

仔细回顾一下,前面学习的各种控制线路在启动时,加在电动机定子绕组上的电压是否等于电动机的额定电压?

定子绕组串接电阻降压启动的原理是在电动机启动时,把电阻串接在电动机定子绕组与电源之间,通过电阻分压作用来降低定子绕组上的启动电压。待电动机启动后,再将电阻短接,使电动机在额定电压下正常运行。

图 4.42 所示是时间继电器自动控制定子绕组串接电阻降压启动的电路图,这个线路中用接触器 KM_2 的主触头来短接电阻 R,用时间继电器 KT 来控制电动机从降压启动到全压运行的时间,从而实现了自动控制。线路工作原理如下:

降压启动:先合上电源开关 QF。

按下 SB_1→KM_1 线圈得电
→ KM_1 自锁触头闭合自锁
→ KM_1 主触头闭合 —→ 电动机 M 串接电阻降压启动
→ KM_1 辅助常开触头闭合→KT 线圈得电→

(至转速上升到一定值时,KT 延时结束)→KT 常开触头闭合→KM_2 线圈得电→

→ KM_2 自锁触头闭合自锁
→ KM_2 主触头闭合 —→ 电阻 R 被短接→电动机 M 全压运行
→ KM_2 辅助常闭触头分断→KM_1、KT 线圈先后失电,其触头复位

停止时,按下 SB_2 即可。

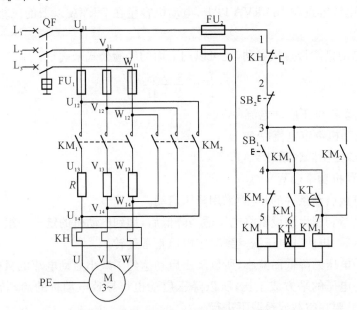

图 4.42 时间继电器自动控制定子绕组串接电阻降压启动电路图

由以上分析可见,只要调整好时间继电器 KT 触头的动作时间,电动机由降压启动过程切换成全压运行过程就能准确可靠地自动完成。

启动电阻 R 一般采用 ZX1、ZX2 系列铸铁电阻。铸铁电阻能够通过较大电流,功率大。

启动电阻 R 的阻值可按下列近似公式确定：

$$R = 190 \times \frac{I_{st} - I'_{st}}{I_{st} I'_{st}} \qquad (4.6)$$

式中：I_{st}——未串电阻前的启动电流（A），一般 $I_{st} = (4 \sim 7) I_N$；

　　I'_{st}——串电阻后的启动电流（A），一般 $I'_{st} = (2 \sim 3) I_N$；

　　I_N——电动机的额定电流（A）；

　　R——电动机每相串接的启动电阻值（Ω）。

电阻功率可用公式 $P = I_N^2 R$ 计算。由于启动电阻 R 仅在启动过程中接入，且启动时间很短，所以实际选用的电阻功率可能是计算值的 $1/4 \sim 1/3$。

串电阻降压启动的缺点是减小了电动机的启动转矩，同时启动时在电阻上功率消耗也比较大。如果启动频繁，则电阻的温度很高，对于精密的机床会产生一定的影响，因此，目前这种降压启动的方法，在生产实际中的应用正在逐步减少。

❖例题

【例 4.5】　一台三相笼型异步电动机，功率为 20 kW，额定电流为 38.4 A，电压为 380 V。问各相应串联多大的启动电阻进行降压启动？

解　选取 $I_{st} = 6 I_N = 6 \times 38.4 = 230.4$（A）

　　　　$I'_{st} = 2 I_N = 2 \times 38.4 = 76.8$ A

启动电阻阻值为：

$$R = 190 \times \frac{I_{st} - I'_{st}}{I_{st} I'_{st}} = 190 \times \frac{230.4 - 76.8}{230.4 \times 76.8} \approx 1.65（\Omega）$$

启动电阻功率为：

$$P = \frac{1}{3} I_N^2 R = \frac{1}{3} \times 38.4^2 \times 1.65 = 811（W）$$

二、时间继电器

时间继电器是一种利用电磁原理或机械动作原理来实现触头延时闭合或分断的自动控制电器。它从得到动作信号到触头动作有一定的延时，因此广泛应用于需要按时间顺序进行自动控制的电器线路中。

时间继电器的种类很多，常用的主要有电磁式、电动式、空气阻尼式、晶体管式等，目前在电力拖动线路中，应用较多的是空气阻尼式和晶体管式时间继电器。

下面以 JS7-A 系列空气阻尼式和 JS20 系列晶体管式时间继电器为例介绍。

1. JS7-A 系列空气阻尼式时间继电器

（1）结构和原理

空气阻尼式时间继电器又称气囊式时间继电器，其外形和结构如图4.43所示，主要由电磁系统、延时机构和触头系统三部分组成，电磁系统为直动式双 E 形电磁铁，延时结构采用气囊式阻尼器，触头系统是借用 LX5 型微动开关，包括两对瞬时触头（1 常开 1 常闭）和两对延时触头（1 常开 1 常闭）。根据触头延时的特点，可分为通电延时动作型和断电延时复位型两种。

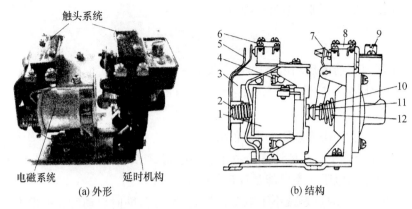

(a) 外形 　　　　　　　　(b) 结构

图 4.43　JS7-A 型时间继电器的外形与结构

1—线圈;2—反力弹簧;3—衔铁;4—铁心;5—弹簧片;6—瞬时触头;7—杠杆;

8—延时触头;9—调节螺钉;10—推杆;11—活塞杆;12—宝塔形弹簧

JS7-A 系列空气阻尼式时间继电器是利用气囊中的空气通过小孔节流的原理来获得延时动作的,其结构原理示意图如图 4.44 所示。图 4.44(a)是通电延时型时间继电器,当电磁系统的线圈通电时,微动开关 SQ_2 的触头瞬时动作,而 SQ_1 的触头由于气囊中空气阻尼的作用延时动作,其延时的长短取决于进气的快慢,可通过旋动调节螺钉 13 进行调节,延时范围有 $0.4 \sim 60$ s 和 $0.4 \sim 180$ s 两种。当线圈断电时,微动开关 SQ_1 和 SQ_2 的触头瞬时复位。

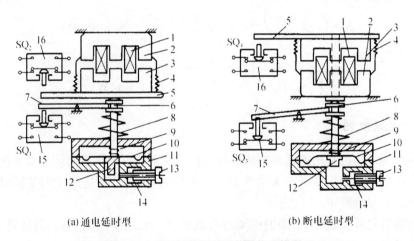

(a) 通电延时型 　　　　　　　　(b) 断电延时型

图 4.44　JS7-A 型时间继电器的结构原理

1—线圈;2—铁心;3—衔铁;4—反力弹簧;5—推板;6—活塞杆;7—杠杆;8—宝塔形弹簧;

9—弱弹簧;10—橡皮膜;11—空气室;12—活塞;13—调节螺钉;14—进气孔;15、16—微型开关

JS7-A 系列断电延时型和通电延时型时间继电器的组成元件是通用的。若将图 4.44(a)中通电延时型时间继电器的电磁结构旋出固定螺钉后反转 180°安装,即为图 4.44(b)所示断电延时型时间继电器。其工作原理读者可自行分析。

(2) 符号

时间继电器在电路图中的符号如图 4.45 所示。

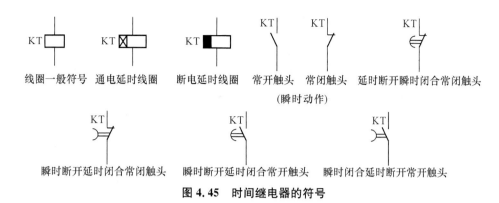

图 4.45 时间继电器的符号

（3）主要技术数据

JS7-A 系列空气阻尼式时间继电器的主要技术数据见表 4.35。

表 4.35 JS7-A 系列空气阻尼式时间继电器的技术数据

型号	瞬时动作触头对数		有延时的触头对数				触头额定电压（V）	触头额定电流（A）	线圈电压（V）	延时范围（s）	额定操作频率（次/h）
			通电延时		断电延时						
	常开	常闭	常开	常闭	常开	常闭					
JS7-1A	—	—	1	1	—	—	380	5	24,36、110、127、220、380、420、	0.4～60 及 0.4～180	600
JS7-2A	1	1	1	1	—	—					
JS7-3A	—	—	—	—	1	1					
JS7-4A	1	1	—	—	1	1					

（4）型号含义

JS7-A 系列时间继电器的型号含义如下：

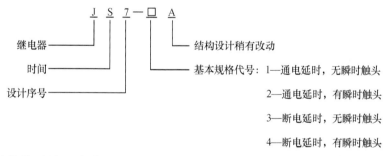

继电器
时间
设计序号
结构设计稍有改动
基本规格代号：1—通电延时，无瞬时触头
2—通电延时，有瞬时触头
3—断电延时，无瞬时触头
4—断电延时，有瞬时触头

（5）常见故障及处理方法

JS7-A 系列空气阻尼式时间继电器常见故障及处理方法见表 4.36。

表 4.36 JS7-A 系列时间继电器常见故障及处理方法

故障现象	可能原因	处理方法
延时触头不动作	电磁线圈断线	更换线圈
	电源电压过低	调高电源电压
	传动机构卡住或损坏	排除卡住故障或更换部件
延时时间缩短	气室装配不严，漏气	修理或更换气室
	橡皮膜损坏	更换橡皮膜
延时时间变长	气室内有灰尘，使气道阻塞	清除气室内灰尘，使气道畅通

空气阻尼式时间继电器的特点是延时范围大(0.4~180 s),结构简单,价格低,使用寿命长,但整定精度往往较差,只适用于一般场合。

2. JS20 系列晶体管式时间继电器

晶体管式时间继电器也称为半导体时间继电器或电子式时间继电器,具有机械结构简单、延时范围宽、整定精度高、体积小、耐冲击、耐振动、消耗功率小、调整方便及寿命长等优点,所以发展迅速,已成为时间继电器的主流产品,应用越来越广泛。

晶体管式时间继电器按结构可分为阻容式和数字式两类;按延时方式可分为通电延时型、断电延时型及带瞬动触点的通电延时型三类。

JS20 系列晶体管时间继电器是全国推广的统一设计产品,适用于交流 50 Hz、电压 380 V及以下或直流电压 220 V 及以下的控制电路中作延时元件,按预定的时间接通或分断电路。它具有体积小、重量轻、精度高、寿命长、通用性强等优点。

(1) 结构

JS20 系列晶体管时间继电器具有保护外壳,其内部结构采用印刷电路组件。安装和接线采用专用的插接座,并配有带插脚标记的下标盘作接线指示,上标盘上还带有发光二极管作为动作指示。结构形式有外接式、装置式和面板式三种。外接式的整定电位器可通过插座用导线接到所需的控制板上;装置式具有带接线端子的胶木底座;面板式采用通用八大脚插座,可直接安装在控制台的面板上,另外,还带有延时刻度和延时旋钮供整定延时时间用。JS20 系列通电延时型时间继电器的接线图如图 4.46(a)所示。

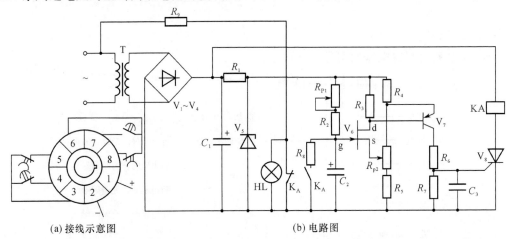

(a)接线示意图　　　　　　　　　(b)电路图

图 4.46　JS20 系列通电延时型时间继电器的接线示意图和电路图

(2) 工作原理

JS20 系列通电延时型时间继电器的电路图如图 4.46(b)所示。它由电源、电容充放电电路、电压鉴别电路、输出和指示电路五部分组成。电源接通后,经整流滤波和稳压后的直流电,经过 R_{P1} 和 R_2 向电容 C_2 充电。当场效应管 V_6 的栅源电压 U_{gs} 低于夹断电压 U_p 时,V_6 截止,因而 V_7、V_8 也处于截止状态。随着充电的不断运行,电容 C_2 的电位按指数规律上升,当达到 U_{gs} 高于 U_p 时,V_6 导通,V_7、V_8 也导通,继电器 K_A 吸合,输出延时信号。同时电容 C_2 通过 R_8 和 K_A 的常开触头放电,为下次动作做好准备。切断电源时,继电器 K_A 释放,电路恢复原始状态,等待下次动作。调节 R_{P1} 和 R_{P2} 即可调整延时时间。

（3）型号含义及技术数据

JS20 系列晶体管时间继电器的型号含义如下：

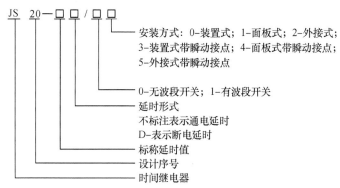

JS 20—□□/□□

安装方式：0-装置式；1-面板式；2-外接式；
3-装置式带瞬动接点；4-面板式带瞬动接点；
5-外接式带瞬动接点

0-无波段开关；1-有波段开关
延时形式
不标注表示通电延时
D-表示断电延时
标称延时值
设计序号
时间继电器

JS 系列晶体管时间继电器的主要技术参数见表 4.37。

表 4.37　JS20 系列晶体管时间继电器的主要技术参数

| 型号 | 结构形式 | 延时整定装置 | 延时范围(s) | 延时触头对数 | | | | 不延时触头对数 | | 误差(%) | | 环境温度(℃) | 工作电压(V) | | 功率消耗(W) | 机械寿命(万次) |
| | | | | 通电延时 | | 断电延时 | | | | | | | | | |
				常开	常闭	常开	常闭	常开	常闭	重复	综合		交流	直流		
JS20-□/00	装置式	内接	0.1～300	2	2					±3	±10	−10～40	36、110、127、220、380	24、48、110	≤5	1 000
JS20-□/01	面板式	内接		2	2											
JS20-□/02	装置式	外接		2	2											
JS20-□/03	装置式	内接		1	1			1	1							
JS20-□/04	面板式	内接		1	1			1	1							
JS20-□/05	装置式	外接		1	1			1	1							
JS20-□/10	装置式	内接	0.1～3 600	2	2											
JS20-□/11	面板式	内接		2	2	—	—									
JS20-□/12	装置式	外接		2	2											
JS20-□/13	装置式	内接		1	1			1	1							
JS20-□/14	面板式	内接		1	1	—	—	1	1							
JS20-□/15	装置式	外接		1	1			1	1							
JS20-□D/00	装置式	内接	0.1～180			2	2									
JS20-□D/01	面板式	内接		—	—	2	2									
JS20-□D/02	装置式	外接				2	2									

（4）适用场合

电磁式时间继电器不能满足要求；要求的延时精度较高；控制回路相互协调需要无触点输出等情况。

3. 时间继电器的选用

（1）根据系统的延时范围和精度选择时间继电器的类型和系列。在延时精度要求不高的场合，一般可选用价格较低的 JS7-A 系列空气阻尼式时间继电器，反之，对精度要求较高的场合，可选用晶体管式时间继电器。

（2）根据控制线路的要求选择时间继电器的延时方式（通电延时或断电延时）。同时，还必须考虑线路对瞬时动作触头的要求。

（3）根据控制线路电压选择时间继电器吸引线圈的电压。

4. 时间继电器的安装与使用

（1）时间继电器应按说明书规定的方向安装。无论是通电延时型还是断电延时型,都必须使继电器在断电释放时衔铁的运动方向垂直向下,其倾斜度不得超过5°。

（2）时间继电器的整定值,应预先在不通电时整定好,并在试车时校正。

（3）时间继电器金属底板上的接地螺钉必须与接地线可靠连接。

（4）通电延时型和断电延时型可在整定时间内自行调换。

（5）使用时,应经常清除灰尘及污垢,否则延时误差将增大。

三、自耦变压器降压启动控制线路

图4.47所示是自耦变压器降压启动原理图。启动时,先合上电源开关QS$_1$,再将开关QS$_2$扳向"启动"位置,此时电动机的定子绕组与变压器的二次侧相接,电动机降压启动。待电动机转速上升到一定值时,迅速将开关QS$_2$从"启动"位置扳到"运行"位置,这时,电动机与自耦变压器脱离而直接与电源相接,在额定电压下正常运行。

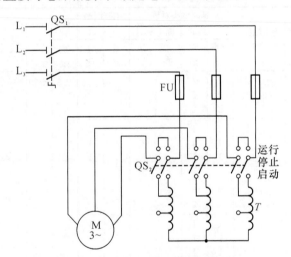

图4.47 自耦变压器降压启动原理图

由图4.47可见,自耦变压器降压启动时利用自耦变压器来降低加在电动机定子绕组上的启动电压。待电动机启动后,再使电动机与自耦变压器脱离,从而在全压下正常运行。

利用自耦变压器来进行降压的启动装置称为自耦减压启动器,其产品形式有手动式和自动式两种。

1. 手动自耦减压启动器

常用的手动自耦减压启动器有QJD3系列油浸式和QJ10系列空气式两种。

（1）QJD3系列油浸式手动自耦减压启动器

其外形如图4.48(a)所示,主要由薄钢板制成的防护式外壳、自耦变压器、接触系统(触头浸在油中)、操作机构及保护系统五部分组成,具有过载和失压保护功能。适用于一般工业用交流50 Hz或60 Hz、额定电压380 V、功率10~75 kW的三相笼型异步电动机,作不频繁降压启动和停止用。型号及其含义如下：

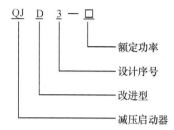

QJ D 3 — □
额定功率
设计序号
改进型
减压启动器

QJD3 系列手动自耦减压启动器的电路图如图 4.48(b)所示,其动作原理如下：

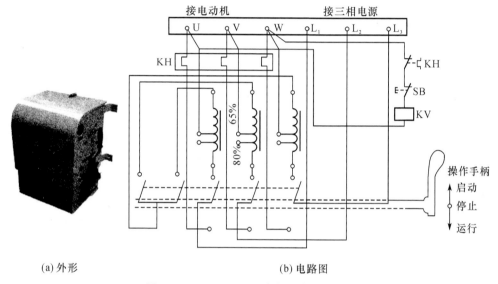

(a) 外形　　　　　　　　　　(b) 电路图

图 4.48　QJD3 系列手动自耦减压启动器

当操作手柄扳到"停止"位置时,装在主轴上的动触头与上、下两排静触头都不接触,电动机处于断电停止状态。

当操作手柄向前推到"启动"位置时,装在主触头上的动触头与上面一排启动静触头接触,三相电源 L_1、L_2、L_3 通过右边三个动、静触头接入自耦变压器,又经自耦变压器的三个 65％(或 80％)触头接入电动机进行降压启动;左边两个动、静触头接触则把自耦变压器接成了 Y 形。

当电动机的转速上升到一定值时,将操作手柄向后迅速扳到"运行"位置,使右边三个动触头与下面一排的三个运行静触头接触,这时自耦变压器脱离,电动机与三相电源 L_1、L_2、L_3 直接相接全压运行。

停止时,只要按下停止按钮 SB,失压脱扣器 KV 线圈失电,衔铁下落释放,通过机械操作机构使启动器掉闸,操作手柄便自动回到"停止"位置,电动机断电停转。

由于热继电器 KH 的常闭触头、停止按钮 SB、失压脱扣器线圈 KV 串接在 U、W 两相电源上,所以当出现电源电压不足、突然停电、电动机过载和停车等情况时都能使启动器掉闸,电动机断电停转。

启动器根据额定电压和额定功率,以选定其触头额定电流及启动用自耦变压器等结合而分类,其数据见表 4.38(对表中额定工作电流和热保护整定电流另有要求者除外)。

表 4.38　QJD3 系列手动自耦减压启动器数据

启动器 型号	额定工作电压 （V）	控制的电动机功率 （kW）	额定工作电流 （A）	热保护额定电流 （A）	最大启动时间 （s）
QJD3-10		10	19	22	30
QJD3-14		14	26	32	
QJD3-17		17	33	45	
QJD3-20		20	37	45	
DJD3-22	380	22	42	45	40
QJD3-28		28	51	63	
QJD3-30		30	56	63	
QJD3-40		40	74	85	
QJD3-45		45	86	120	60
QJD3-55		55	104	160	
QJD3-75		75	125	160	

（2）QJ10 系列空气式手动自耦减压器启动器

该系列启动器适用于交流 50 Hz、电压 380 V 及以下、容量 75 kW 及以下的三相笼型异步电动机,作不频繁降压启动和停止用。

在结构上,QJ10 系列启动器也是由箱体、自耦变压器、保护装置、触头系统和手柄操作机构五部分组成。它的触头系统有一组启动触头、一组中性触头和一组运行触头,其电路图如图 4.49 所示。

QJ10 系列启动器的动作原理如下:

当操作手柄扳到"停止"位置时,所有的动、静触头均断开,电动机处于断电停止状态;当操作手柄向前推到"启动"位置时,启动触头和中性触头同时闭合,三相电源启动触头接入自耦变压器 TM,又经自耦变压器的三个触头接入电动机进行降压启动,中性触头则把自耦变压器接成了 Y 形;当电动机的转速上升到一定值后,将操作手柄迅速扳到"运行"位置,启动触头和中性触头先同时断开,运行触头随后闭合,这时自耦变压器脱离,电动机与三相电源 L₁、L₂、L₃ 直接相接全压运行。停止时,按下 SB 即可。

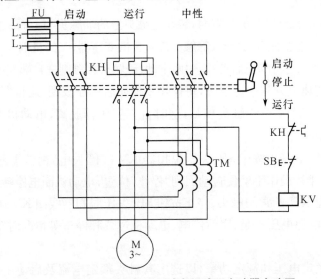

图 4.49　QJ10 系列空气式手动自耦减压启动器电路图

2. XJ01 系列自耦减压启动箱

XJ01 系列自耦减压启动箱是我国生产的自耦变压器降压启动自动控制设备,广泛用于交流为 50 Hz、电压为 380 V、功率为 14～300 kW 的三相笼型异步电动机作不频繁的降压启动用。XJ01 系列自耦减压启动箱的外形及内部结构如图 4.50(a)所示。

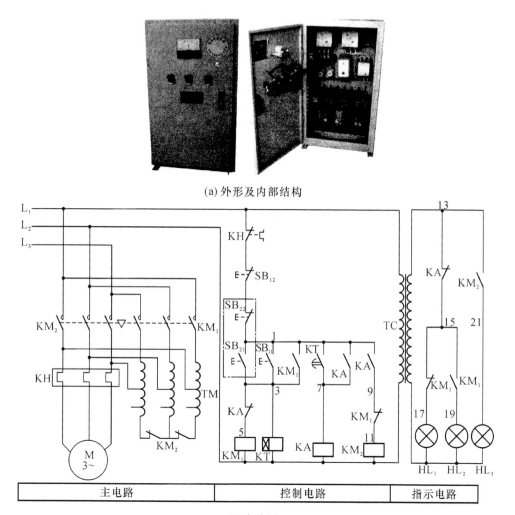

(a) 外形及内部结构

(b) 电路图

图 4.50　XJ01 系列自耦减压启动箱

XJ01 系列自耦减压启动箱由自耦变压器、交流接触器、中间继电器、热继电器、时间继电器和按钮等电器元件组成。14～75 kW 的产品,采用自动控制方式;100～300 kW 的产品,具有手动和自动两种控制方式,由转换开关进行切换。时间继电器为可调式,在 5～120 s 内可以自由调节启动时间。自耦变压器备有额定电压 60% 和 80% 两挡触头。启动箱具有过载和失压保护功能,最大启动时间为 2 min(包括一次或连续数次启动时间的总和),若启动时间超过 2 min,则启动后的冷却时间应少于 4 h 才能再次启动。

XJ01 系列自耦减压启动箱降压启动的电路图如图 4.50(b)所示。虚线框内的按钮是异地控制按钮。整个控制线路分为主电路、控制电路和指示电路三部分。线路工作原理请自行叙述。

四、Y-△形降压启动控制线路

思考

电动机接成 Y 形,加在每相定子绕组上的启动电压、启动电流和启动转矩分别是△形接法时的多少倍?

电动机启动时接成 Y 形,加在每相定子绕组上的启动电压值是△形接法的 $1/\sqrt{3}$,启动电流为△形接法的 $1/3$,启动转矩也只有△形接法的 $1/3$。所以这种降压启动方法只适用于轻载或空载下启动。凡是在正常运行定子绕组作△形连接的异步电动机,均可采用这种降压启动方法。

图 4.51 所示为 Y-△形降压启动控制线路,该线路采用时间继电器实现自动控制。该线路由三个接触器、一个热继电器、一个时间继电器和两个按钮组成。接触器 KM 作引入电源用,接触器 KM_Y 和 $KM_\triangle$ 分别作 Y 形降压启动用和△形运行用,时间继电器 KT 用作控制 Y 形降压启动时间和完成 Y-△形自动切换,SB_1 是启动按钮,SB_2 是停止按钮,FU_1 作主电路的短路保护,FU_2 作控制电路的短路保护,KH 作过载保护。

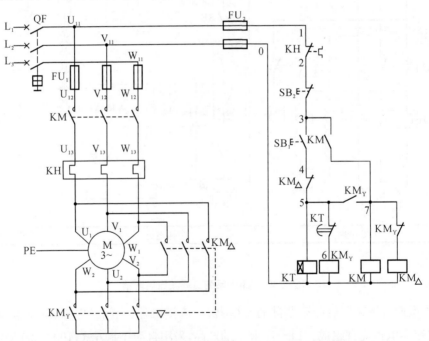

图 4.51　时间继电器自动控制 Y-△降压启动电路图

线路的工作原理如下:

降压启动:先合上电源开关 QF。

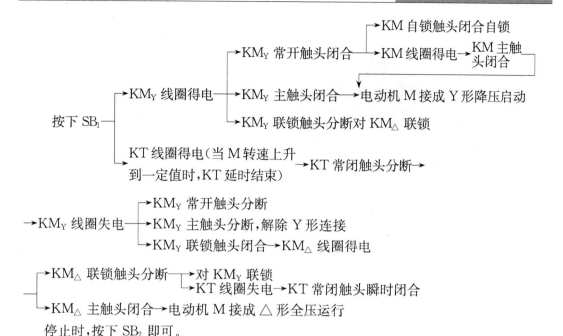

停止时，按下 SB$_2$ 即可。

该线路中，接触器 KM$_Y$ 得电以后，通过 KM$_Y$ 的辅助常开触头使接触器 KM 得电动作，这样 KM$_Y$ 的主触头是在无负载的条件下进行闭合的，故可延长接触器 KM$_Y$ 主触头的使用寿命。

时间继电器自动控制 Y-△形降压启动线路的定型产品有 QX3、QX4 两个系列，称之为 Y-△形自动启动器，它们的主要技术数据见表 4.39。

表 4.39 Y-△形自动启动器的技术数据

启动器型号	控制功率(kW)			配用热元件的额定电流	延时调整范围
	220 V	380 V	500 V	（A）	（s）
QX3-13	7	13	13	11、16、22	4～16
QX3-30	17	30	30	32、45	4～16
QX4-17		17	13	15、19	11、13
QX4-30		30	22	25、34	15、17
QX4-55		55	44	45、61	20、24
QX4-75		75		85	30
QX4-125		125		100～160	14～60

QX3-13 型 Y-△形自动启动器的外形、结构和电路图如图 4.52 所示。这种启动器主要由三个接触器 KM、KM$_Y$、KM$_△$、一个热继电器 KH、一个通电延时型时间继电器 KT 和两个按钮组成。

思考

图 4.52 中各电器的作用是什么？试述线路的工作原理。

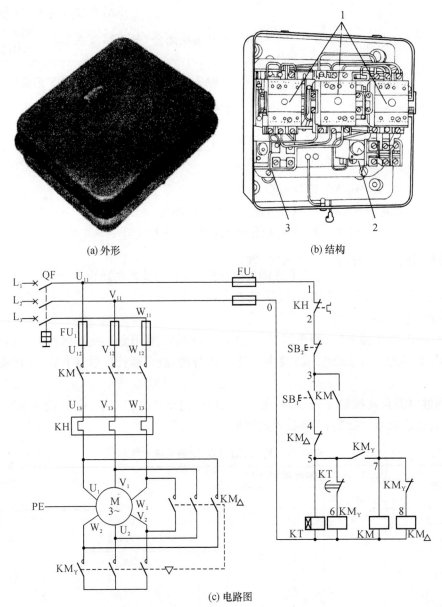

(a) 外形　　　　　　　　　(b) 结构

(c) 电路图

图 4.52　QX3-13 型 Y -△形自动启动器

1—接触器;2—热继电器;3—时间继电器

任务一　定子绕组串接电阻降压启动控制线路的安装

一、安装准备

按表 4.40 选配工具、仪表和器材,并进行质量检验。

表 4.40　工具、仪表及器材

	工具		测电笔、螺钉旋具、尖嘴钳、斜口钳、剥线钳、电工刀等			
	仪表		ZC25-3 型兆欧表(500 V、0～500 MΩ)、MG3-1 型钳形电流表、MF47 型万用表			
器材	代号	名称	型号	规格		数量
	M	三相笼型异步电动机	Y123S-4	5.5 kW、380 V、11.6 A、△形接法、1 440 r/min $I_N/I_{st}=1/7$		1
	QF	断路器	DZ5-20/380	三极复式脱扣器、380 V、20 A		1
	FU$_1$	熔断器	RL1-60/25	500 V、60 A、配熔体额定电流 25 A		3
	FU$_2$	熔断器	RL1-15/2	500 V、15 A、配熔体额定电流 2 A		2
	KM$_1$、KM$_2$	交流接触器	CJT1-20	20 A、线圈电压 380 V		2
	KT	时间继电器	JS7-2A	线圈电压 380 V		1
	KH	热继电器	JR36B-20/3	三极、20 A、整定电流 11.6 A		1
	R	电阻器	ZX2-2/0.7	22.3 A、7 Ω、每片电阻 0.7 Ω		3
	SB$_1$、SB$_2$	按钮	LA4-3H	保护式、按钮数 3		2
	XT	端子板	JD0-1020	380 V、10 A、20 节		1
		控制板一块	BVR	550 mm×500 mm×20 mm		1
		导线		1.5 mm² (黑色)、1.5 mm² (黄绿双色)、1.0 mm² 和 0.75 mm² (红色)		若干
		走线槽		18 mm×25 mm		若干
		编码套管、紧固体、针形及叉形轧头、金属软管等				若干

二、安装训练

根据图 4.42 所示电路图画出布置图,自编安装步骤,并熟悉安装工艺,经指导教师审查合格后进行安装训练。安装注意事项如下:

(1)电阻器要安装在箱体内,并且要考虑其产生的热量对其他电器的影响。若将电阻器至于箱外时,必须采取遮护或隔离措施,以防发生触电事故。

(2)布线时,要注意短接电阻器的接触器 KM$_2$ 在主电路的接线不能接错,否则,会由于相序接反而造成电动机反转。

(3)时间继电器的安装,必须使继电器在断电后,动铁心释放时的运动方向垂直向下。

(4)时间继电器和热继电器的整定值,应在不通电时预先整定好,并在试车时校正。

(5)电动机、电阻器及时间继电器等不带电的金属外壳必须可靠接地,并应将接地线接在它们指定的专用接地螺钉上。

(6)若无启动电阻器时,也可用灯箱来进行模拟测验,但三相灯泡的规格必须相同并符合要求。

三、评分标准

评分标准见表 4.41。

表 4.41　评分标准

项目内容	配分	扣分标准		扣分
装前检查	15 分	(1) 电动机质量检查	每漏一处扣 5 分	
		(2) 电器元件漏检或错检	每处扣 1 分	

项目内容	配分	扣分标准		扣分
安装布线	45分	(1) 电器布置不合理 (2) 电器元件安装不牢固 (3) 电器元件安装不整齐、不匀称、不合理 (4) 损坏电器元件 (5) 走线槽安装不符合要求 (6) 不按电路图接线 (7) 布线不符合要求 (8) 接点松动、露铜过长、压绝缘层、反圈等 (9) 损伤导线绝缘层或线芯 (10) 漏装或套错编码套管 (11) 漏接接地线	扣5分 每只扣4分 每只扣3分 扣15分 每处扣2分 扣25分 每根扣3分 每个扣1分 每根扣5分 每个扣1分 扣10分	
通电试车	40分	(1) 热继电器为整定或整定错误 (2) 熔体规格选用不当 (3) 第一次试车不成功 (4) 第二试车不成功 (5) 第三试车不成功	每只扣5分 扣5分 扣10分 扣20分 扣40分	
安全文明生产		(1) 违反安全文明生产规程 (2) 乱线敷设	扣10～40分 扣10分	
定额时间		3 h,每超时5 min(不足5 min以5 min计)	扣5分	
备注		除定额时间外,各项内容的最高扣分不得超过配分数	成绩	

任务二 自耦变压器降压启动控制线路的安装

一、安装准备

按表4.42选配工具、仪表和器材,并进行质量检验。

表4.42 工具、仪表及器材

	工具		测电笔、螺钉旋具、尖嘴钳、剥线钳、电工刀等			
	仪表		兆欧表、钳形电流表、万用表			
	代号	名称	型号	规格	数量	
器材	M	三相笼型异步电动机	Y132S-4	5.5 kW、380 V、11.6 A、△形接法、1 440 r/min	1	
	QS	低压断路器	HZ10-25/3	三极、25 A	1	
	FU$_1$	熔断器	RL1-60/25	500 V、60 A,配熔体额定电流25 A	3	
	FU$_2$	熔断器	RL1-15/2	500 V、15 A,配熔体额定电流2 A	2	
	KM$_1$-KM$_3$	交流接触器	CJT1-20	20 A、线圈电压380 V	3	
	KT	时间继电器	JS7-2A	线圈电压380 V、整定时间3 s±1 s	1	
	KH	热继电器	JR36B-20/3	三极、20 A、整定电流11.6 A	1	
	SB$_1$、SB$_2$	按钮	LA4-3H	保护式、380 V、5 A、按钮数3	2	
	XT	端子板	JX2-1015	380 V、10 A、15 节	1	
	TM	自耦变压器	GTZ	定轴抽头电压65%Un	1	
		控制板	BVR	550 mm×500 mm×20 mm	1	
		导线		1.5 mm²、1 mm²、0.75 mm²	若干	
		走线槽		18 mm×25 mm	若干	
		紧固体及编码套管			若干	

二、安装训练

完成图 4.53 所示自耦变压器降压启动控制线路电路图的补画工作,并标注电路编号。

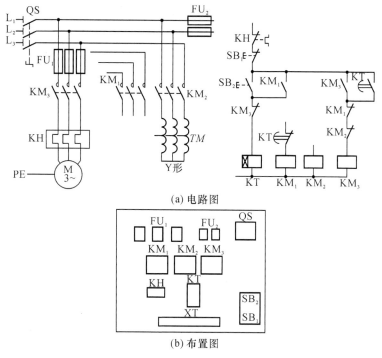

(a) 电路图

(b) 布置图

图 4.53 自耦变压器降压启动控制线路

自编安装步骤和工艺要求,经教师审阅合格后进行安装训练。安装注意事项如下:

(1) 时间继电器和热继电器的整定值,应在不通电时预先整定好,并在试车时校正。

(2) 时间继电器的安装位置,必须使继电器在断电后,动铁心释放时的运动方向垂直向下。

(3) 电动机和自耦变压器的金属外壳及时间继电器的金属底板必须可靠接地,并应将接地线接到它们指定的接地螺钉上。

(4) 自耦变压器要安装在箱体内,否则应采取遮护或隔离措施,并在进、出线的端子上进行绝缘处理,以防止发生触电事故。

(5) 若无自耦变压器时,可采用两组灯箱分别代替电动机和自耦变压器进行模拟实验,其三相规格必须相同。

(6) 布线时要注意电路中 KM_2 与 KM_3 的相序不能接错,否则,会使电动机工作时的转向与启动时相反。

(7) 通电试车时,必须有指导教师在现场监护,以确保用电安全。同时,要做到安全文明生产。

三、评分标准

评分标准见表4.43。

表 4.43 评分标准

项目内容	配分	扣分标准		扣分
补画线路	20分	(1) 补画不准确 (2) 电路编号标注不正确	每处扣2分 每处扣1分	
自编安装步骤和工艺要求	15分	安装步骤和工艺要求不合理、不完善	扣5～10分	
装前检查	10分	(1) 电动机质量检查 (2) 电器元件漏检或错检	每漏一处扣3分 每处扣1分	
安装元件	15分	(1) 元件布置不整齐、不匀称、不合理 (2) 元件安装不紧固 (3) 安装元件时漏装木螺钉 (4) 走线槽安装不符合要求 (5) 损坏元件	每只扣2分 每只扣3分 每只扣1分 每处扣1分 扣15分	
布线	20分	(1) 不按电路图接线 (2) 布线不符合要求 (3) 接点松动、露铜过长、压绝缘层、反圈等 (4) 损伤导线绝缘层或线芯 (5) 漏套或错套编码套管 (6) 漏接接地线	扣15分 每根扣3分 每个扣1分 每根扣5分 每处扣2分 扣10分	
通电试车	20分	(1) 整定值未整定或整定错误 (2) 熔体规格配错 (3) 第一次试车不成功 (4) 第二次试车不成功 (5) 第三次试车不成功	每只扣5分 扣5分 扣10分 扣15分 扣20分	
安全文明生产		(1) 违反安全文明生产规程 (2) 乱线敷设	扣5～25分 扣10分	
定额时间		3 h,每超时5 min(不足5 min以5 min计)	扣5分	
备注		除定额时间外,各项目的最高扣分不应超过配分数	成绩	

任务三 时间继电器自动控制 Y-△形降压启动控制线路的安装与检修

一、安装准备

根据三相笼型异步电动机 Y132M-4 的技术数据:7.5 kW、380 V、15.4 A、△形接法、1 440 r/min和图4.51所示电路图,选配工具、仪表和器材见表4.44。

表 4.44　工具、仪表及器材

工具		测电笔、螺钉旋具、尖嘴钳、斜口钳、剥线钳、电工刀等			
仪表		ZC25-3 型兆欧表(500 V,0～500 MΩ)、MG3-1 型钳形电流表、MF47 型万用表			
器材	代号	名称	型号	规格	数量
	M	三相笼型异步电动机	Y122M-4	4 kW,380 V,△形接法,8.8 A,1 440 r/min	1
	QF	低压熔断器	DZ5-20/380	三极复式脱扣器,380 V,20 A	1
	FU$_1$	熔断器	RL1-60/25	500 V、60 A、配熔体 25 A	3
	FU$_2$	熔断器	RL1-15/2	500 V、15 A、配熔体 2 A	2
	KM	交流接触器			1
	KM$_\triangle$				1
	KM$_Y$				1
	KH	热继电器	JR36B-20/3	线圈电压 380 V	1
	KT	时间继电器	JS7-2A	20 A、线圈电压 380 V	1
	SB$_1$、SB$_2$	按钮	LA4-3H	保护式、按钮数 3	2
	XT	端子板	JD0-1020	380 V、10 A、20 节	1
		控制板	BVR	550 mm×500 mm×20 mm	1
		导线		1.5 mm²(黑色)、1.5 mm²(黄绿双色)	若干
				1.0 mm² 和 0.75 mm²(红色)	若干
		走线槽		18 mm×25 mm	若干
		编码套管、紧固体、针形及叉形轧头、金属软管等			若干

二、安装训练

编写出安装和检修步骤,经指导教师审阅合格后,进行训练。安装注意事项如下:

(1)用 Y-△形降压启动控制的电动机,必须有 6 个出线端子,且定子绕组在△形接法时的额定电压等于三相电源的线电压。

(2)接线时,要保证电动机△形接法的正确性,即接触器主触头闭合时,应保证定子绕组的 U$_1$ 与 W$_2$、V$_1$ 与 U$_2$、W$_1$ 与 V$_2$ 相连接。

(3)接触器 KM$_Y$ 的进线必须从三相定子绕组的末端引入,若误将其首端引入,则在 KM$_Y$ 吸合时,会产生三相电源短路事故。

(4)控制板外部配线,必须按要求一律装在导线通道内,使导线有适当的机械保护,以防止液体、铁屑和灰尘的侵入。在训练时,可适当降低要求,但必须以能确保安全为前提,如采用多芯橡皮线或塑料护管软线。

(5)通电校验前,要再检查一下熔体规格及时间继电器、热继电器的各整定值是否符合要求。

(6)通电校验时,必须有指导教师在现场监护,学生应根据电路的控制要求独立进行校验,若出现故障也应自行排除。

(7)安装训练应在规定的定额时间内完成,同时要做到安全操作和文明生产。

三、评分标准

评分标准参见表 4.43。

❖ 习题

什么是降压启动？常见的降压启动的方法有哪几种？

项目八 **制动控制线路**

任务目标

1. 熟悉电磁抱闸制动器的结构和工作原理，学会正确安装电磁抱闸制动器断电控制线路。

2. 学会正确识别、选用、安装、使用速度继电器、组合开关，熟悉它们的功能、基本结构、工作原理及型号意义，熟记它们的图形符号和文字符号。

3. 理解反接制动和能耗制动原理，学会正确安装与检修单向启动反接制动控制线路和无变压器半波整流单向启动能耗制动控制线路。

电动机断开电源以后，由于惯性不会马上停止转动，而是需要转动一段时间才会完全停下来。这种情况对于某些生产机械是不适宜的。如起动机的吊钩需要准确定位、万能铣床要求立即停转等。为满足生产机械的这种要求就需要对电动机进行制动。

所谓制动，就是给电动机一个与转动方向相反的转矩使它迅速停转（或限制其转速）。制动的方法一般有两类：机械制动和电力制动。

一、机械制动

利用机械装置使电动机断开电源后迅速停转的方法叫机械制动。机械制动常用的方法有电磁抱闸制动器制动和电磁离合器制动两种。两者的制动原理类似，控制线路也基本相同。下面以电磁抱闸制动器为例，介绍机械制动的制动原理和控制线路。

1. 电磁抱闸制动器

图 4.54 所示为常用的 MZD1 系列交流制动电磁铁与 TJ2 系列闸瓦制动器的外形，它们配合使用共同组成电磁抱闸制动器，其结构和符号如图 4.55 所示。TJ2 系列闸瓦制动器与 MZD1 系列交流制动器的配合见表 4.45。

(a) MZD1系列交流单相制动电磁铁

(b) TJ2系列闸瓦制动器

图 4.54 制动电磁铁与闸瓦制动器

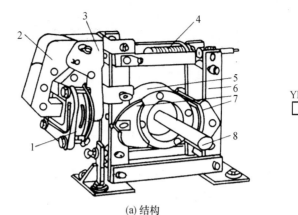

(a) 结构 (b) 符号

图 4.55 电磁抱闸制动器

1—线圈；2—衔铁；3—铁心；4—弹簧；5—闸轮；6—杠杆；7—闸瓦；8—轴

表 4.45 TJ2 系列闸瓦制动器与 MZD1 系列交流制动电磁铁的配用表

制动器型号	制动力矩（N·m）		闸瓦退距（mm）正常/最大	调整杆形成（mm）开始/最大	电磁铁型号	电磁铁转矩（N·m）	
	通电持续率为25%或40%	通电持续率为100%				通电持续率为25%或40%	通电持续率为100%
TJ2-100	20	10	0.4/0.6	2/3	MZD1-100	5.5	3
TJ2-200/100	40	20	0.4/0.6	2/3	MZD1-200	5.5	3
TJ2-200	160	80	0.5/0.8	2.5/3.8	MZD1-200	40	20
TJ2-300/200	240	120	0.5/0.8	2.5/3.8	MZD1-200	40	20
TJ2-300	500	200	0.7/1	3/4.4	MZD1-300	100	40

电磁铁和制动器的型号及其含义如下：

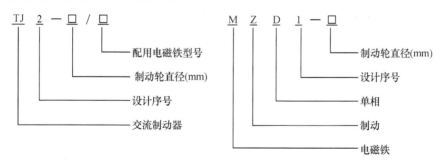

制动电磁铁由铁心、衔铁和线圈三部分组成。闸瓦制动器包括闸轮、闸瓦、杠杆和弹簧等部分。电磁抱闸制动器分为断电制动型和通电制动型两种。断电制动型的工作原理是：当制动电磁铁的线圈得电时，制动器的闸瓦与闸轮分开，无制动作用；当线圈失电时，制动器的闸瓦紧紧抱住闸轮制动。通电制动型的工作原理是：当制动电磁铁的线圈得电时，闸瓦紧紧抱住闸轮制动；当线圈失电时，制动器的闸瓦与闸轮分开，无制动作用。

2. 电磁抱闸制动器断电制动控制线路

电磁抱闸制动器断电制动控制线路如图 4.56 所示。线路工作原理如下：

启动运转：先合上电源开关 QS。按下启动按钮 SB₁，接触器 KM 线圈得电，其自锁触头和主触头闭合，电动机 M 接通电源，同时电磁抱闸制动器 YB 得电，衔铁与铁心吸合，衔铁克服弹簧拉力，迫使制动杠杆向上移动，从而使制动器的闸瓦与闸轮分开，电动机制动停转；按下停止按钮 SB$_2$,接触器 KM 线圈失电,其自锁触头和主触头分断,电动机 M 失电,同时电磁抱闸制动器 YB 线圈也失电,衔铁与铁心分开在弹簧拉力的作用下,制动器的闸瓦紧紧抱住闸轮,使电动机被迅速制动而停转。

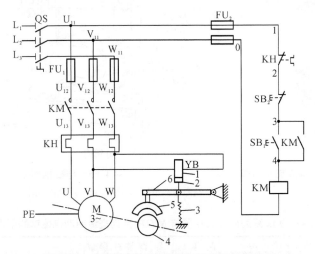

图 4.56　电磁抱闸制动器断电制动控制电路图

1—线圈;2—衔铁;3—弹簧;4—闸轮;5—闸瓦;6—杠杆

　　电磁抱闸制动器断电制动在起重机械上被广泛采用。其优点是能够准确定位,同时可防止电动机突然断电时重物自行坠落。但由于电磁抱闸制动器线圈耗电时间与电动机一样长,因此不够经济。另外,由于电磁抱闸制动器在切断电源后的制动作用,使手动调整工件很困难。

　　3.电磁抱闸制动器通电制动控制线路

　　对要求电动机制动后能调整工件位置的机床设备,可采用通电制动控制线路,如图 4.57所示。这种通电制动与上述断电制动方法稍有不同。当电动机得电运转时,电磁抱闸制动器线圈断电,闸瓦与闸轮分开,无制动作用;当电动机失电需停转时,电磁抱闸制动器的线圈得电,使闸瓦紧紧抱住闸轮制动;当电动机处于停转常态时,线圈也无电,闸瓦与闸轮分开,这样操作人员可以用手扳动主轴进行调整工件、对刀等操作。

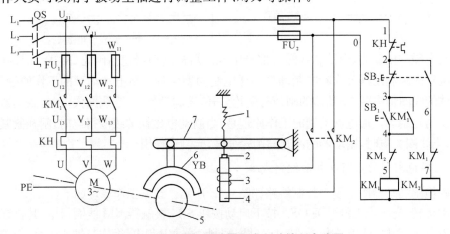

图 4.57　电磁抱闸制动器通电制动控制电路图

4. 组合开关

图 4.58 所示是 H210 系列组合开关,又称为转换开关,其特点是体积小,触头对数多,接线方式灵活,操作方便,适用于交流频率 50 Hz、电压至 380 V 以下,或直流 220 V 及以下的电气线路中,用于手动不频繁地接通和分断电路、换接电源和负载,或控制 5 kW 以下小容量电动机启动、停止和正反转。

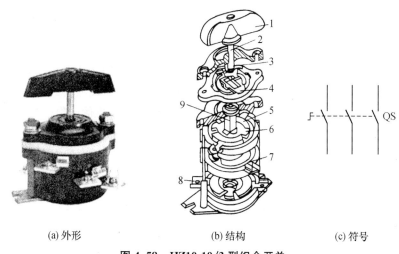

(a) 外形　　　　　(b) 结构　　　　　(c) 符号

图 4.58　HZ10-10/3 型组合开关

1—手柄;2—转轴;3—弹簧;4—凸轮;5—绝缘垫板;6—动触头;7—静触头;8—接线端子;9—绝缘方轴

(1) 组合开关的结构与型号含义

组合开关的种类很多,常用的有 HZ5、HZ10、HZ15 等系列。HZ10-10/3 型组合开关的结构如图 4.58(b)所示,其静触头装在绝缘垫板上,并附有接线柱用于与电源及负载相接,动触头装在能随转轴转动的绝缘垫板上,手柄和转轴能沿顺时针或逆时针方向转动 90°,带动三个动触头分别与静触头接触或分离,实现接通和分断电路的目的。由于采用了扭簧储能结构,能迅速闭合及分断开关,使开关的闭合和分断速度与手动操作无关。其符号如图 4.58(c)所示。

HZ10 系列组合开关的型号及含义如下:

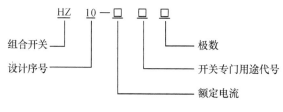

图 4.59(a)所示是倒顺开关的外形图。倒顺开关是组合开关的一种,也称可逆转换开关,是专为控制小容量三相异步电动机的正反转而生产设计的。开关的手柄有"倒""停""顺"三个位置,手柄只能从"停"的位置左转或右转 45°,其图形符号如图

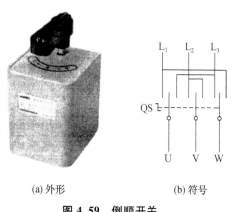

(a) 外形　　　　(b) 符号

图 4.59　倒顺开关

4.59(b)所示。

（2）组合开关的选用

组合开关可分为单极、双极、多极三类，主要参数有额定电压、整定电流、极数等，额定电流有 10 A、20 A、40 A、60 A 等几个等级。HZ10 系列组合开关主要技术数据见表 4.46。

表 4.46　HZ10 系列组合开关主要技术数据

型号	额定电压（V）	额定电流（A）		380 V 时可控制电动机的功率（kW）
		单极	三极	
HZ10 - 10	直流 220 或交流 380	6	10	1
HZ10 - 25		—	25	3.3
HZ10 - 60		—	60	5.5
HZ10 - 100		—	100	—

组合开关应根据电源种类、电压等级、所需触头数、接线方式和负载容量进行选用。用于控制小型异步电动机的运转时，开关的额定电流一般取电动机额定电流的 1.5～2.5 倍。

（3）组合开关的安装与使用

1）HZ10 系列组合开关应安装在控制箱（或壳体）内，其操作手柄最好伸出在控制箱的前面或侧面。开关为断开状态时应使手柄在水平旋转位置。倒顺开关外壳上的接地螺钉应可靠接地。

2）若需在箱内操作，开关应装在箱内右上方，并且在它的上方不安装其他电器，否则应采取隔离或绝缘措施。

3）组合开关的通断能力较低，不能用来分断故障电流。

4）当操作频率过高或负载功率因数较低时，应降低开关的容量使用，以延长其使用寿命。

（4）组合开关的常见故障及处理方法

组合开关的常见故障及处理方法见表 4.47。

表 4.47　组合开关常见故障及处理方法

故障现象	可能原因	处理方法
手柄转动后，内部触头未动	手柄上的轴孔磨损变形	调换手柄
	绝缘杆变形（由方形磨为圆形）	更换绝缘杆
	手柄与方轴，或轴与绝缘杆配合松动	紧固松动部件
	操作机构损坏	修理更换
手柄转动后，动静触头不能按要求动作	组合开关型号选用不正确	更换开关
	触头角度装配不正确	重新装配
	触头失去弹性或接触不良	更换触头或清除氧化层或灰尘
接线柱间短路	因铁屑或油污附着在接线柱间，形成导电层，将胶木烧焦，绝缘损坏而形成短路	更换开关

二、电力制动

使电动机在切断电源停转的过程中，产生一个和电动机实际旋转方向相反的电磁力矩（制动力矩），迫使电动机迅速制动停转的方法叫做电力制动。电力制动常用的方法有反接制动、能耗制动、电容制动和再生发电制动等。

1. 反接制动

(1) 反接制动原理

在图 4.60(a)所示电路中,当 QS 向上投合时,电动机定子绕组电源电压相序为 L_1—L_2—L_3,电动机将沿旋转磁场方向[图 4.60(b)中顺时针方向],以 $n < n_1$ 的转速正常运转。

当电动机需要停转时,拉下开关 QS,使电动机先脱离电源(此时转子由于惯性仍按原方向旋转)。随后,将开关 QS 迅速向下投合,由于 L_1、L_2 两相电源线对调,电动机定子绕组电源电压相序变为 L_2—L_1—L_3,旋转磁场反转[图 4.60(b)中逆时针方向],此时转子将以 $n_1 + n$ 的相对转速沿原转动方向切割旋转磁场,在转子绕组中产生感应电流,用右手定则判断出其方向,而转子绕组一旦产生电流,又受到旋转磁场的作用,产生电磁转矩,其方向可用左手定则判断出来,如图 4.60(b)所示。

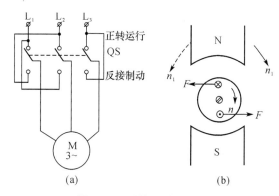

图 4.60　反接制动原理图

此转矩方向与电动机的转动方向相反,使电动机受制动迅速停转。

可见,反接制动是依靠改变电动机定子绕组的电源相序来产生制动力矩,迫使电动机迅速停转的。

思考

反接制动使电动机停转后,若不及时断开开关 QS,将会出现什么现象?

当电动机转速接近零值时,应立即切断电动机电源,否则电动机将反转。为此,在反接制动设施中,为保证电动机的转速被制动到接近零值时,能迅速切断电源,防止反向启动,常利用速度继电器来自动地及时切断电源。

(2) 单向启动反接制动控制线路

思考

图 4.61 所示为单向启动反接制动控制线路。它和前面学过的哪种控制线路相似?你能分析该线路的工作原理吗?

图 4.61 所示线路的主电路和正反转控制线路的主电路相同,只是在反接制动时增加了三个限流电阻 R。线路中 KM_1 为正转运行接触器,KM_2 为反接制动接触器,KS 为速度继电器,其轴与电动机轴相连(图 4.61 中用点画线表示)。

线路的工作原理如下:先合上电源开关 QS。

单向启动：

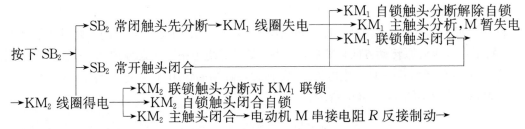

按下 SB_1 → KM_1 线圈得电 ⎧→ KM_1 自锁触头闭合自锁→电动机 M 启动运转→
⎨→ KM_1 主触头闭合
⎩→ KM_1 联锁触头分断对 KM_2 联锁

→至电动机转速上升一定值(150 r/min 左右)时→KS 常开触头闭合为制动做准备

反接制动：

按下 SB_2 → ⎧→ SB_2 常闭触头先分断→ KM_1 线圈失电 ⎧→ KM_1 自锁触头分断解除自锁
⎨ ⎨→ KM_1 主触头分析，M 暂失电
⎩→ SB_2 常开触头闭合 ⎩→ KM_1 联锁触头闭合

→ KM_2 线圈得电 ⎧→ KM_2 联锁触头分断对 KM_1 联锁
⎨→ KM_2 自锁触头闭合自锁
⎩→ KM_2 主触头闭合→电动机 M 串接电阻 R 反接制动→

→至电动机转速下降到一定值(100 r/min 左右)时→KS 常开触头分断→

→ KM_2 线圈失电 ⎧→ KM_2 联锁触头闭合解除联锁
⎨→ KM_2 自锁触头分断解除自锁
⎩→ KM_2 主触头分断→电动机 M 脱离电源停转，反接制动结束

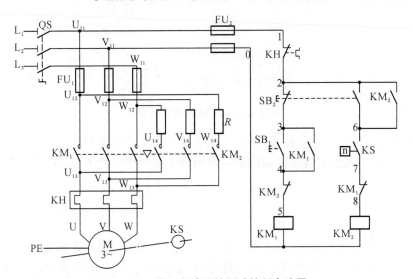

图 4.61 单向启动反接制动控制电路图

反接制动时，由于旋转磁场与转子的相对转速($n_1 + n$)很高，故转子绕组中感应电流很大，致使定子绕组中的电流很大，一般为电动机额定电流的 10 倍左右。因此，反接制动适用于 10 kW 以下小容量电动机的制动，并且对 4.5 kW 以上的电动机进行反接制动时，需在定子绕组回路中串入限流电阻 R，以限制反接制动电流。限流电阻 R 的大小可参考下述经验计算公式进行估算。

在电源电压 380 V 时，若要使反接制动电流等于电动机直接启动时启动电流的 1/2，即 $0.5 I_{st}$，则三相电路每相应串入的电阻 $R(\Omega)$ 值可取为：

$$R \approx 1.5 \times \frac{220}{I_{st}} \qquad (4.6)$$

若要使反接制动电流等于启动电流 I_{st}，则每相应串入的电阻 $R'(\Omega)$ 值可取为：

$$R' \approx 1.3 \times \frac{220}{I_{st}} \qquad (4.7)$$

如果反接制动时,只在电源两相中串接电阻,则电阻值应加大,分别取上述电阻值的1.5倍。

反接制动的优点是制动力强,制动迅速。缺点是制动准确性差,制动过程中冲击强烈,易损坏传动零件,制动能量消耗大,不宜经常制动。因此,反接制动一般适用于制动要求迅速、系统惯性较大、不经常启动与制动的场合,如铣床、镗床、中型车床等主轴的制动控制。

(3) 速度继电器

速度继电器是反应转速和转向的继电器,其主要作用是以旋转速度的快慢为指令信号,与接触器配合实现对电动机的反接制动控制,因此也称为反接制动继电器。

机床控制线路中常用的速度继电器有 JY1 型和 JFZ0 型,图4.62所示为 JY1 型速度继电器的外形。它是利用电磁感应原理工作的感应式速度继电器,具有结构简单、工作可靠、价格低廉等特点,广泛应用于生产机械运动部件的速度控制和反接控制快速停车,如车床主轴、铣床主轴等。下面以 JY1 型速度继电器为例进行介绍。

图 4.62　JY1 型速度继电器

1) 速度继电器的结构和原理

① 结构。JY1 型速度继电器的结构如图 4.63(a)所示,它主要由定子、转子、可动支架、触头及端盖组成。转轴自由永久磁铁制成,固定在转轴上;定子由硅钢片叠成并装有笼型短路绕组,能做小范围翻转;触头有两组,一组在转子正转时动作,另一组在反转时动作。

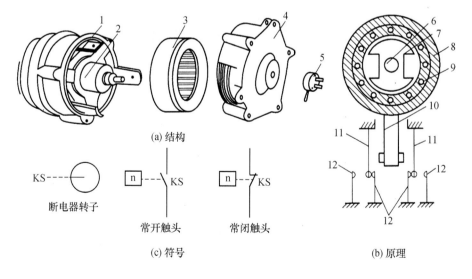

图 4.63　JY1 型速度继电器

1—可动支架;2—转子;3—定子;4—端盖;5—连接头;6—电动机轴;7—转子(永久磁铁);
8—定子;9—定子绕组;10—胶木摆杆;11—簧片(动触头);12—静触头

② 原理。JY1 型速度继电器的原理如图 4.63(b)所示。使用时,速度继电器的转子 7

随之旋转,在空间产生旋转磁场,旋转磁场在定子绕组 9 上产生感应电动势及感应电流,感应电流又与旋转磁场相互作用而产生电磁转矩,使得定子 8 以及与之相连的胶木摆杆 10 偏转。当定子偏转到一定角度时,胶木摆杆推动簧片 11,使继电器触头动作;当定子转速减小接近零时,由于定子的电磁转矩减小,胶木摆杆恢复原状态,触头也随即复位。

速度继电器在电路图中的符号如图 4.63(c)所示。

2)速度继电器的型号含义及技术数据 速度继电器的动作转速一般不低于 130 r/min,复位转速约在 100 r/min 以下。常用的速度继电器中,YJ1 型能在 3 000 r/min 以下可靠地工作。JFZ0 型的两组触头改用两个微动开关,使触头的动作速度不受定子偏转速度的影响,额定工作转速有 300～1 000 r/min(JFZ0-1 型)和 1 000～3 000 r/min(JFZ0-2 型)两种。

JFZ0 型速度继电器型号的含义如下:

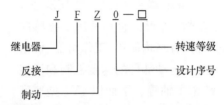

JY1 型和 JFZ0 型速度继电器的技术数据见表 4.48。

表 4.48 JY1 型和 JFZ0 型速度继电器的技术数据

型号	触头额定电压 (V)	触头额定电流 (A)	触头对数		额定工作转速 (r/min)	允许操作频率 (次/h)
			正转动作	反转动作		
JY1			1 组转换触头	1 组转换触头	100～3 000	
JFZ0-1	380	2	1 常开、1 常闭	1 常开、1 常闭	300～1 000	<30
JFZ0-2			1 常开、1 常闭	1 常开、1 常闭	1 000～3 000	

3)速度继电器的选用 速度继电器主要根据所需控制的转速大小、触头数量和电压、电流来选用。

4)速度继电器的安装与使用

① 速度继电器的转轴应与电动机同轴连接,且使两轴的中心线重合。速度继电器的轴可用连接器与电动机的轴连接,如图 4.64 所示。

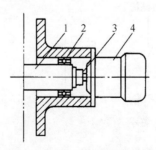

图 4.64 速度继电器的安装

1—电动机轴;2—电动机轴承;3—联轴器;4—速度继电器

② 安装接线时,应注意正反向触头不能接错,否则不能实现反接制动控制

③ 金属外壳应可靠接地。

5）速度继电器的常见故障及处理方法　速度继电器的常见故障及处理方法见表4.49。

表 4.49　速度继电器的常见故障及处理方法

故障现象	可能原因	处理方法
反接制动时速度继电器失效，电动机不制动	胶木摆杆断裂	更换胶木摆杆
	触头接触不良	清洗触头表面油污
	弹性触头断裂或失去弹性	更换弹性动触片
	笼型绕组开路	更换笼型绕组
电动机不能正常制动	弹性动触片调整不当	重新调节调整螺钉：将调整螺钉向下旋，弹性动触片增大，使速度较高时继电器才动作；或将调整螺钉向上旋，弹性动触片减小，使速度较低时继电器才动作

2. 能耗制动

（1）能耗制动原理

在图 4.65 所示电路中，断开电源开关 QS_1，切断电动机的交流电源后，这时转子仍沿原方向惯性运转；随后立即合上开关 QS_2，并将 QS_1 向下合闸，电动机 V、W 两相定子绕组通入直流电，使定子中产生一个恒定的静止磁场，这样做惯性运动的转子因切割磁感线而在转子绕组中产生感应电流，其方向用右手定则判断。转子绕组中一旦产生了感应电流，又立即受到静止磁场的作用，产生电磁转矩，用左手定则判断可知，此转矩方向正好与电动机的转向相反，使电动机受制动迅速停转如图 4.65(b)所示。

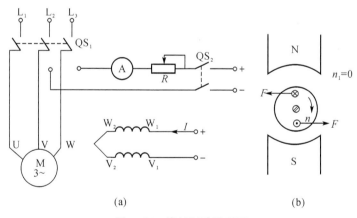

图 4.65　能耗制动原理图

由以上分析可知，这种制动方法是在电动机切断交流电源后，通过立即在定子绕组的任意两相中通入直流电，以消耗转子惯性运转的动能来进行制动的，所以称为能耗制动，又称为动能制动。

（2）单相启动能耗制动自动控制线路

无变压器单相半波整流单相启动能耗制动自动控制线路如图 4.66 所示，线路采用单相半波整流作为直流电源，所用附加设备较少，线路简单，成本低，常用于 10 kW 以下小容量电动机，且对制动要求不高的场合。

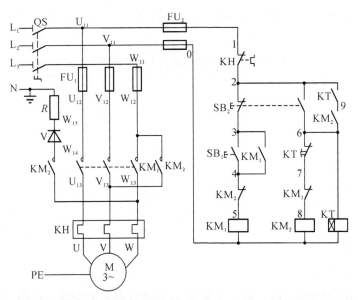

图4.66　无变压器单相半波整流单相启动能耗制动自动控制线路图

线路的工作原理如下:先合上电源开关 QS。

单相启动运转:

$$按下 SB_1 → KM_1 \text{ 线圈得电} \left\{ \begin{array}{l} → KM_1 \text{ 自锁触头闭合自锁} \\ → KM_1 \text{ 主触头闭合} \\ → KM_1 \text{ 联锁触头分断对 } KM_2 \text{ 联锁} \end{array} \right. → 电动机 M 启动运转$$

能耗制动停转:

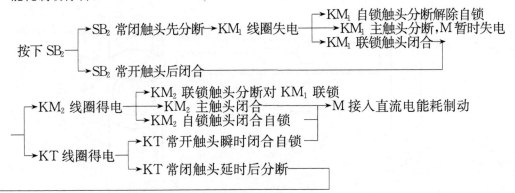

思考

分析一下,图 4.66 中 KT 瞬时闭合常开触头的作用是什么?

图 4.66 中 KT 瞬时常闭常开触头的作用是:当 KT 出现线圈断线或机械卡住等故障时,按下 SB_2 后能使电动机制动后脱离直流电源。

(3) 有变压器单相桥式整流单向启动能耗制动自动控制线路

对于 10 kW 以上容量的电动机,多采用有变压器单相桥式整流能耗制动自动控制线路,如图 4.67 所示。其中直流电源由单相桥式整流器 VC 供给,TC 是整流变压器,电阻 R 用来调节直流电流,从而调节制动强度,整流变压器一次侧与整流器的直流侧同时进行切换,有利于提高触头的使用寿命。

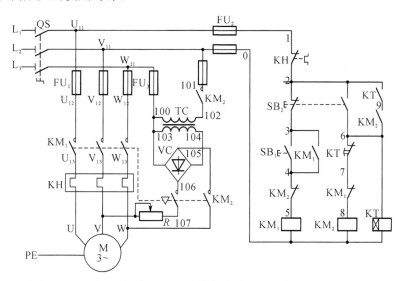

图 4.67　有变压器单相桥式整流单向启动能耗制动自动控制电路图

思考

比较图 4.66 和图 4.67 所示的两种线路,它们有哪些相同点和不同点? 试分析图 4.67 所示电路的工作原理。

能耗制动的优点是制动准确、平稳,且能量消耗较小。缺点是需要附加直流电源装置,设备费用较高,制动力较弱,在低速时制动力矩小。因此能耗制动一般用于要求制动准确、平稳的场合,如磨床、立式铣床的控制线路中。

(4) 能耗制动所需直流电源

一般用以下方法估算能耗制动所需的直流电源,其具体步骤是(以常用的单相桥式整流电路为例):

1) 首先测量出电动机三根进线中任意两根之间的电阻 $R(\Omega)$。

2) 测量出电动机的进线空载电流 I_0(A)。

3) 能耗制动所需的直流电流 I_L(A)$=KI_0$,所需的直流电压 U_L(V)$=I_LR$。其中系数 K 一般取 3.5~4。若考虑到电动机定子绕组的发热情况,并使电动机达到比较满意的制动效果,对转速高、惯性大的传动装置可取其上限。

4) 单相桥式整流电源变压器二次绕组电压和电流有效值分别为

$$U_2=\frac{U_L}{0.9}\text{(V)} \tag{4.8}$$

$$I_2=\frac{I_L}{0.9}\text{(A)} \tag{4.9}$$

变压器计算容量为

$$S=U_2I_2 \quad \text{(V·A)} \tag{4.10}$$

如果制动不频繁,可取变压器实际容量为

$$S' = \left(\frac{1}{3} \sim \frac{1}{4}\right)S \quad (\text{V} \cdot \text{A}) \tag{4.11}$$

5) 可调电阻 $R \approx 2\ \Omega$,电阻功率 $P_R(\text{W}) = I_L^2 R$,实际选用时,电阻功率的值也可适当选小一些。

3. 电容制动

当电动机切断交流电源后,通过立即在电动机定子绕组的出线端接入电容器迫使电动机迅速停转的方法叫电容制动。

电容制动的工作原理是:当旋转着的电动机断开交流电源时,转子内仍有剩磁。随着转子的惯性转动,形成一个随转子转动的旋转磁场。该磁场切割定子绕组产生感应电动势,并通过电容器回路形成感应电流,这个电流产生的磁场与转子绕组中的感应电流相互作用,产生一个与旋转方向相反的制动力矩,使电动机受制动迅速停转。

电容制动控制电路图如图 4.68 所示。电阻 R_1 是调节电阻,用以调节制动力矩的大小,电阻 R_2 为放电电阻。经验证明,电容器的电容,对于 380 V、50 Hz 的笼型异步电动机,每千瓦每相约需要 150 μF。电容器的耐压应不小于电动机的额定电压。

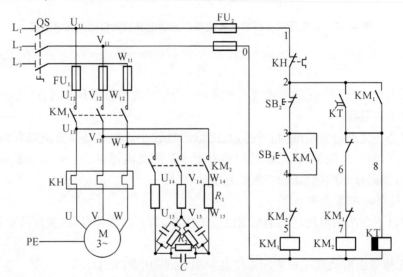

图 4.68　电容制动控制电路图

实验证明,对于 5.5 kW、△形接法的三相异步电动机,无制动停车时间为 22 s,采用电容制动后其停车时间仅需 1 s;对于 5.5 kW、Y-△形接法的三相异步电动机,无制动停车时间为 36 s,采用电容制动后其停车时间仅为 2 s。所以电容制动是一种制动迅速、能量损耗小、设备简单的制动方法,一般用于 10 kW 以下的小容量电动机,特别适用于存在机械摩擦和阻尼的生产机械和需要多台电动机同时制动的场合。

思考

电容制动的线路是怎样工作的? 试分析线路的工作原理。

4. 再生发电制动

再生发电制动(又称回馈制动)主要用在机械和多速异步电动机上。下面以起重机械为例说明其制动原理。

当起重机在高处开始下放重物时,电动机转速 n 小于同步转速 n_1,这时电动机处于电动运行状态,其转子电流和电磁转矩的方向如图 4.69(a)所示。但由于重力的作用,在重物的下放过程中,会使电动机的转速 n 大于同步转速 n_1,这时电动机处于发电运行状态,转子相对于旋转磁场切割磁感线的运动方向发生了改变(沿顺时针方向),其转子电流和电磁转矩的方向都与电动运行时相反,如图 4.69(b)所示。可见电磁力矩变为制动力矩限制了重物的下降速度,保证了设备和人身安全。

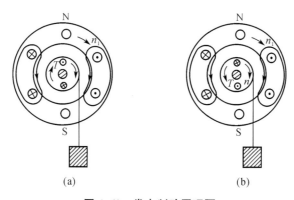

图 4.69　发电制动原理图

对多速电动机变速时,如果电动机由 2 极变为 4 极,定子旋转磁场的同步转速 n_1 由 3 000 r/min变为 1 500 r/min,而转子由于惯性仍以原来的转速 n(接近 3 000 r/min)旋转,此时 $n>n_1$,电动机处于发电制动状态。

再生发电制动是一种比较经济的制动方法,制动时不需要改变线路即可从电动运行状态自动地转入发电制动状态,把机械能转换成电能,再回馈到电网,节能效果显著。但存在着应用范围较窄、仅当电动机转速大于同步转速时才能实现发电制动的缺点,所以常用于在位能负载作用下的起重机械和多速异步电动机由高速转为低速时的情况(位能是物体系统发生形变或产生重力位移时所储存的能量,位能负载是指具有位能的负载)。

任务一　电磁抱闸制动器断电制动控制线路的安装

一、安装准备

根据三相异步电动机 Y112M - 4 的技术数据如图 4.56 所示电路图,选用工具、仪表及器材,并填入表 4.50。

表 4.50　工具、仪表及器材

	工具	测电笔、螺钉旋具、尖嘴钳、斜口钳、剥线钳、电工刀等电工常用工具			
	仪表	ZC25-3 型兆欧表(500 V、0~500 MΩ)、MG3-1 型钳形电流表、MF47 型万用表			
	代号	名称	型号	规格	数量
器材	M	三相笼型异步电动机	Y112M-4	4 kW、380 V、8.8 A、△形接法、1 440 r/min	1
	QS(或 QF)	低压断路器	HZ10-25/3	三极、25 A、380 V	1
	FU$_1$	熔断器	RL1-60/25	500 V、60 A、配熔体额定电流 25 A	3
	FU$_2$	熔断器	RL1-15/4	500 V、15 A、配熔体额定电流 4 A	2
	KM	交流接触器	CJ10-20	20 A、线圈电压、380 V	1
	KH	热继电器	JR36-2013	三极、20 A、整定电流 8.8A	1
	SB$_1$、SB$_2$	按钮	LA10-3H	保护式、380 V、5 A、按钮数 3	2
	YB	电磁抱闸制动器			
	XT	端子板	JX2-1020	10 A、20 节、380 V	1
		主电路导线	BVR-1.5	1.5 mm^2(7×0.52 mm)	若干
		控制电路导线	BVR-1.0	1 mm^2(7×0.43 mm)	若干
		按钮线	BVR-0.75	0.75 mm^2	若干
		接地线	BVR-1.5	1.5 mm^2	若干
		电动机引线			若干
		制动板			若干
		紧固体及编码套管			若干

二、安装训练

自编安装步骤,熟悉安装工艺要求。经指导教师审查合格后进行安装训练。安装注意事项如下:

(1)器材的选用可参阅有关电工手册或教材。

(2)电磁抱闸制动器必须与电动机一起安装在固定的底座或座墩上,其地脚螺栓必须拧紧,并且要有放松措施。电动机轴伸出端上的制动闸轮,必须与闸瓦制动器的抱闸机构在同一平面上,而且轴心要一致。

(3)电磁抱闸制动器安装后,必须在切断电源的情况下先进行粗调,然后在通电试车时再进行微调。粗调时以在断电状态下用外力转不动电动机的转轴,而当用外力将制动电磁铁吸合后,电动机转轴能自由转动为合格;微调时以在通电带负载运行状态下,电动机转动自如,闸瓦与闸轮不摩擦、不过热,断电时又能立即制动为合格。

(4)通电试车时,必须有指导教师在现场监护,同时要做到安全文明生产。

三、评分标准

评分标准见表 4.51。

表 4.51　评分标准

项目内容	配分	扣分标准		扣分
补画线路	20 分	(1)补画不准确 (2)电路编号标注不正确	每处扣 2 分 每处扣 1 分	
自编安装步骤和工艺要求	15 分	安装步骤和工艺要求不合理、不完善	扣 5~10 分	
装前检查	10 分	(1)电动机质量检查 (2)电器元件漏检或错检	每漏一处扣 3 分 每处扣 1 分	

续表

项目内容	配分	扣分标准		扣分
安装元件	15分	(1) 元件布置不整齐、不匀称、不合理 (2) 元件安装不紧固 (3) 安装元件时漏装木螺钉 (4) 走线槽安装不符合要求 (5) 损坏元件	每只扣2分 每只扣3分 每只扣1分 每处扣1分 扣15分	
布线	20分	(1) 不按电路图接线 (2) 布线不符合要求 (3) 接点松动、露铜过长、压绝缘层、反圈等 (4) 损伤导线绝缘层或线芯 (5) 漏套或错套编码套管 (6) 漏接接地线	扣15分 每根扣3分 每个扣1分 每根扣5分 每处扣2分 扣10分	
通电试车	20分	(1) 整定值未整定或整定错误 (2) 熔体规格配错 (3) 第一次试车不成功 (4) 第二次试车不成功 (5) 第三次试车不成功	扣5分 扣5分 扣10分 扣15分 扣20分	
安全文明生产		(1) 违反安全文明生产规程 (2) 乱线敷设	扣5～25分 扣10分	
定额时间		3 h,每超时5 min(不足5 min以5 min计)	扣5分	
备注		除定额时间外,各项目的最高扣分不应超过配分数	成绩	

任务二　单向启动反接制动控制线路的安装与检修

一、安装准备

根据三相异步电动机 Y112M-4 的技术数据和图 4.53 所示单向启动反接控制线路,选用工具、仪表及器材,并填入表 4.52 中。

二、安装训练

根据图 4.53 画出布置图,编写安装步骤,熟悉安装工艺要求。经指导教师审查合格后进行安装。安装注意事项如下:

表 4.52　工具、仪表与器材

工具		测电笔、螺钉旋具、尖嘴钳、剥线钳、电工刀等				
仪表		ZC25-3 型兆欧表(500 V、0～500 MΩ)、MG3-1 型钳形电流表、MF47 型万用表				
	代号	名称	型号	规格		数量
器材	M	三相笼型异步电动机	Y112M-4	4 kW、380 V、8.8 A、△形接法、1 440 r/min		1
	QS	低压断路器	HZ10-25/3	三极、25 A、380 V		1
	FU₁	熔断器	RL1-60/25	500 V、60 A、配熔体额定电流 25 A		3
	FU₂	熔断器	RL1-15/4	500 V、15 A、配熔体额定电流 4 A		2
	KM₁、KM₂	交流接触器	CJ10-20	20 A、线圈电压 380 V		2
	KH	热继电器				1
	KS	速度继电器				1
	SB₁、SB₂	按钮	LA10-3H	保护式、380 V、5 A、按钮数 3		2
	XT	端子板	JX2-1020	10 A、20 节、380 V		1

	代号	名称	型号	规格	数量
器材		主电路导线 控制电路导线 按钮线 接地线 电动机引线 走线槽 控制板 紧固体及编码套管 针形及叉形轧头 金属软管	BVR-1.5 BVR-1.0 BVR-0.75 BVR-1.5	1.5 mm²(7×0.52 mm) 1 mm²(7×0.43 mm) 0.75 mm² 1.5 mm²	若干 若干 若干 若干 若干 若干 若干 若干 若干 若干

(1) 安装速度继电器前,要弄清楚其结构,辨明常开触头的接线端。

(2) 速度继电器可以预先安装好,不计入定额时间。安装时,采用速度继电器的连接头与电动机转轴直接连接的方法,并使两轴中心线重合。

(3) 通电试车时,若制动不正常,可检查速度继电器是否符合规定要求。若需调节速度继电器的调整螺钉时,必须切断电源,以防止出现相对地短路事故。

(4) 速度继电器动作值和返回值的调整,应先由教师示范后,再由学生自己调整。

(5) 制动操作不宜过于频繁。

(6) 通电试车时,必须有指导教师在现场监护,同时做到安全文明生产。

三、检修训练

在主电路或控制电路中,人为设置电气自然故障两处。自编检修步骤,经指导教师审查合格后开始检修。同时强调检修注意事项。

四、评分标准

评分标准见表4.53。

表 4.53 评分标准

项目内容	配分	评分标准		扣分
装前准备	10分	电器元件漏检或错检	每处扣1分	
安装布线	30分	(1) 电器布置不合理	扣5分	
		(2) 电器元件安装不牢固	每只扣4分	
		(3) 电器元件安装不整齐、不匀称、不合理	每只扣3分	
		(4) 损伤元件	扣15分	
		(5) 走线槽安装不符合要求	每处扣2分	
		(6) 不按电路图接线	扣20分	
		(7) 布线不符合要求	每根扣3分	
		(8) 接地松动、露铜过长、反圈等	每个扣1分	
		(9) 损伤导线绝缘层或线芯	每根扣5分	
		(10) 漏装或套错编码套管	每处扣1分	
		(11) 漏接接地线	扣10分	
故障分析	10分	(1) 故障分析、排除故障思路不正确	每个扣5~10分	
		(2) 标错电路故障范围	每个扣5分	

项目内容	配分	评分标准		扣分
排除故障	30分	(1) 断电不验电 (2) 工具及仪表使用不当 (3) 排除故障的顺序不对 (4) 不能查出故障点 (5) 查出故障点,但不能排除 (6) 产生新的故障:不能排除 　　　　　　　已经排除 (7) 损伤电动机 (8) 损伤电器元件,或排故方法不正确	扣5分 每次扣5分 扣5分 每个扣15分 每个故障扣10分 每个扣15分 每个扣10分 扣30分 每只(次)扣5~20分	
通电试车	20分	(1) 热继电器未整定或整定错误 (2) 熔体规格选用不当 (3) 第一次试车不成功 (4) 第二次试车不成功 (5) 第三次试车不成功	扣5分 扣5分 扣10分 扣15分 扣20分	
安全文明生产		违反安全文明生产规程 扣10~70分		
定额时间		4 h,训练不允许超时,在修复故障过程中才允许超时, 每超 1 min　　　　　　　　　　　　　　　　　扣5分		
备注		除定额时间外,各项内容的最高扣分不得超过配分数	成绩	

任务三　无变压器单相半波整流单向启动能耗制动控制线的安装与检修

一、安装准备

按表 4.54 选配工具、仪表及器材,并进行质量检查。

表 4.54　工具、仪表及器材

	工具	测电笔、螺钉旋具、尖嘴钳、剥线钳、电工刀等			
	仪表	ZC25-3 型兆欧表、MG3-1 型钳形电流表、MF47 型万用表			
	代号	名称	型号	规格	数量
器材	M QS FU$_1$ FU$_2$ KM$_1$、KM$_2$ KH KT SB$_1$、SB$_2$ V R XT	三相笼型异步电动机 组合开关 熔断器 熔断器 交流接触器 热继电器 时间继电器 按钮 整流二极管 制动电阻 端子板 控制板 主电路导线 控制电路导线 按钮线 接地线 走线槽 各种规格的紧固体、针形及叉 形轧头、金属软管、编码套管等	Y112M-4 HZ10-25/3 RL1-60/25 RL1-15/4 CJ10-20 JR36-20/3 JS-2A LA10-3H 2CZ30 JD0-1020 BVR-1.5 BVR-1.0 BVR-0.75 BVR-1.5	4 kW、380 V、8.8 A、△形接法、1 440 r/min 三极、25 A、380 V 500 V、60 A、配熔体额定电流 25 A 500 V、15 A、配熔体额定电流 4 A 20 A、线圈电压 380 V 三极、20 A、整定电流 8.8 A 线圈电压 380 V 保护式、380 V、5 A、按钮数 3 30 A、600 V 0.5 Ω、50 W(外接) 10 A、20 节、380 V 500 mm×500 mm×20 mm 1.5 mm²(7×0.52 mm) 1 mm²(7×0.43 mm) 0.75 mm² 1.5 mm² 18 mm×25 mm	1 1 3 2 2 1 1 2 1 1 1 1 若干 若干 若干 若干 若干 若干

二、安装训练

根据图 4.66 所示电路图,参照任务二编写的安装步骤及工艺要求进行安装。安装注意事项如下:

(1) 时间继电器的整定时间不要调得太长,以免制动时间过长引起定子绕组发热。

(2) 整流二极管要配装散热器和固定散热器支架。

(3) 制动电阻要安装在控制板外面。

(4) 进行制动时,停止按钮 SB_2 要按到底。

(5) 通电试车时,必须有指导老师在现场监护,同时要做到安全操作和文明生产。

三、检修训练

在主电路或控制电路中,人为设置电器自然故障两处。自编检修步骤及注意事项,经教师审查合格后进行检修训练。

四、评分标准

评分标准见表 4.55。

表 4.55 评分标准

项目内容	评分标准		配分	扣分
装前准备	电器元件漏检或错检	每处扣 1 分	10 分	
安装布线	(1) 电器布置不合理	扣 5 分	30 分	
	(2) 电器元件安装不牢固	每只扣 4 分		
	(3) 电器元件安装不整齐、不匀称、不合理	每只扣 3 分		
	(4) 损伤元件	扣 15 分		
	(5) 走线槽安装不符合要求	每处扣 2 分		
	(6) 不按电路图接线	扣 20 分		
	(7) 布线不符合要求	每根扣 3 分		
	(8) 接地松动、露铜过长、反圈等	每个扣 1 分		
	(9) 损伤导线绝缘层或线芯	每根扣 5 分		
	(10) 漏装或套错编码套管	每处扣 1 分		
	(11) 漏接接地线	扣 10 分		
故障分析	(1) 故障分析、排除故障思路不正确	每个扣 5~10 分	10 分	
	(2) 标错电路故障范围	每个扣 5 分		
排除故障	(1) 断电不验电	扣 5 分	30 分	
	(2) 工具及仪表使用不当	每次扣 5 分		
	(3) 排除故障的顺序不对	扣 5 分		
	(4) 不能查出故障点	每个扣 15 分		
	(5) 查出故障点,但不能排除	每个故障扣 10 分		
	(6) 产生新的故障:不能排除	每个扣 15 分		
	已经排除	每个扣 10 分		
	(7) 损伤电动机	扣 30 分		
	(8) 损伤电器元件,或排故方法不正确	每只(次)扣 5~20 分		
通电试车	(1) 热继电器未整定或整定错误	扣 5 分	20 分	
	(2) 熔体规格选用不当	扣 5 分		
	(3) 第一次试车不成功	扣 10 分		
	(4) 第二次试车不成功	扣 15 分		
	(5) 第三次试车不成功	扣 20 分		
安全文明生产	违反安全文明生产规程	扣 10~70 分		
定额时间	4 h,训练不允许超时,在修复故障过程中才允许超时,每超 1 min		扣 5 分	
备注	除定额时间外,各项内容的最高扣分不得超过配分数		成绩	

❖**习题**

1. 什么叫制动? 制动的方法有哪两类?

2. 什么叫机械制动? 常用的机械制动有哪两种?

3. 电磁抱闸制动器分为哪两种类型? 叙述其制动原理。

4. 什么叫电力制动? 常用的电力制动方法有哪两种? 比较说明两种制动方法的主要不同点。

5. 试分析题图 4.9 所示两种单向启动反接制动控制线路在控制电路上有什么不同,并叙述题图 4.9(b)的工作原理。

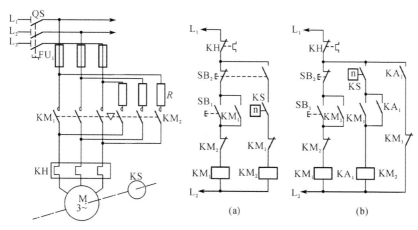

题图 4.9

6. 题图 4.10 是三相电动机双向启动反接制动控制线路,试分析 KM$_1$、KM$_2$、KM$_3$、KA$_1$、KA$_2$、KA$_3$、KA$_4$、KS-1 和 KS-2 的主要作用,叙述线路的工作原理。

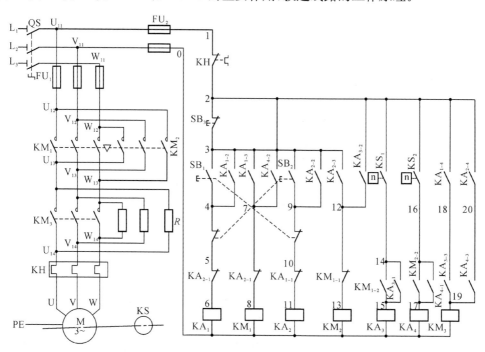

题图 4.10

7. 题图 4.11 所示为有变压器桥式整流单向启动能耗制动控制线路的电路。试分析线路哪些地方画错了,请改正后叙述工作原理。

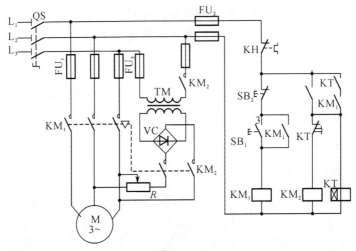

题图 4.11

项目九   **多速异步电动机控制线路**

任务目标

1. 学会正确安装与检修双速异步电动机控制线路。
2. 学会正确安装与检修三速异步电动机控制线路。

由三相异步电动机的转速公式 $n = \dfrac{60 f_1}{p}(1-s)$ 可知,改变异步电动机转速可通过三种方法来实现:一是改变电源频率 f_1;二是改变转差率 s;三是改变磁极对数 p。

改变异步电动机的磁极对数调速称为变级调速。变级调速是通过改变定子绕组的连接方式来实现的,它是有级调速,且只适用于笼型异步电动机。磁极对数可改变的电动机称为多速电动机。常见的多速电动机有双速、三速、四速等几种类型。本书只介绍双速和三速异步电动机的控制线路。

一、双速异步电动机的控制线路

1. 双速异步电动机定子绕组的连接

双速异步电动机定子绕组的△/YY连接如图 4.70 所示。图中,三相定子绕组接成△形,由三个连接点接出三个出线端 U_1、V_1、W_1,从每相绕组的中点各接出一个出线端 U_2、V_2、W_2 空着不接,如图 4.70(a)所示,此时电动机定子绕组接成△形,磁极为 4 极,同步转速为 1 500 r/min。

电动机高速工作时,要把三个出线端 U_1、V_1、W_1 并接在一起,三相电源分别接到另一个出线端 U_2、V_2、W_2 上,如图 4.70(b)所示,这时电动机定子绕组接成 YY 形,磁极为 2 极,同步转矩为 3 000 r/min。可见,双速电动机高速运转时的转速是低速运转转速的两倍。

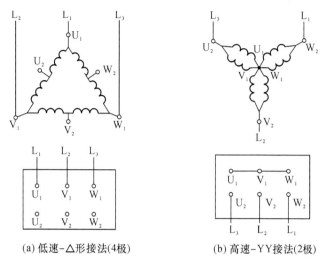

(a) 低速-△形接法(4极)   (b) 高速-YY接法(2极)

图 4.70 双速电机三相定子绕组△/YY 接线图

值得注意的是,双速电动机定子绕组从一种接法改变为另一种接法时,必须把电源相序反接,以保证电动机的旋转方向不变。

2. 双速电动机的控制线路

(1) 接触器控制双速电动机的控制线路

接触器控制双速电动机的电路如图 4.71 所示。

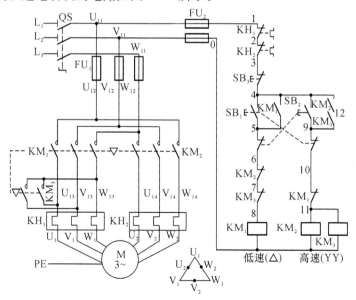

图 4.71 接触器控制双速电动机的电路图

（2）时间继电器控制双速电动机的控制线路

用时间继电器控制双速电动机低速启动高速运转的电路图如图 4.72 所示。时间继电器 KT 控制电动机形启动时间和△/YY 的自动换接运转。

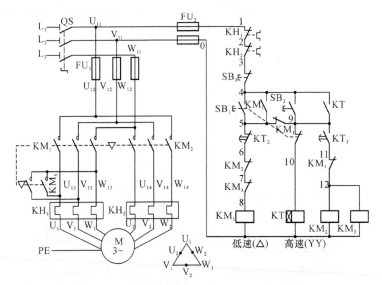

图 4.72　时间继电器控制双速电动机电路图

线路的工作原理如下：先合上电源开关 QS。

△形低速启动运转：

按下 SB_1 —— → SB_1 常闭触头先分断
　　　　　└ → SB_1 常开触头后闭合 → KM_1 线圈得电 →

→ KM_1 自锁触头闭合自锁 ────┐
→ KM_1 主触头闭合 ──────────┴→ 电动机 M 接成 △ 形低速启动运转
→ KM_1 两对辅助常闭触头分断对 KM_2、KM_3 联锁

YY 形高速旋转：

按下 SB_2 → KT 线圈得电 → KT 常开触头瞬时闭合自锁 ——经 KT 整定时间——→

→ KT_{1-2} 先分断 → KM_1 线圈失电 → KM_1 常开触头均分断
　　　　　　　　　　　　　　　　　　 → KM_1 常闭触头恢复闭合 ──→
→ KT_{1-3} 后闭合

→ KM_2、KM_3 线圈得电 ──→ KM_2、KM_3 主触头闭合 → 电动机 M 接成 YY 形高速旋转
　　　　　　　　　　　　　└→ KM_2、KM_3 联锁触头分断对 KM_1 联锁

停止时，按下 SB_3 即可，若电动机只需高速运转时，可直接按下 SB_2，则电动机△形低速启动后，YY 形高速运转。

二、三速异步电动机的控制线路

1. 三速异步电动机定子绕组的连接

三速异步电动机有两套定子绕组，分两层安放在定子槽内，第一套绕组（双速）有 7 个出

线端 U_1、V_1、W_1、U_3、U_2、V_2、W_2,可作△形或 YY 形连接;第二套绕组(单速)有 3 个出线端 U_4、V_4、W_4,只作 Y 形连接,如图 4.73(a)所示。当分别改变两套定子绕组的连接方式(即改变磁极对数)时,电动机就可以得到三种不同的转速。

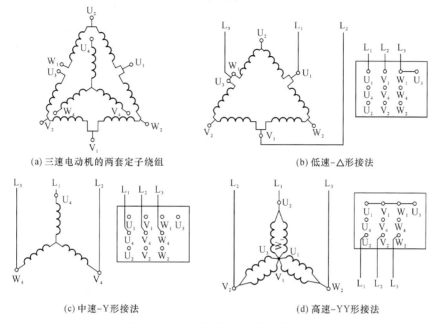

(a) 三速电动机的两套定子绕组　　　　　　　　　(b) 低速-△形接法

(c) 中速-Y形接法　　　　　　　　　(d) 高速-YY形接法

图 4.73　三速电动机定子绕组接线图

三速异步电动机定子绕组的接线方法如图 4.74(b)、(c)、(d)所示并见表 4.56。图中,W_1 和 U_3 出线端分开的目的是当电动机定子绕组接成 Y 形中速运转时,避免在△形接法的定子绕组中产生感应电流。

2. 三速电动机的控制线路

(1) 接触器控制三速电动机的控制线路

接触器控制三速电动机的电路图如图 4.74 所示。

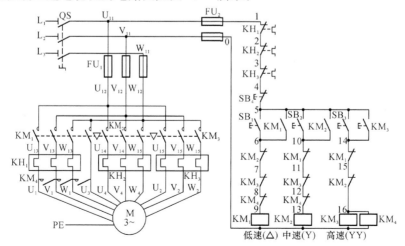

低速(△)　中速(Y)　高速(YY)

图 4.74　接触器控制三速电动机的电路图

（2）时间继电器控制三速电动机的控制线路

用时间继电器控制三速电动机的电路图如图4.75所示。其中 SB_1、KM_1 控制电动机△形接法下低速启动运转；SB_2、KT_1、KM_2 控制电动机从△形接法下低速启动到 Y 形接法下中速运转的自动变换；SB_3、KT_1、KT_2、KM_3 控制电动机从△形接法下低速启动到 Y 中速过渡到 YY 接法下高速运转的自动变换。

表 4.56　三速异步电动机定子绕组的接线方法

转速	电源接线			并头	接线方式
	L_1	L_2	L_3		
低速	U_1	V_1	W_1	U_3、W_1	△
中速	U_4	V_4	$W4$	—	Y
高速	U_2	V_2	W_2	U_1、V_1、W_1、U_3	YY

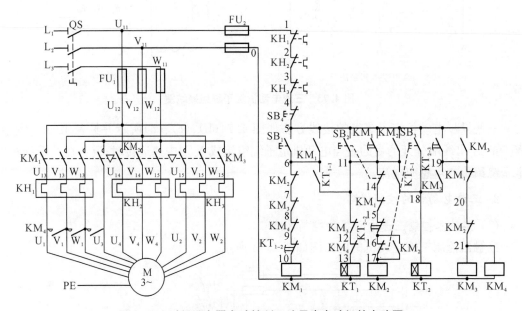

图 4.75　时间继电器自动控制三速异步电动机的电路图

线路的工作原理如下：先合上电源开关 QS

△形低速启动运转：

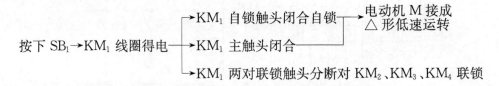

△形低速启动 Y 形中速运转：

按下 SB$_2$ ──→SB$_2$ 常开触头先分断

　　　　　　└─→SB$_2$ 常开触头后闭合──→KT$_1$ 线圈得电──→KT$_{1-2}$、KT$_{1-3}$ 未动作

　　　　　　　　　　　　　　　　　　　　　　　　　└─→KT$_{1-1}$ 瞬间闭合──→

──→KM$_1$ 线圈得电──→KM$_1$ 触头动作──→电动机 M 接成 △ 形低速启动──→

经 KT$_1$ 整定时间 ──→KT$_{1-2}$ 先分断──→KM$_1$ 线圈失电──→KM$_1$ 触头复位

　　　　　　　　　　　　　　　　　　　　　　┌─→KM$_2$ 两对常开触头闭合──→电动机 M

　　　　　　　　　　　　　　　　　　　　　　│　　　　　　　　　　　　　接成 Y 形中
速运转

　　　　　　　└─→KT$_{1-3}$ 后闭合──→KM$_2$ 线圈失电──┼─→KM$_2$ 主触头闭合

　　　　　　　　　　　　　　　　　　　　　　└─→KM$_2$ 联锁触头分断对 KM$_1$、

　　　　　　　　　　　　　　　　　　　　　　　　KM$_3$、KM$_4$ 联锁

△形低速启动 Y 形中速运转过渡到 YY 形高速运转：

按下 SB$_3$ ──→SB$_3$ 常开触头先分断

　　　　　　└─→SB$_3$ 常开触头后闭合──→KT$_2$ 线圈得电──→KT$_{2-2}$、KT$_{2-3}$ 未动作

　　　　　　　　　　　　　　　　　　　　　　　　　└─→KT$_{2-1}$ 瞬间闭合──→

──→KT$_1$ 线圈得电 ──→KT$_{1-1}$ 瞬间闭合──→KM$_1$ 线圈得电──→KM$_1$ 触头动作──→M 接成 △ 形
低速启动

　　　　　　　　　　└─→KT$_{1-2}$、KT$_{1-3}$ 未动作

经 KT$_1$ 整定时间 ──→KT$_{1-2}$ 先分断──→KM$_1$ 线圈失电──→KM$_1$ 触头复位

　　　　　　　　　　└─→KT$_{1-3}$ 后闭合──→KM$_2$ 线圈得电──→KM$_2$ 主触头动作──→M 接成 Y 形
中速运转

经 KT$_2$ 整定时间 ──→KT$_{2-2}$ 先分断──→KM$_2$ 线圈失电──→KM$_2$ 触头复位──→

　　　　　　　　　　└─→KT$_{2-3}$ 后闭合──→KM$_3$、KM$_4$ 线圈得电──→

┌─→KM$_3$ 两对常开触头闭合　　　　　　──→电动机 M 接成 YY 形高速运转

├─→KM$_3$、KM$_4$ 主触头闭合

└─→KM$_3$、KM$_4$ 两对辅助触头分断对 KM$_1$ 的联锁──→KT$_1$ 线圈失电──→KT$_1$ 触头复位

停止时，按下 SB$_4$ 即可。

任务一　时间继电器控制双速电动机控制线路的安装与检修

一、安装准备

根据三相笼型异步电动机的技术数据及图 4.72 所示的电路图，选用工具、仪表及器材，并分别填入表 4.57。

表 4.57 工具、仪表及器材

工具	测电笔、螺钉旋具、尖嘴钳、斜口钳、剥线钳、电工刀等				
仪表	ZC25-3型兆欧表(500 V,0～500 MΩ)、MG3-1型钳形电流表、MF47型万用表				
	代号	名称	型号	规格	数量
器材	M	三相笼型异步电动机	YD112M-4/2	3.3 kW/4 kW、380 V、7.4 A/8.6 A、△/YY接法、1 440 r/min 或 2 890 r/min	1
	QS	电源开关	HZ01-25/3	三极、25 A、380 V	1
	FU₁	熔断器	RL1-60/25	500 V、60 A、配熔体额定电流 25 A	3
	FU₂	熔断器	RL1-15/4	500 V、15 A、配熔体额定电流 4 A	2
	KM₁-KM₃	交流接触器	CJ10-20	20 A、线圈电压 380 V	1
	KH₁、KH₂	热继电器	JR36-20/3	三极、20 A、整定电流、8.8 A	1
	KT	时间继电器	JS7-2A	线圈电压 380 V、整定电流 3 s±1 s	1
	SB₁-SB₃	按钮	LA10-3H	保护式、380 V、5 A、按钮数 3	3
	XT	端子板	JX2-1020	10 A、20 节、380 V	1
		主电路导线	BVR-1.5	1.5 mm²(7×0.52 mm)	若干
		控制电路导线	BVR-1.0	1 mm²(7×0.43 mm)	若干
		按钮线	BVR-0.75	0.75 mm²	若干
		接地线	BVR-1.5	1.5 mm²	若干
		电动机引线			若干
		控制板			若干
		走线槽			若干
		紧固体及编码套管			若干

二、安装训练

自编安装步骤,并熟悉其工艺要求,经指导教师审查合格后,开始安装训练。安装注意事项如下:

(1) 接线时,注意主电路中接触器 KM₁、KM₂ 在两种转速下电源频率的改变,不能接错,否则两种转速下电动机的转向相反,换向时将产生很大的冲击电流。

(2) 控制双速电动机△形接法的接触器 KM₁ 和 YY 形接法的 KM₂ 的主触头不能对换接线,否则不但无法实现双速控制要求,而且会在 YY 形运转时造成电源短路事故。

(3) 热继电器 KH₁、KH₂ 的整定电流及其在主电路中的接线不要搞错。

(4) 通电试车前,要复验一下电动机的接线是否正确,并测试绝缘电阻是否符合要求。

(5) 通电试车时,必须有指导教师在现场监护,并用转速表测量电动机的转速。

三、检修训练

在控制电路或主电路中人为设置电气自然故障两处。由学生自编检修步骤,经教师审阅合格后进行检修。检修过程中应注意:

(1) 检修前,要认真阅读电路图,掌握线路的构成、工作原理及接线方法。

(2) 在排除故障的过程中,故障分析、排除故障的思路和方法要正确。

(3) 工具和仪表使用要正确。

(4) 不能随意更改线路和带电触摸电器元件。

(5) 带电检修故障时,必须有教师在现场监护,并要确保用电安全。

四、评分标准

评分标准见表 4.58。

表 4.58　评分标准

项目内容	评分标准		配分	扣分
装前准备	电器元件漏检或错检	每处扣 1 分	10 分	
安装布线	(1) 电器布置不合理	扣 5 分	30 分	
	(2) 电器元件安装不牢固	每只扣 4 分		
	(3) 电器元件安装不整齐、不匀称、不合理	每只扣 3 分		
	(4) 损伤元件	扣 15 分		
	(5) 走线槽安装不符合要求	每处扣 2 分		
	(6) 不按电路图接线	扣 20 分		
	(7) 布线不符合要求	每根扣 3 分		
	(8) 接地松动、露铜过长、反圈等	每个扣 1 分		
	(9) 损伤导线绝缘层或线芯	每根扣 5 分		
	(10) 漏装或套错编码套管	每处扣 1 分		
	(11) 漏接接地线	扣 10 分		
故障分析	(1) 故障分析、排除故障思路不正确	每个扣 5~10 分	10 分	
	(2) 标错电路故障范围	每个扣 5 分		
排除故障	(1) 断电不验电	扣 5 分	30 分	
	(2) 工具及仪表使用不当	每次扣 5 分		
	(3) 排除故障的顺序不对	扣 5 分		
	(4) 不能查出故障点	每个扣 15 分		
	(5) 查出故障点,但不能排除	每个故障扣 10 分		
	(6) 产生新的故障:不能排除	每个扣 15 分		
	已经排除	每个扣 10 分		
	(7) 损伤电动机	扣 30 分		
	(8) 损伤电器元件,或排除故障方法不正确	每只(次)扣 5~20 分		
通电试车	(1) 热继电器未整定或整定错误	扣 5 分	20 分	
	(2) 熔体规格选用不当	扣 5 分		
	(3) 第一次试车不成功	扣 10 分		
	(4) 第二次试车不成功	扣 15 分		
	(5) 第三次试车不成功	扣 20 分		
安全文明生产	违反安全文明生产规程	扣 10~70 分		
定额时间	4 h,训练不允许超时,若在修复故障过程中才允许超时	每超 1 min 扣 5 分		
备注	除定额时间外,各项内容的最高扣分,不得超过配分数		成绩	

任务二　三速异步电动机控制线路的安装与检测

一、安装准备

根据三相笼型异步电动机的技术数据及图 4.75 所示的电路图,选用工具、仪表及器材,并分别填入表 4.59 中。

表 4.59　工具、仪表及器材

	工具	测电笔、螺钉旋具、尖嘴钳、斜口钳、剥线钳、电工刀等			
	仪表	ZC25-3 型兆欧表(500 V,0～500 MΩ)、MG3-1 型钳形电流表、MF47 型万用表			
	代号	名称	型号	规格	数量
器材	M	三速电机	YD160M-8/6/4	3.3 kW/4 kW/5.5 kW、380 V、10.2 A/9.9 A/11.6 A、△/Y/YY接法、720/960/1 440 r/min	1
	QS	电源开关	HZ10-25/3	三极、25 A、380 V	1
	FU₁	熔断器	RL1-60/25	500 V、60 A、配熔体额定电流 25 A	3
	FU₂	熔断器	RL1-15/4	500 V、15 A、配熔体额定电流 4 A	2
	KM₁	交流接触器	CJ10-20	20 A、线圈电压 380 V	1
	-KM₄	热继电器	JR36-20/3	三极、20 A、整定电流 8.8 A	1
	KH₁	热继电器			3
	KH₂	热继电器			1
	KH₃	时间继电器	JS7-2A	线圈电压 380 V、整定时间 11.6 A	1
	KT	按钮	LA10-3H	保护式、380 V、5 A、按钮数 3	4
	SB₁-SB₄	端子板	JX2-1020	380 V、10 A、20 节	1
	XT	主电路导线	BVR-1.5	1.5 mm²(7×0.52 mm)	若干
		控制电路导线	BVR-1.0	1 mm²(7×0.43 mm)	若干
		按钮线	BVR-0.75	0.75 mm²	若干
		接地线	BVR-1.5	1.5 mm²	若干
		电动机引线			若干
		控制板			若干
		走线槽		18 mm×25 mm	若干
		紧固体及编码套管			若干

二、安装训练

自编安装步骤,并熟悉其工艺要求,经指导教师审查合格后,开始安装训练。安装注意事项如下:

(1)主电路接线时,要看清电动机出线端的标记,掌握其接线要点:△形低速时,U₁、V₁、W₁ 经 KM₁ 接电源,W₁、U₃ 并接;Y 形中速,U₄、V₄、W₄ 经 KM₂ 接电源,W₁、U₃ 必须断开,空着不接;YY 形高速时,U₂、V₂、W₂ 经 KM₃ 接电源,U₁、V₁、W₁、U₃ 并联。接线要细心,做到正确无误。

(2)热继电器 KH₁、KH₂、KH₃ 的整定电流在三种转速下是不同的,调整时不要搞错。

(3)通电试车时,要检查一下电动机的接线是否正确,并测试绝缘电阻是否符合要求。同时必须有指导教师在现场监护,并用转速表测量电动机的转速。

三、检修训练

在控制电路或主电路中人为设置电气自然故障两处。由学生自编检修步骤,经教师审阅合格后进行检修。

四、评分标准

评分标准见表 4.60。

表 4.60　评分标准

项目内容	评分标准		扣分	配分
装前准备	电器元件漏检或错检	每处扣 1 分	10 分	
安装布线	(1) 电器布置不合理	扣 5 分	30 分	
	(2) 电器元件安装不牢固	每只扣 4 分		
	(3) 电器元件安装不整齐、不匀称、不合理	每只扣 3 分		
	(4) 损伤元件	扣 15 分		
	(5) 走线槽安装不符合要求	每处扣 2 分		
	(6) 不按电路图接线	扣 20 分		
	(7) 布线不符合要求	每根扣 3 分		
	(8) 接地松动、露铜过长、反圈等	每个扣 1 分		
	(9) 损伤导线绝缘层或线芯	每根扣 5 分		
	(10) 漏装或套错编码套管	每处扣 1 分		
	(11) 漏接接地线	扣 10 分		
故障分析	(1) 故障分析、排除故障思路不正确	每个扣 5～10 分	10 分	
	(2) 标错电路故障范围	每个扣 5 分		
排除故障	(1) 断电不验电	扣 5 分	30 分	
	(2) 工具及仪表使用不当	每次扣 5 分		
	(3) 排除故障的顺序不对	扣 5 分		
	(4) 不能查出故障点	每个扣 15 分		
	(5) 查出故障点,但不能排除	每个故障扣 10 分		
	(6) 产生新的故障:不能排除	每个扣 15 分		
	已经排除	每个扣 10 分		
	(7) 损伤电动机	扣 30 分		
	(8) 损伤电器元件,或排故方法不正确	每只(次)扣 5～20 分		
通电试车	(1) 热继电器未整定或整定错误	扣 5 分	20 分	
	(2) 熔体规格选用不当	扣 5 分		
	(3) 第一次试车不成功	扣 10 分		
	(4) 第二次试车不成功	扣 15 分		
	(5) 第三次试车不成功	扣 20 分		
安全文明生产	违反安全文明生产规程	扣 10～70 分		
定额时间	4 h,训练不允许超时,若在修复故障过程中才允许超时	每超 1 min 扣 5 分		
备注	除定额时间外,各项内容的最高扣分不得超过配分数		成绩	

❖ 习题

1. 三相异步电动机的调速方法有几种？笼型异步电动机的变极调速如何实现？

2. 双速电动机的定子绕组共有几个出线端？分别画出双速电动机在低、高速时定子绕组的接线图。

3. 三速异步电动机有几套定子绕组？定子绕组共有几个出线端？分别画出三速异步电动机在低、中、高速时定子绕组的接线图。

4. 现有一双速电动机,试按下述要求设计控制线路:

(1) 分别用两个按钮操作电动机的高速启动和低速启动,用一个总停止按钮操作电动机停止。

(2) 启动高速时,应先接成低速,然后经延时后再换接高速。

(3) 有短路保护和过载保护。

第二篇
电子部分

电子元器件的基本知识

任务目标

1. 掌握电阻器的各种表示方法。
2. 掌握电阻器的识别与测量方法。

电阻器是电路元件中应用最广泛的一种,在电子设备中占元件总数的30%以上,其质量的好坏对电路工作的稳定性有极大影响。

一、电阻器的作用与分类

1. 作用

电阻器是一种能使电子运动产生阻力的元件,是一种能控制电路中的电流大小和电压高低的电子元件。如使用的电阻器阻值大,则电路中的电流就小;反之,则电路中的电流就大。所以,电阻器在电路中有稳定和调节电流、电压的作用,可以作为分流器和分压器,还可以作为消耗功率的负载电阻。

2. 分类

1) 按功能分　电阻器根据功能不同可分为固定电阻器和可调电阻器。固定电阻器主要用于阻值固定而不需要变动的电路中,起限流、分流、分压、降压、负载和匹配等作用。

可调电阻器分为可调与半可调两类。

可调电阻器又称为变阻器或电位器,主要用在阻值需要经常变动的电路中,用其来调节音量、音调、电压、电流等。如收音机、随身听中的音量调节,又如歌舞厅调音室中的调音台音量推子(各路音量电位器)等。可调电阻器在结构上分为旋柄式和滑竿式两类。

半可调电阻器又称微调电阻器或微调电位器,主要用于对某电路进行调试,使电路符合设计要求。通过调节微调电阻器的旋转触点,改变旋转触点与两侧固定引出端间的阻值,就能改变微调电阻器的阻值,从而达到调整电路中电压、电流的目的。

2) 根据电阻器的材料与结构　电阻器按材料与结构不同可分为碳膜电阻器、金属膜电阻器和金属线绕式电阻器等。部分电阻器外形如图5.1所示。

图 5.1　部分电阻器外形

电阻器的基体通常采用耐高温并且有一定机械强度的绝缘材料,如陶瓷等。为了方便生产和使用,通常将电阻器的基体做成圆柱形。

在制作碳膜电阻器时,首先按其功率大小确定电阻器基体的大小,再将带有引线的金属帽套在电阻器基体的两端,然后在电阻器基体的四周均匀地涂上碳膜涂层,最后给各种阻值的电阻器印上各种阻值标识。这就制成了一只碳膜电阻器。

金属膜电阻器的外表涂的是一层金属膜涂层,所以比碳膜电阻器的性能好。

线绕电阻器是将金属电阻丝绕在基体上而制成。线绕电阻器体积较大,但其性能比碳膜电阻器和金属膜电阻器都好。

膜式电阻器的阻值范围比较大,可以从零点几欧至几十兆欧,但功率比较小,一般在 2 W 以下。线绕式电阻器的阻值范围比较小,为零点几欧至几十千欧,但功率较大,最大可达几百瓦。

二、电阻器的图形符号与代号

电阻器在电路中的图形符号如图 5.2 所示。

图 5.2　电阻器图形符号

固定电阻器的文字代号为"R"。如在电路中使用 2 只电阻,就将它们编成"R_1、R_2"。如在一个电路图中有 20 个电阻器,则可以将它们分别编写为 R_1、R_2、R_3、$\cdots$、R_{20}。

可调电阻器和电位器的文字代号为"R_P"。如在一个电路图中有 3 个电位器,则可以将它们编写为 R_{P1}、R_{P2}、R_{P3}。

三、电阻器的串、并联及其作用

1. 电阻器的串联及其作用

把 2 个或 2 个以上电阻器的首尾相连,即为电阻器的串联。电阻器串联相当于长度增加,使总阻值增大。将 3 个电阻器串联,串联后的阻值等于各个电阻值之和(图 5.3)。

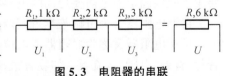

图 5.3　电阻器的串联

串联后的总电阻 $\qquad R=R_1+R_2+R_3$

各个电阻器上的电压降(也可以看成是电阻器的分压)与该电阻阻值成正比。

R_1 上的分压 $\qquad U_1=R_1\times U/(R_1+R_2+R_3)$

R_2 上的分压 $\qquad U_2=R_2\times U/(R_1+R_2+R_3)$

R_3 上的分压 $\qquad U_3=R_3\times U/(R_1+R_2+R_3)$

2. 电阻器的并联及其作用

把2个或2个以上的电阻并排地连在一起,电流可以从各条途径同时流过各个电阻,这就是电阻的并联。如将图5.4中的3个电阻器并联,其结果就相当于电阻截面积加大,总电阻值减小。

并联后的总电阻　$R=U/I=1/(1/R_1+1/R_2+1/R_3)$

并联时各电阻器承受的电压降相同,即

$$U=U_1=U_2=U_3$$

并联时流过各电阻器的电流与该电阻阻值成反比,阻值越小,分得的电流越大,即

$$I=I_1+I_2+I_3=U/R_1+U/R_2+U/R_3$$
$$=U(1/R_1+1/R_2+1/R_3)$$

电阻器无论串联或并联,电路中消耗的总功率是各个电阻器消耗功率之和。在对电阻器进行串、并联时,要注意各电阻器功率最好一致或相近。

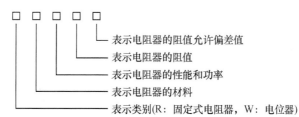

图 5.4　电阻器的并联

任务　电阻器的识别与测量

一、电阻器的型号

电阻器型号一般由4位(固定式)或5位(可调式)字母及数字表示,其含义见表5.1。

□ □ □ □ □
└─ 表示电阻器的阻值允许偏差值
　└─ 表示电阻器的阻值
　　└─ 表示电阻器的性能和功率
　　　└─ 表示电阻器的材料
　　　　└─ 表示类别(R:固定式电阻器,W:电位器)

表 5.1　电阻器和电位器型号命名方法

第1位	第2位		第3位		第4位	第5位
字母	字母		数字或字母		数字或字母	数字
R-(电阻器) W-(电位器、可变电阻器)	T	碳膜	1	普通	表示电阻器阻值	表示电阻器阻值允许偏差值
	P	硼碳膜	2	普通		
	U	硅碳膜	3	超高频		
	H	合成膜	4	高阻		
	I	玻璃釉膜	5	高温		
	J	金属膜	7	精密		
	Y	氧化膜	8	高压;特殊		
	S	有机实心	9	特殊		
	N	无机实心	G	高功率		
	X	线绕	T	可调		
	C	沉积膜	X	小型		
	G	光敏	L	测量用		
	R	热敏	W	微调		
			D	多圈		

二、电阻器的识别

1. 电阻器阻值的识别

(1) 电阻器阻值的表示方法

电阻器阻值的表示方法有字标标注法和色环表示法两种。使用字标标注法标注的电阻器比较直观,但在电阻器的生产、装配和电子设备维修时,都不太方便,特别是维修时的识别很不清晰。色环表示法的电阻器,无论是生产,还是装配与维修中的识别都很方便,所以使用比较普遍。

1) 电阻器字标标注法　电阻器字标标注法是用 0～9 十个阿拉伯数字及英文字母的不同组合来表示电阻器的不同阻值及其性能参数。电阻器字标标注法分直接表示法和数字表示法两种。

① 直接表示法是用阿拉伯数字和英文字母来表示电阻器的阻值及其他性能。

例　5.1 千欧电阻器

直接表示法为:5.1 kΩ 或 5.1 K 或 5 K1。

千欧姆以上的电阻器,其" Ω"字母可以不标记。

直接表示法电阻器的外形如图 5.5 所示。

② 数字表示法通常由 3 位阿拉伯数字组合而成。第一位数字和第二位数字表示电阻器的具体阻值数,第三位数字表示 1×10^{n} 也可以看成是"0"的个数。

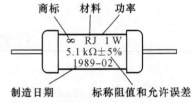

图 5.5　直接表示法的电阻器

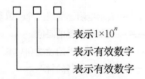

表示 1×10^{n}
表示有效数字
表示有效数字

例　"471"

"47"表示数字 4 和 7;"1"表示 $1 \times 10^{1} = 10$,也可以看成是 1 个"0"。则"471"含义为 $47 \times 10 = 470$,或看成在 47 的后面加上 1 个"0",即为 470,单位是"Ω"。

"473"

"47"表示数字 4 和 7;"3"表示 $1 \times 10^{3} = 1\,000$,也可以看成有 3 个"0",即为"000"。则"437"含义为 $47 \times 1\,000 = 47\,000$;或看成在 47 的后面加上 3 个"0",即为 47 000,单位是"Ω"。简化后的写法为"47 kΩ",也可写成"47 k"。

数字表示法使用十分普遍,特别是在 SMD 贴片式电阻器上,都是采用数字表示法的标注方法。

2) 色环表示法

将各种颜色的色环分别印在电阻器上,这种电阻器就叫色环电阻器。色环电阻器生产方便,识别直观,所以被广泛使用。

色环电阻器中的色环表示色有:棕、红、橙、黄、绿、蓝、紫、灰、白、黑以及金、银共计 12 种颜色。它们的各色含义见表 5.2。

表 5.2　色环含义表

颜色	有效数字	倍乘率	阻值允许偏差(%)
棕	1	$\times 10^1$	± 1
红	2	$\times 10^2$	± 2
橙	3	$\times 10^3$	
黄	4	$\times 10^4$	
绿	5	$\times 10^5$	± 0.5
蓝	6	$\times 10^6$	± 0.25
紫	7	$\times 10^7$	± 0.1
灰	8	$\times 10^8$	
白	9	$\times 10^9$	
黑	0	$\times 10^0$	
金		$\times 10^{-1}$	± 5
银		$\times 10^{-2}$	± 10

色环电阻器中分为四道色环的电阻器和五道色环的电阻器两种。

① 四道色环的电阻器由四道颜色环组成(见图 5.6)。

例

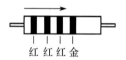

红　红　红　金

图 5.6　四色环电阻器

四色环电阻器的第 1、2 道环色表示 2 位有效数字;第 3 道环色表示 1×10^n,也可以看成是"0"的个数;第 4 道环色表示阻值的允许偏差(见表 5.2)。识别时应注意电阻器色环的识别方向,图 5.6 中电阻器色环的识别方向为自左向右(图中所示的箭头方向)。

图 5.6 中,第 1 道色环和第 2 道色环都是红色,则分别表示数字"2",即 22。第 3 道为红色,则表示 $1 \times 10^2 = 100$,也可以看成是 2 个"0",即"00"。第 4 道为金色,表示电阻器的阻值偏差为 $\pm 5\%$。所以,该四色环电阻器是一只阻值为 2.2 kΩ、阻值偏差为 $\pm 5\%$ 的电阻器,而制成材料还不能确定(碳膜电阻器:RT - 2.2 kΩ 或 RT - 2.2k 或 RT - 2K2)。

表示电阻器的阻值允许偏差量
表示 1×10^n
表示有效数字
表示有效数字

② 五色环电阻器由五道颜色环组成(见图 5.7)。

例

五色环电器的第 1、2、3 道环色表示 3 位有效数字;第 4 道环色表示 1×10^n,也可以看成是"0"的个数;第 5 道环色表示阻值的允许偏差(见表 5.2)。识别时应注意电阻器色环的识别方向,图 5.7 中电阻器色环的识别方向为自左向右(图中所示的箭头方向)。

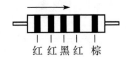

图5.7 五色环电阻器

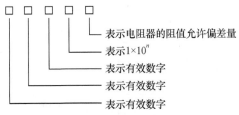

表示电阻器的阻值允许偏差量
表示1×10^{n}
表示有效数字
表示有效数字
表示有效数字

图 5.7 中,第 1 道色环为红色,表示数字"2";第 2 道色环为红色,表示数字"2";第 3 道色环为黑色,表示数字"0";3 位数字合在一起为"220"。第 4 道为红色,表示 $1 \times 10^2 = 100$,也可以看成是 2 个"0",即"00"。第 5 道色环为棕色,表示电阻器的阻值偏差为 $\pm 1\%$。所以,该五色环电阻器是一只阻值为 22 kΩ、阻值偏差为 $\pm 1\%$ 的电阻器。因为是 5 道色,所以其制成材料是金属膜电阻器,用"RJ"表示,写成:RJ - 22 kΩ± 或 RJ - 22k±1%。

色环电阻器的识别技巧:识别时,先找出决定识别方向的第 1 道色环。其特点是,该道色环距电阻器的一端引线距离较近。如将第 1 道色环放在自己前方的左侧,则从电阻的左端向右端观看;如将第 1 道色环放在自己前方的右侧,则从电阻的右端向左端观看。如将两边的色环与电阻器的两端距离相似,则应对照电阻器的标称阻值来加以判断。如识别出的阻值不在标称阻值之列,则说明该次的识别方向及识别的阻值是错误的,应改变识别方向再次识别。

(2)电阻器的标称阻值

"标称阻值"就是电阻器的标准阻值。电阻器生产厂家按照标称阻值生产电阻器,并使电阻器的阻值偏差符合偏差要求。每一类标称阻值的种类数量与阻值的允许偏差量有关。偏差量越小,阻值的种类越多;否则,阻值的种类越少。通过电阻器允许偏差量的偏差范围的弥补作用,使电阻器的阻值范围齐全完整,也使电阻器的阻值得以规范和统一,还方便了设计和使用。标称阻值见表 5.3。

表 5.3 电阻器标称阻值一览表

E192、E96、E48、E24 允许偏差分别为 $\pm 0.5\%$、$\pm 1\%$、$\pm 2\%$、$\pm 5\%$	E12 允许偏差 $\pm 10\%$	E6 允许偏差 $\pm 20\%$
1.0 1.1 1.2 1.3 1.5 1.6 1.8 2.0 2.2 2.4 2.7 3.0 3.3 3.6 3.9 4.3 4.7 5.1 5.6 6.2 6.8 7.5 8.2 9.1 以及它们的 10 的倍数	1.0 1.2 1.5 1.8 2.2 2.7 3.3 3.9 4.7 5.6 6.8 8.2 以及它们的 10 的倍数	1.0 1.5 2.2 3.3 4.7 6.8 以及它们的 10 的倍数

2. 电阻器制成材料的识别

电阻器根据其制成材料的不同可以分成很多种,如碳膜电阻器、金属膜电阻器、玻璃釉膜电阻器等。通过正确的识别,达到正确使用的目的。

电阻器制成材料的识别,通常可以通过以下几个方面进行判断。

(1)根据电阻器外形的颜色判断其制成材料

直接表示法的碳膜电阻器,其外形颜色一般为绿色;直接表示法的金属膜电阻器,其外形颜色一般为红色。

色环表示法的碳膜电阻器,其外形颜色一般为米色;色环表示法的金属膜电阻器,其外形颜色一般为淡蓝色。

（2）根据电阻器上的色环数判断其制成材料

四道色环的电阻器一般为碳膜电阻器,其电阻器的底色为米色。底色为淡蓝色的四道色环的电阻器,则为金属膜材料的电阻器。

五道色环的电阻器都为金属膜材料的电阻器,与电阻器的底色无关。

3. 电阻器功率的识别

电阻器的功率与电阻器的外形大小有直接关系,一般来说,电阻器的功率越大,其外形体积也越大。电阻器的功率指:流过电阻器的平均电流与工作电压的乘积,单位为"瓦",用字母"W"表示,即 1 W＝1 V·A。电阻器的功率目前分为 1/16 W、1/8 W、1/4 W、1/2 W、1 W、2 W、3 W、5 W、8 W、10 W 等。

电阻器的功率在电阻器的型号上就能识别（见图 5.8）。

例

$$RJ—1W—5.1\ k\Omega\pm5\%$$

→ 表示电阻器的功率为 1 W

图 5.8　电阻器功率的识别

电阻器的功率大小,在电阻器的符号上也能体现（见图 5.9）

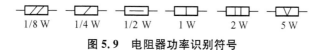

| 1/8 W | 1/4 W | 1/2 W | 1 W | 2 W | 5 W |

图 5.9　电阻器功率识别符号

电阻器的功率大小,可以通过以下几个方面进行识别:

（1）根据电阻器的外形判断其功率的大小。

（2）根据电阻器的符号表示识别其功率的大小。

（3）根据电阻器上的性能标注识别其功率的大小。

4. 电位器的识别

电位器的识别包括型号的识别和引脚的识别。

（1）电位器型号的识别

电位器出厂时都标注有型号。其型号中包含了电位器的用途、材料、性能、安装形式及厂家的生产编号等内容（见电阻器型号命名的方法）

（2）电位器引脚的识别

电位器是一种能改变电信号大小的器件,在电路中用"R_P"表示。电位器通常有 3 个引脚,其中 2 个引脚为电位器（微调电位器也叫可调电阻器）的固定臂引出端（脚）,还有 1 个是电位器的活动臂引出端（脚）（见图 5.10）。

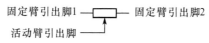

固定臂引出脚1 ——□—— 固定臂引出脚2

活动臂引出脚

图 5.10　电位器引脚示意图

三、电阻器的测量

各类电阻器不仅可以用直观的方法来判断它的阻值及阻值偏差的大小,也可以用仪器仪表对其进行精度测量。虽然用仪器仪表判断比直观判断麻烦,但其结果是十分精确的。对电阻器的测量,我们通常用的仪表是万用表。

万用表分指针式万用表和数字式万用表两类。

万用表不仅可以对电阻器进行测量,还能对直流电压、交流电压、直流电流、交流电流进行测量,有的万用表还能测量电容器、二极管、三极管。

1. 万用表的识别、使用及注意事项

(1) 万用表的识别

指针式万用表由一个指针式显示屏和一个挡位量程旋钮组成。显示屏由一个字符刻度盘和一个指针组成。测量时,指针在刻度盘的上方活动。当测量不同的电阻器时,指针会根据被测电阻器阻值的不同停在不同刻度的上方。读取数值时,从指针的正上方方向下读取刻度盘欧姆线上的数值。挡位量程旋钮为选择测量内容及测量挡位而设立,应根据测量内容及测量内容值的大小来选择挡位和量程。

1) MF-500型万用表的使用 MF-500型万用表的直流电压灵敏度为20 kΩ/V,即表示在测量直流电压时每伏电压所对应的表头的输入电阻为20 kΩ。测量直流电压时,万用表的内阻等于直流电压灵敏度乘以各挡电压量程。

例如,MF-500型万用表用10 V挡测量时,内阻为200 kΩ;用100 V挡测量时,内阻为2 MΩ;用500 V挡测量时,内阻为10 MΩ。万用表的电压灵敏度越高,量程越大,被测电路中电流的分流越小,则对被测电路的影响也越小,测量结果就越准确。

MF-500型万用表上的刻度盘自上而下有:① 欧姆挡刻度线;② 50 V、250 V交直刻度线,用于2.5 V、10 V、50 V、250 V、500 V直流电压挡以及10 V、50 V、250 V、500 V交流电压挡的测量,还用于1 mA、10 mA、100 mA、500 mA的直流电流的测量;③ DΩ(0～50 Ω测量)刻度线;④ 5 A交流电流刻度线;⑤ dB(分贝)刻度线,测量范围为—10～22 dB。

MF-500型万用表使用时,左右两只挡位旋钮应互相配合,才能达到正确使用的目的。

2) MF-47型万用表 MF-47型万用表(见图5.11)的直流电压灵敏度为20 kΩ/V,即表示在测量直流电压时每伏电压所对应的表头的输出电阻为20 kΩ。测量直流电压时,万用表的内阻等于直流电压灵敏度乘以各挡电压量程。

例如,MF-47型万用表用2.5 V挡测量时,内阻为50 kΩ;用100 V挡测量时,内阻为2 MΩ;用250 V挡测量时,内阻为5 MΩ。万用表的电压灵敏度越高,量程越大,被测电路中电流的分流越小,对被测电路的影响也越小,测量结果越准确。

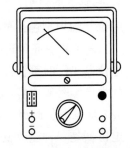

图5.11 47型万用表示意图

MF-47型万用表上的刻度盘自上而下有:① 欧姆挡刻度线;② 交流10 V电压测量刻度线;③ 交直流电压、直流电流测量刻度线,用于0.25 V、1 V、2.5 V、10 V、50 V、250 V、500 V、1 000 V直流电压挡的测量,10 V、50 V、250 V、500 V、1 000 V交流电压挡的测量,0.05 mA、0.5 mA、5 mA、50 mA、500 mA直流电流挡的测量;

④ h_FE 刻度线,可以用于测量 PNP 型和 NPN 型三极管的直流放大倍数;⑤ 电容测量刻度线,电容测量范围为 0.01～10 μF,电容测量时需使用交流电压;⑥ 电感测量刻度线,电感测量范围为 20～1 000 H,电感测量时需使用交流电压;⑦ dB(分贝)刻度线,测量范围为－10～22 dB。

测量不同的内容时,只能读取与测量内容对应的刻度线上的数值。

(2) 万用表的使用

1) 测量前的准备

① 将红表笔插入"＋"插孔内,黑表笔插入"－"插孔内。

② 将万用表量程置于电阻 $R\times1$ k 或 $R\times100$ Ω 挡。测硅材料三极管用 $R\times1$ k 量程,测锗材料三极管用 $R\times100$ Ω 量程。

③ 把红、黑表笔相短路,调整欧姆校零旋钮,使万用表指针满度偏转为"0"。

2) 使用万用表的注意事项

① 将万用表放在自己的正前方,眼睛最好与刻度线平行,以提高读取数值的准确性。

② 不能在测量过程中改变测量挡位。如需要改变挡位必须先停止测量,待改变挡位后方可继续进行测量,以防损坏万用表。

③ 根据测量内容预先设定测量挡位。

④ 在测量或平时状态,万用表应摆放稳固,切不可挤压和玩耍。

⑤ 表笔破裂损坏或表笔连线绝缘层损坏时,应及时更换,以确保使用者的人身安全。

⑥ 测量结束或在平时状态,红黑两根表笔不能相接触,以防在欧姆挡时消耗表内电池的电能。

2. 万用表测量电阻器的原理

万用表中有一个 50 μA 的电流表头。有 1.5 V、9 V 两块电池,$R\times1$ 至 $R\times1$ k 挡的测量中使用 1.5 V 电池,$R\times10$ k 挡使用 9 V 电池(图 5.12)。图中的"R_P"表示万用表中的量程开关及分流、降压电阻。在测量中,改变测量挡位,就是改变流过表头中的电流。表头中流过的电流越大,指针偏转就越大。测量挡位越高,R_P 的阻值越

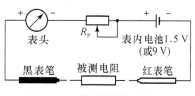

图 5.12　电阻器测量原理

大,流过表头中的电流就越小。在 $R\times1$ 挡时,表头流过的最大电流约为 60 mA。所以,在低挡位测量时,电池的电能消耗最快。

测量电阻器时,在挡位确定的前提下,当测量不同阻值的电阻器时,流过表头的电流值是不同的。所以,表头的偏转也不同,指针指示的读数也就各异。被测电阻器的阻值小,流过表头的电流就大,指针偏转就大,读数就小;反之,被测电阻器的阻值大,流过表头的电流就小,指针偏转小,读数就大。

测量中万用表的指针偏转太小或太大,都会影响读取的数据的精度。所以,应正确地选择测量挡位,尽量使指针的偏转在 50%～80% 的区域内为好。

3. 电阻器的测量方法

(1) 将红黑表笔分别插入"＋""－"插孔中,测量中读取欧姆刻度线上的数值。

（2）对可以识别的电阻器的测量。首先根据识别出的电阻器阻值的大小，在万用表上找出最佳的读数位置，再确定与该读数相应的电阻测量挡位，最后按照校零、测量的顺序对电阻器实施测量。

（3）对无法识别（标注不清）的电阻器的测量。测量时应首先选用较高的测量挡位，然后根据测量情况逐渐减小测量挡位，测出一个大概的阻值；根据大概的阻值数，选择正确的测量挡位，最后测出电阻器有精度的阻值读数。

（4）要充分利用万用表刻度盘上最小的可视刻度读数，以提高对电阻器测量时的读数精度。

例如，在使用 MF-47 型万用表时，对一只 270 Ω 的电阻器进行测量。当设定 $R \times 100$ Ω 挡，则测量后万用表的可视刻度读数为 250 Ω，而还有 10 Ω 只能估计读出；如挡位设定在 $R \times 10$ Ω 挡，则测量后万用表的可视刻度读数可以精度到 270 Ω。可以看出，后一次的测量结果比前一次的测量结果精度高。

（5）为了能适应大范围的测量需要，在万用表电阻挡设立了读数倍率，读出的刻度线上数值得乘上倍率才是该电阻的最后阻值。读数倍率的设置，使刻度线读数得以细化，提高了电阻器的测量精度。

（6）测量中的注意事项

1）用左手持握元器件（图 5.13），并注意不能同时接触 2 个以上引线，以防引入测量误差。

2）右手持握红黑表笔呈握筷姿势，以方便测量和转换挡位。

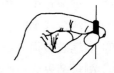

图 5.13　左手测量电阻器姿势

3）挡位的选择应使指针有较大的偏转（＞1/2 偏转）和较小的数值区域，以便提高测量精度。

4）严禁在测量过程中改变测量挡位，以防损坏万用表表头。

4.　交直流电压的测量方法

（1）将红黑表笔分别插入"＋""－"插孔中，并根据测量内容正确选择交流测量挡位或直流测量挡位，测量中读取电压刻度线上的数值。

万用表的电压测量刻度线是线性划分的。如在 50 V 挡中均匀的分成五等份，每一等份刻度读数为 10 V，两个等份刻度就是 20 V，…。如在 250 V 挡中，第一等份刻度为 50 V，…，以此类推。

（2）测量可估计的电压值，应直接选择相应的测量挡位，以便提高电阻器的测量速度。

（3）测量不可估计的电压值时，应首先选择较高的挡位，以防止表头猛偏转而损坏或损伤表头或指针，然后根据测量值逐渐减小测量挡位。

（4）测量高于量程中标出的电压值时，应预先将红表笔插到指定的高压测量插孔中。

（5）测量注意事项

1）握持表笔要稳固，以防造成测量时的极间短路而损坏元器件。

2）严禁在测量过程中改变测量挡位，以防损坏万用表。

5.　直流电流的测量方法

（1）将红黑表笔分别插入"＋""－"插孔中，测量中读取直流电流刻度线上的数值。测量某一电路的电流值,应采用将红黑表笔串联在其供电回路中或是其集电极回路中的方法进行测量。在测量某一级放大电路的集电极电流时,也可以采用先测量其发射极电阻的两端电压值,然后将电压值除以发射极电阻值,而算出该放大电路集电极的大约电流值(该值为集电极电流和发射极电流之和)。

(2) 测量可估计的电流值时,应直接选择相应挡位,以便提高测量速度。

(3) 测量不可估计的电流值时,应首先选择较高的挡位,以防止表头猛偏转而损坏表头或指针,然后根据测量值逐渐减小测量挡位。

(4) 测量高于量程中标出的电流值时,应预先将红表笔插到指定的大电流测量插孔中。

测量直流电流的 10 mA、100 mA、250 mA、500 mA 各挡时,分别使用第二刻度及第三刻度。电流测量刻度线是线性划分的。如在 10 mA 挡中均匀地分成五等份,每一等份刻度读数为 2 mA,两个等份刻度就是 4 mA,…。如在 250 mA 挡中,第一等份刻度为 50 mA,…,以此类推。

(5) 测量注意事项

1) 先将红黑表笔接入测试点,然后接通被测电路的工作电源。

2) 严禁在测量过程中改变测量挡位,以防损坏万用表。

6. h_{FE} 三极管直流放大倍数测量

挡位拨在 h_{FE} 挡,然后简单地测量 PNP 型、NPN 型小功率三极管,也可以使用欧姆挡来测量二极管和三极管。

首先将挡位拨到 h_{FE} 挡,然后进行测量。测量 NPN 型小功率三极管时,将三极管插入"N"标注的插孔中,并注意 3 个电极不能插错;测量 PNP 型小功率三极管时,将三极管插入"P"标注的插孔中,并注意 3 个电极不能插错。如三极管的基极插入"B"孔中,则此时测出的是三极管的 I_{CEO}(穿透电流)值。指针向右偏转越少则说明三极管的 I_{CEO} 越小,其性能越好。

四、任务

1. 2 分钟内识别 10 只固定式电阻器(80 分)。

(1) 写出固定式电阻器制成材料(20 分)。

(2) 写出固定式电阻器阻值(40 分)。

(3) 写出固定式电阻器功率(20 分)

2. 1 分钟内识别 2 只电位器(20 分)。

(1) 写出电位器制成材料(5 分)。

(2) 写出电位器阻值(5 分)。

(3) 写出电位器的用途与性能(10 分)。

3. 测量 10 只电阻器(包括电位器)。

❖习题

1. 识别下列各种表示法的电阻器,写出各自的表示含义(用中文表达)。

5.1k——　　　　68k——　　　　$R22$——　　　　1 MΩ——

3k9——　　　　$1R_2$——　　　　4k7——　　　　150k——

2k4——　　　　10k——　　　　100——　　　　102——

103——　　　　104——　　　　124——　　　　473——

822——　　　　223——　　　　471——　　　　101——

2. 识别以下各种表示法的电阻器,写出各自的表示含义(材料、阻值、偏差值,如×
×——×××——×××)。

棕红金金——　　　　　蓝红黑银 ——　　　　　棕红黑橙棕——

黄紫黑棕棕——　　　　绿蓝黑红棕——　　　　灰红黄金——

白棕黑棕棕——　　　　黄橙红金——　　　　　绿棕银黑绿——

黄紫金黑棕——　　　　棕黑黑黑红——　　　　红紫绿金——

3. 将以下电阻器写成色环表示法

RT - 5.1k±5%　　　RT - 68k±10%　　　RT - 3k9±5%　　　RJ - 1 MΩ±2%

RJ - 510 Ω±1%　　　RJ - 75k±2%　　　RJ - 200 Ω±1%　　　RJ - 0.27 Ω±1%

RT - 1k8±5%　　　RJ - 10 Ω±2%　　　RJ - 1 Ω±0.1%　　　RJ - 10k±0.5%

4. 如何识别电阻器的材料?

5. 如何识别电阻器的功率大小?

6. 如何使用万用表测量电阻?

| 项目二 | 电容器 |

任务目标

1. 掌握电容器的各种表示方法。
2. 掌握电容器的识别与测量方法。

除电阻器外最常见的电子元件就是电容器了,电容器是由两片接近并相互绝缘的导体制成的电极组成的储存电荷和电能的器件,具有传输交流信号而隔断直流信号的作用,其主要作用有储能、滤波、旁路、耦合、去耦、波形变换等。电容器在电路中的代号是"C",如电路中有 3 只电容器,就编为 C_1、C_2、C_3。电容器的种类很多,外形的大小差别也很大。电容器和电阻器一样,使用非常广泛。每一个电子控制电路或几乎每个家用电器设备都要用到电阻器和电容器。

一、电容器的作用和分类

电容器有两个电极,每个电极各有一块金属板,这种金属板实际上是铝质薄膜等金属材料。电容器的容量越大,则电容器内的金属板就越大。两块金属板平行地放置,金属板之间有绝缘材料加以绝缘而使金属板之间不相互接触。

1. 作用

如在电容器的两端加上直流电压,电池正极处的电子就会积聚在电容器正极金属板上,而负极金属板会通过电池的负极从电池的正极获得电子,从而使电路中形成电流,这就是电容器的充电现象。电容器一旦开始充电,就会在两块金属板上形成电荷,这就是电容器的储能作用,如图5.14(a)所示。随着充电时间的延长,两块金属板上的电荷越集越多,而电路中的充电电流也随之越来越小,直至电容器两端的电位与直流电压相同,即充电结束。充电结束后,电路中就没有电流流动,相当于开路,这就是电容器能隔断直流电的道理。

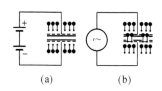

图 5.14 电容器工作原理

如在电容器的两端加上交流电压,交流电极性有规律的周期变化,使电容器金属板上的电荷的极性也产生变化而形成电流,从而使电路中也形成电流,如图5.14(b)所示。可以看出,电容器对交流电有通路作用。

综上所说,电容器是一种能储存电能的元件,并具有"隔直通交"的特性。

2. 分类

1) 按结构形式　可分为固定电容、可变电容和微调电容。

2) 按介质材料　可分为气体介质电容、液体介质电容、无机固体介质电容、有机固体介质电容和电解电容。各种电容器的外形示意图如图5.15所示。

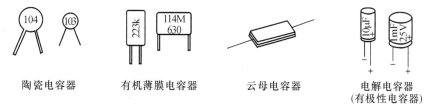

图 5.15 各种电容器外形图

3) 按极性　分为有极性电容和无极性电容,我们最常见的是电解电容。电解电容器常使用在电源的滤波电路中,所以正负极性千万不能装错,否则会造成元件的损坏或发生电解爆炸。

不同的电容器储存电荷的能力也不相同。规定把电容器外加1 V直流电压时所储存的电荷量称为该电容器的电容量。电容的基本单位为法拉(F)。但实际上,法拉是一个很不常用的单位,因为电容器的容量往往比1 F小得多,常用的电容单位由微法(μF)、纳法(nF)和皮法(pF)等,它们的关系是

$$1 \text{ F} = 1\,000\,000 \text{ } \mu\text{F}$$
$$1 \text{ } \mu\text{F} = 1\,000 \text{ nF} = 1\,000\,000 \text{ pF}$$

二、电容器的符号

电容器的图形符号如图5.16所示。

固定电容器　　　有极性电容器　　　半可变电容器　　　可变电容器

图 5.16　电容器图形符号

三、电容的耐压值

每一个电容都有它的耐压值,这是电容的重要参数之一。普通无极性电容的标称耐压值有 63 V、100 V、160 V、250 V、400 V、600 V、1 000 V 等,有极性电容的耐压值相对要比无极性电容的耐压要低,一般的标称值有 4 V、6.3 V、10 V、16 V、25 V、35 V、50 V、63 V、80 V、100 V、220 V、400 V 等。

四、电容器的串、并联及其作用

1. 电容器的串联

电容器串联就等于增加了电介质的厚度,也就是加大了电容器量(图 5.17)。

$$C=1/(1/C_1+1/C_2+1/C_3)$$

串联后总额定工作电压是各电容器额定工作电压的总和。

2. 电容器并联

电容器的并联就等于极片(金属板)面积的增大,因此并联后电容量是各个电容器容量的总和(见图 5.18)。

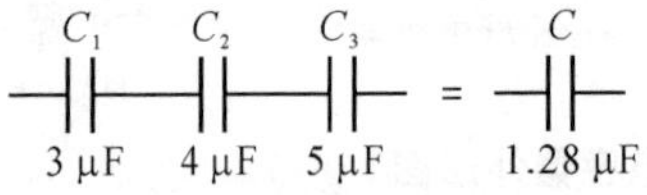

图 5.17 电容器的串联 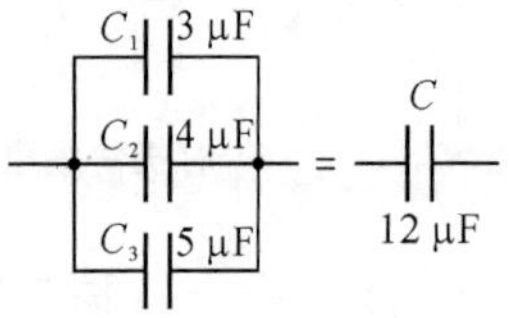　　　图 5.18　电容器的并联

$$C=C_1+C_2+C_3$$

并联后的各个电容器,如果它们的额定工作电压不同,就必须把其中最低的一个作为并联后允许的额定工作电压。

任务　电容器的识别与测量

一、电容器的型号

每个电容器都有一个型号,以表示电容器的容量、材料、性能、用途、耐压以及外形。

【例 5.1】　CL - 111 - 47 μFK/63 V

解　容量 0.047 微法、耐压 63 伏、误差为 ±10％ 的 111 型涤纶电容器,或写成 0.047 μF、耐压 63 V、误差范围为 ±10％ 的 111 型涤纶电容。"111"表示的一些性能可通过查表得知。

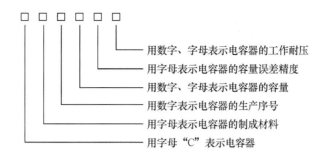

用数字、字母表示电容器的工作耐压
用字母表示电容器的容量误差精度
用数字、字母表示电容器的容量
用数字表示电容器的生产序号
用字母表示电容器的制成材料
用字母"C"表示电容器

二、电容器的识别

1. 电容器容量的识别

电容器容量值的基本单位有:皮法(用字母"pF"表示)、纳法(用字母"nF"表示)、微法(用字母"μF"表示)、毫法(用字母"mF"表示)。

电容器容量的标注在型号的第 3 位或第 4 位。电容器容量的标注有字标标注法和色点表示法两类。现在色点表示法已很少使用。色点表示法的电容器的识别方法,与色环电阻器的识别方法相同。电容器字标标注法分成直接表示法和数字表示法两种。

1) 电容器容量的直接表示法　直接表示法采用数字加字母的方法来表示一个电容器的容量,直接表示法识别时比较直观(图 5.19)。

图 5.19(a)为 22 nF、63 V 耐压的 11 型陶瓷电容器。其外形呈圆形,而且很薄,呈片状,所以也通常叫它"圆片电容器"。

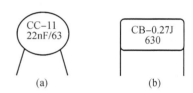

图 5.19　电容器直接表示法示意图

图 5.19(b)为 0.27 μF、630 V 耐压容量、偏差为±5%的聚酯膜(聚苯乙烯)电容器。

注:有些小体积的电容器,因其表面很小而不能标注很多字符,所以通常只能看到容量标注,但可以从其外形判断其的材料和性能。现在电容器的耐压(最高工作电压)都在 50 V 以上。所以,一些小体积的电容器不标耐压值,但其耐压均在 50 V 以上。

2) 电容器容量的数字表示法　数字表示法通常由 3 位数字组成。第 1 位数字和第 2 位数字表示电容器的容量,第 3 位数字表示 1×10^n,也可以看成是在前两位数字之后加上"0"的个数。

例　"471"。

"47"表式数字 4 和 7;"1"表示 $1 \times 10^1 = 10$,也可以看成是 1 个"0",则"470"的含义为:$47 \times 10^1 = 470$,或看成在 47 的后面加上 1 个"0",则为 470。单位是"pF",即 470 pF。

【例 5.2】　(1)"470";(2)"473"。

解　(1)"47"表示数字 4 和 7;"0"表示 $1 \times 10^0 = 1$,或看成没有"0",则"470"的含义为:$47 \times 1^0 = 47$,或看成是 47 的后面没有"0",则为 47。单位是"pF",即 47 pF。

(2)"47"表示数字 4 和 7;"3"表示 $1 \times 10^3 = 1\,000$,也可以看成是 3 个"0",即为"000",则"473"的含义为:$47 \times 10^3 = 47\,000$,或看成是在 47 的后面加上 3 个"0",则为 47 000。单位是"pF",即 47 nF 或 0.047 μF。

2. 电容器容量误差的识别

电容器容量误差是衡量一只电容器质量的主要标准。

电容器容量误差范围的标注方法采用希腊字母Ⅰ、Ⅱ、Ⅲ和英文字母J、K、M、G表示。其含义是"Ⅰ"或"J"表示±5%;"Ⅱ"或"K"表示±10%;"Ⅲ"或"M"表示±20%;"G"表示±2%。

【**例5.3**】 (1) CC100 pFJ;(2) CT0.01 μFM。

解 (1) 容量为100 pF、误差范围为±5%的高频陶瓷电容器。

(2) 容量为0.01 μF、误差范围为±20%的低频陶瓷电容器。

3. 电容器耐压值的识别

电容器耐压值的标出,规定了我们在使用电容器时,只能将电容器使用在其耐压的80%的工作电压的电路中。也就是说,一个电路中的最高电压只能是这个电路中最低耐压值电容器的80%的电压值,这样才能保证该电路工作的稳定性。电容器的耐压标注有直接表示法和字母表示法两种。

1) 电容器耐压的直接表示法 电容器耐压的直接表示法,就是直接用0～9的数字来表示。

【**例5.4**】 (1) CBB10 - 223 M/63 V;(2) CL - 4 700 M/1 600 V。

解 (1) 容量0.022 μF(22 nF)、耐压63 V、容量偏差为±20%的10型聚酯膜电容器。

(2) 容量为4 700 pF、耐压1 600 V、容量偏差为±20%的涤纶电容器。

2) 电容器耐压的数字表示法 电容器耐压的数字表示法,通常是由1位数字和1位字母来表示。第1位数字表示1×10^n;第2位字母表示1个数。第2位共有12个英文字母,每个字母各表示1个数(表5.4)。然后将第1位和第2位相乘后的乘积作为该只电容器的耐压值,单位为伏(V)。例如:"2H":$5.0 \times 10^2 = 500$ V;"3D":$2.0 \times 10^3 = 2\ 000$ V。

表5.4 电容器耐压数字表示法一览表

A	B	C	D	E	F	G	H	J	K	W	Z
1.0	1.25	1.6	2.0	2.5	3.15	4.0	5.0	6.3	8.0	4.5	9.0

4. 电容器材料的识别

电容器材料的识别是在型号的第2项,通常用字母来表示(表5.5)。

表5.5 电容器制成材料一览表

A	胆材料	J	金属化纸质
B	聚苯乙烯等非极性薄膜	L	聚酯等极性有机薄膜(涤纶薄膜等)
C	高频陶瓷	Y	云母
D	铝电解	Z	纸质
E	其他材料电解	N	铌电解
G	合金电解	O	玻璃膜
H	纸膜复合	S,T	低频陶瓷
I	玻璃釉	V、X	云母纸

【例5.5】 (1) CY-100 pFJ/DC100；(2) CT-0.47 μFM/AC250。

解 (1) 容量100 pF、耐压为直流10 V、偏差为±5％的云母电容器。

(2) 电容0.47 μF、耐压为交流250 V、偏差为±20％的低频陶瓷电容器。

三、电容器的测量

在使用电容器时,最好对电容器进行容量值、漏电性能的测量,这是在有数字电容表等仪器仪表的条件下需要做的工作,那样才能保证电路的正常工作。而在只有万用表的条件下,可以对电容器的容量、漏电性能以及电容器极性进行估计测量,也能达到对一般电路的制作要求和在对电子设备、器具维修中元器件的判断要求。

1. 电容器的万用表估计测量

(1) 电容器容量的估计测量

用万用表对电容器进行估计测量,主要是利用万用表内的电源对电容器的充电现象,即"万用表的指针瞬间偏转后,又逐渐回到'∞'(无穷大)"的现象作为依据,将这一偏转量与另一只电容器的偏转量相比较,而得出判断结果。

测量方法如下：

将万用表置于欧姆量程中的任意挡位。用红黑表笔分别接触被测电容器的两个电极,待电容器充电现象结束后,对调电容器的两个电极再进行测量。在两次测量中的万用表指针偏转值与作为样板的电容器测量时的两次指针偏转值相仿,则可以判断被测量的电容器的容量值基本正常。

如被测量的电容器测量时的万用表指针偏转值比作为样板的电容器测量时的指针偏转值小很多,则可以判断被测量的电容器的容量值已小很多,应不再使用；如被测量的一只电容器测量时的万用表指针不偏转,则可以判断该只电容器已失效,不能使用。

(2) 电容器漏电性能的估计测量

用万用表对电容器的漏电性能估计测量,主要是利用万用表内的电源对电容器充电至结束后,观察万用表指针是否能回到"∞"。

测量方法如下：

将万用表置于欧姆量程中的任一挡。用红黑表笔分别接触被测电容器的两个电极,待电容器充电现象结束,万用表指针回到"∞"或接近"∞"后,对调电容器的两个电极再进行测量。如果两次的测量指针均回到"∞"或接近"∞",则可以判断该被测的电容器的漏电很小,而且该电容器的工作电压也比较高；如果在两次测量中,指针指示一次阻值大一次阻值小,则可以判断该被测的电容器的漏电比较大,而且该电容器的工作耐压也比较低。在测量过程中,充电结束后的指针读数值越大,则电容器的漏电性能越好。

(3) 电解电容器正、负极性的估计测量

在用万用表对电容器进行漏电性能的估计测量中,如果两次的测量结果中一次阻值大一次阻值小,则阻值大的一次测量中,与黑表笔相接的是电解电容器的正极,而与红表笔相接的的是电解电容器的负极。

2. 电容器测量中的注意事项

(1) 测量挡位的设定应根据被测电容的容量大小而定。

1）在测量电容器的容量时,电容器容量小,则挡位设置反而要大,否则会造成指针偏转太小而看不清,进而造成测量误差。

2）在测量电容器的漏电性能时,万用表的挡位不能设定得太大,否则虽然指针偏转很大而看得很清楚,但同时也增加了测量的时间。

3）在判断电容器的的正负极时,如果指针的指示值差异很小,此时可增大一挡测量量程。

（2）严禁测量过程中改变测量量程,以防损坏万用表。

四、任务

1. 3 分钟内识别 10 只电容器为 100 分。

（1）写出电容器的制成材料（25 分）。

（2）写出电容器的容量（25 分）。

（3）写出电容器的耐压（50 分）。

2. 2 分钟内测量 10 只电容器为 100 分。

（1）写出电容器的制成材料（25 分）。

（2）写出电容器的容量（50 分）。

（3）写出电容器的耐压（25 分）。

3. 5 分钟识别 10 只电容器、测量 4 只电容器为 100 分。

（1）写出电容器的制成材料、容量、耐压（60 分）。

（2）测出电容器的优劣（40 分）。

❖ 习题

1. 对以下各种表示法的电容器,写出其各自的含义。

CC - 103 K/50 V

CL - 0.022 μFM/63 V

CD - 10 μFM/25 V

CJ - 220 μFK/160 V

CY - 1 000 pFJ/DC100 V

CI - 3 300 pFJ/63 V

CBB - 474 K/AC250 V

3C4n7M 2 A 103 K 2J473 K

2. 在上一题中,找出 5 只直接表示法的电容器,找出 5 只数字表示法的电容器。

3. 万用表测量中有哪些注意事项?

4. 万用表如何对电容器容量进行估计测量?

5. 万用表如何对电容器漏电性能进行估计测量?

6. 如何用万用表判断电容器的正负极性?

项目三 半导体二极管

任务目标

1. 掌握半导体二极管的各种表示方法。
2. 掌握半导体二极管的识别与测量方法。

二极管具有单向导电性,利用这个特性,能将交流信号转变为直流信号,所以它的用途极为广泛。

一、半导体的基本知识

电子电路中常用的半导体器件有二极管、三极管、运算放大器等,它们是由半导体材料制成的。为了掌握各种器件的结构和工作原理,首先就必须了解有关半导体的特性。

自然界中不同的物质,由于其原子结构不同,因而它们的导电能力也各不相同。根据导电能力的强弱,可以把物质分成导体、半导体和绝缘体。半导体的导电能力介于导体和绝缘体之间。现代电子产品中用得最多的半导体材料是硅(Si)和锗(Ge),它们都是四价元素,即最外层轨道上的电子都是 4 个。

图 5.20 硅单晶体的共价键结构

当硅和锗半导体材料被制成晶体时,其原子排列就由杂乱无章的状态变成非常整齐的状态,每个原子最外层的 4 个价电子,不仅受自身原子核的束缚,而且还与相邻的 4 个原子发生联系。每两个相邻的原子都有一对共有的价电子,形成共价键,共价键结构使原子最外层的电子数达到 8 个,满足了稳定条件。如图 5.20 所示为硅单晶体的共价键结构。

1. 半导体的导电特征

在共价键结构中,原子最外层轨道上虽然具有 8 个电子但并不是最稳定状态。由于共价键中的价电子还是不如绝缘体中的价电子被束缚得那么紧,在一定的温度下,由于热运动,其中有的电子可能获得一定能量后挣脱原子核的束缚(电子受到激发),成为自由电子。温度越高,晶体中产生的自由电子便越多。在电子挣脱共价键的束缚后成为自

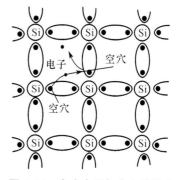

图 5.21 自由电子与空穴的形成

由电子后,共价键中就留下一个空位,称其为空穴,如图5.21所示。在一般情况下,原子是中性的。当电子挣脱共价键的束缚成为自由电子后,原子的中性便被破坏,而显出带正电。中

性的原子因失去一个电子而带正电,同时形成了一个空穴(递补空穴),同时在这个相邻原子中出现另一个空穴。如此继续下去,就如同一个空穴在运动。打个通俗的比喻,好比大家坐在剧场里看节目,如果前面走了一个人,就出现一个空位,于是坐在后面的观众就喜欢向前坐,这样,就出现了人们依次填补空位而向前坐的情况,看起来就好像空位子在向后运动。显然,这种空位的移动同没有座位的人到处走动不一样,后者好比自由电子的运动,而前者则好比空穴的运动。这种由热运动形成的自由电子和空穴是成对出现的,自由电子在运动的过程中由于失去能量可能被具有空穴的原子俘获,也就是说在晶体内部,这种自由电子空穴对在不断地出现又在不断地复合,这种出现和复合在一定的外界条件下将达到动态平衡。晶体内部自由电子空穴对的数量多少取决于外界条件,外界温度越高光照越强,晶体内部的自由电子空穴对的数量就越多。

当在半导体两端加上外电压时,半导体中的自由电子和空穴都将定向移动,它们的定向移动在晶体内部将出现两种类型的电流:一是自由电子做定向运动所形成的电子电流;一是价电子递补空穴运动所形成的空穴电流。所以在半导体中,不仅有电子载流子,还有空穴载流子,这是半导体导电的一个重要特征,也是半导体和金属导体在导电机理上的本质区别。由上述分析可知外界温度光照变化将影响半导体内部载流子的数量,因此温度越高光照越强,半导体的导电能力就越强。

上面的分析都是对纯净晶体来讲的。这种纯净单晶体就是不含其他杂质的半导体,称为本征半导体。在常温下,本征半导体中虽然存在着电子、空穴载流子,但数目很少,因此导电性能很差。如果在本征半导体中掺入微量的某种杂质后,其导电能力就可增加几十万乃至几百万倍。利用半导体的这种特性就可做成各种不同用途的半导体器材,如半导体二极管、三极管及运算放大器等。

2. N 型半导体和 P 型半导体

在本征半导体中有控制有选择地掺入微量的有用杂质,就能制成具有特定导电性能的杂质半导体,下面就来讨论两种常用的杂质半导体。

(1) N 型半导体

在本征半导体硅(或锗)中掺入微量的五价元素,例如磷(P),由于掺入的数量极少所以本征半导体的晶体结构不会改变,只是晶体结构中某些位置上的硅原子被磷原子取代,当这些磷原子与相邻的四个硅原子组成共价键时,将多余一个电子,如图 5.22 所示。多余的一个电子在获得外界能量时,比其他价键上的电子更容易脱离原子核的束缚而成为自由电子。

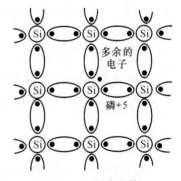

图 5.22　N 型半导体

所以在这种半导体中有更多的自由电子,这就显著提高了其导电能力。而这些电子挣脱了原子核的束缚成为自由电子后,并不能形成共价键的空穴。但共价键上的电子在获得能量后仍然要脱离原子核的束缚成为自由电子空穴对,由于这种半导体中自由电子的数量多,所以空穴被复合的机会就多,在同样外界条件下这种半导体以自由电子导电为主,称其为电子导电型半导体,简称 N 型半导体。在 N 型半导体中,自由电子为多数载流子,空穴为少数载流子。

（2）P型半导体

在本征半导体中掺入微量的三价元素，例如硼（B），由于掺入的数量极少所以不会改变硅的晶体结构，只是晶体结构中某些位置上的硅原子被硼原子取代，当这些原子与相邻的4个硅原子组成共价键时，将少1个电子，如图5.23所示。由于缺少1个电子就构不成最外层轨道上有8个电子这种稳定状态，为了达到最稳定状态就要夺取相邻原子的电子，其夺得相邻原子由于失去电子就形成了空穴，所以在同样外界条件下这种半导体中有大量的空穴。同理，由于热激发也要产生自由电子空穴对，由于这种半导体中空穴数量很多，所以自由电子被复合的机会多。在同样外界条件下这种半导体中的空穴

图 5.23　P型半导体

载流子数量远大于本征半导体，且主要靠空穴导电，所以称其为空穴导电型半导体，简称 P 型半导体。在 P 型半导体中，空穴称多数载流子，自由电子称少数载流子。

二、PN 结

P型或 N 型半导体的导电性能虽然比本征半导体大大增强，但仅用其一种材料并不能直接制成半导体器件。通常是在一块晶片上，采取一定的掺杂工艺措施，在两边分别形成 P 型半导体和 N 型半导体，在两者的交界处就形成一种特殊的薄层，这种薄层就称为 PN 结。PN 结是构成各种半导体器

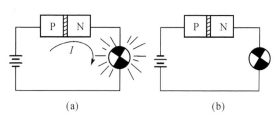

图 5.24　PN 结单向导电性实验

件的基础。PN 结具有什么特性呢？如果在电源和灯泡所组成的电路中，接入一个 PN 结，如图 5.24（a）所示，电源正极与 P 型半导体连接，灯泡亮，说明通过 PN 结的电流很大。如果调换电源极性，如图 5.24（b）所示，电源正极与 N 型半导体连接，此时灯泡不亮，说明通过 PN 结的电流很小或没有电流通过 PN 结。这说明 PN 结具有单向导电的特性。PN 结之所以具有这样的特征，是由它的内部结构所决定的。

1. PN 结的形成

如图 5.25 所示是一块晶片（硅或锗），两边分别形成 P 型和 N 型半导体。图中⊖代表得到一个电子的三价杂质（例如硼）离子，⊕代表失去一个电子的五价杂质（例如磷）离子。由于 P 型半导体中有大量的空穴和少量的电子，N 型半导体中有大量的电子和少量的空穴，浓度相差很大，因此空穴要向 N 区扩散，自由电子也要向 P 区中扩散（所谓扩散就是物质从浓度大的地方向浓度小的地方运动）。扩散的结果在 P 区靠近交界面的一边出现一层带负电荷的粒子区，在 N 区靠近交界面的一边出现一层带正电荷的粒子区。于是，在交界面附近形成一个空间电荷区，这个空间电荷区就是 PN 结，如图 5.25（b）所示。

正负电荷在交界面两侧形成一个内电场，方向由 N 区指向 P 区。内电场对多数载流子的扩散运动起阻挡作用，但对少数载流子（P 区的自由电子和 N 区的空穴）则推动它们越过 PN 结，进入对方。这种少数载流子在内电场作用下有规则的运动称为漂移运动。

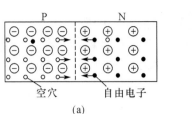
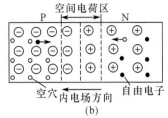

图 5.25　PN 结的形成

　　扩散运动和漂移运动是互相联系,又是互相矛盾的。开始时扩散运动占优势,随着扩散运动的进行,内电场逐步减弱,漂移运动逐渐加强,最后扩散运动和漂移运动达到动态平衡,这时空间电荷区的宽度基本上稳定下来。如果外界条件不变化就保持这种状态,但如果外界条件发生变化则空间电荷区的宽度也随之变化而达到一种新的平衡状态。

　　2. PN 结的单向导电性

　　PN 结在无外加电压的情况下,扩散运动和漂移运动处于动态平衡。如果给 PN 结加上一个外部电压,情况会怎么样呢?

　　当给 PN 结加正向电压,即外电源的正极接 P 区,负极接 N 区,如图 5.26(a)所示。这时外加电场与内电场方向相反,于是多数载流子在外加电压的作用下进入空间电荷区使粒子数量减少,使 PN 结变窄因而消弱了内电场,这将有利于扩散运动的进行,从而使多数载流子顺利通过 PN 结,形成较大的正向电流。这时在 PN 结中有大量的载流子运动,所以 PN 结呈低电阻状态。

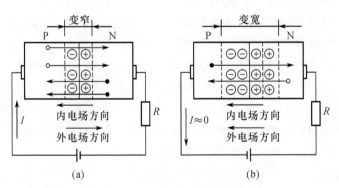

图 5.26　PN 结单向导电性示意图

　　如果给 PN 结加反向电压,即外电源的正极接 N 区,负极接 P 区,如图 5.26(b)所示。这时外加电场和内电场方向相同,在外电场的作用下将把多数载流子拉离 PN 结,结果使 PN 结变宽,内电场增强,多数载流子的扩散运动更难于进行,但加强了少数载流子的漂移运动。由于少数载流子数量很少,所以仅能形成很小的反向电流。因为 PN 结中仅有极少的载流子运动所以 PN 结呈高电阻状态。应当注意,反向电流不受外加电压的影响,但受外界条件的影响。因为少数载流子是由热激发产生的,环境温度越高,光照越强,少数载流子数量就越多,反向电流就越大,所以,温度对反向电流的影响很大。

　　由以上分析可知,PN 结加正向电压时,有较大的正向电流流过,这种情况称为"导通";加反向电压时,通过的反向电流很小(工程上常常略去),这种情况下称为"截止"。PN 结所具有的这种特性称为"单向导电性"。

三、半导体二极管

1. 二极管的结构

半导体二极管是由 PN 结加上相应的电极引线和管壳做成的。按结构可分为点接触型二极管和面接触型二极管两种。点接触型二极管的结构如图 5.27(a)所示。它的特点是 PN 结的面积非常小,因此不能通过较大的电流,但高频性能好,故适用于高频和小功率工作,一般用于检波或脉冲电路。

面接触型二极管的结构如图 5.27(b)所示,它的主要特点是 PN 结的面积很大,故可通过较大的电流,但工作频率较低,一般用作整流。二极管的符号如图 5.27(c)所示。

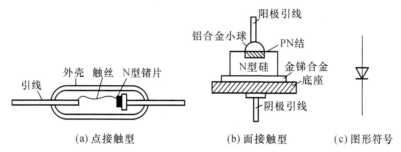

(a) 点接触型　　　　　　　　(b) 面接触型　　　　　(c) 图形符号

图 5.27　二极管的结构及图形符号

2. 二极管的伏安特性

二极管既然是由 PN 做成的,那么它一定具有单向导电性。但是,仅仅知道二极管具有单向导电性是不够的,还必须知道二极管电压和电流的关系,也就是它的伏安特性,才能够正确使用它。

测试二极管伏安特性的电路如图 5.28 所示。改变可调电阻 R_P 的大小,可以测出不同端电压下流过二极管的电流。把所测数据画在直角坐标图上,就得到二极管的伏安特性曲线,如图 5.29 所示。由图 5.28(a)可见,当外加正向电压很小时,由于外电场还不能克服内电场对扩散运动的阻力,故正向电流很小,几乎为零。当正向电压超过一定数量后,电流增长很快。这个一定数值的正向电压称为死区,其大小与管子的材料及环境温度有关。一般硅管的死区电压约为 0.5 V,锗管约为 0.2 V。

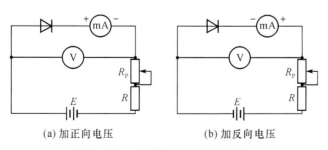

(a) 加正向电压　　　　　　　　(b) 加反向电压

图 5.28　二极管单向导电性实验

在给二极管加反向电压时,如图 5.28(b)所示,由少数载流子的漂移运动形成很小的反向电流。反向电流有两个特点:一是它随温度的上升增长很快;另一特点是只要外加反向电压在一定范围内,反向电流基本上维持一定大小,和反向电压的数值没有关系,因此称其为反向饱和电流。

如果继续增加反向电压的数值,会出现什么情况呢?从实验中见到,反向电压增加到一定数值后,反向电流突然增大,二极管失去单向导电性,这种现象称为击穿。

为什么会出现击穿? 从其微观分析可知,给 PN 结加反向电压,价电子也会从外电场获得能量,当其具有的能量达到一定大小后就要脱离原子核的束缚,成为自由电子。也就是当外电场达到一定大小后在外电场的作用下,把共价键上的电子从其价键上拉来,当大量的价电子被从价键上拉出来后,自然使载流子的数量急剧增加,从宏观上表现出来的就是反向电流急剧增大。这种在外电场的作用下把共价键上的电子拉出来造成反向电流急剧增大的现象称为齐纳击穿。被从共价键上拉出来的电子因其具有很大的能量,

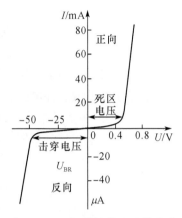

图 5.29 二极管的伏安特性曲线

所以在电场中具有很大的速度。这些高速的电子会撞击其他的原子并把其能量传递给被撞击的原子的价电子,结果使得这些价电子也脱离原子核的束缚,成为高速运动的电子。它们又会去撞击其他原子,这样不断进行下去,就像滚雪球一样自由电子越来越多,这样会使反向电流急剧增大,这种情况称为雪崩击穿。

无论是齐纳击穿还是雪崩击穿均不能造成二极管的永久损坏,只要去掉反向电压,二极管仍能恢复正常工作。但是制造二极管的材料总是有一点电阻的,大量高速运动的电子通过二极管,就如同很大的电流通过电阻一样将产生大量的热,这些热量若不能及时散发出去就会造成材料温度升高最后出现化学变化,也就是出现热击穿。一旦出现热击穿,就再也不能恢复原来的性能。产生击穿时的电压叫做二极管的反向击穿电压。二极管在使用时如果没有特殊的限流措施,所加的反向电压必须小于击穿电压一定的数值。

用不同材料和工艺制造的二极管,它们的伏安特性虽然有差异,但伏安特性曲线的形状却是相似的。

3. 二极管的主要参数

二极管的特性除用伏安特性曲线表示外,还可以用一些数据来说明,这些数据就是二极管的参数,在工程上必须根据二极管的参数,合理地选择和使用管子,才能充分发挥每个管子的作用。

(1) 最大整流电流 I_{OM}

最大整流电流是指二极管长期工作,允许通过的最大正向平均电流。因为电流通过 PN 结要引起管子发热,电流过大,发热量超过限度会烧坏 PN 结。所以在使用二极管时,通过管子的正向平均电流不允许超过规定的最大整流电流值。一般点接触型二极管的最大整流电流在几十毫安以下,面接触型二极管的最大整流电流可达数百安培以上,有的甚至可达几千安培以上。

（2）最大反向电压 U_{RM}

最大反向电压是保证二极管不被击穿而给出的最高反向工作电压,通常是反向击穿电压的 1/2 或 2/3,以保证二极管在使用中不至因反向过电压而损坏。点接触型二极管的最大反向电压一般为数十伏以下,面接触型二极管的最大反向电压一般可达数百伏。

（3）最大反向电流 I_{RM}

最大反向电流是指给二极管加最大反向电压时的反向电流值。反向电流大,说明管子的单向导电性能差,并且受温度的影响大。硅管的反向电流一般在几个微安以下,锗管的反向电流较大,为硅管的几十到几百倍。

在选用二极管时,要根据管子的参数区选择,既要使管子能得到充分利用,又要保证管子能够安全工作。此外还要注意,通过较大电流的二极管一般都需要加散热器,散热器的面积必须符合要求,否则也会损坏二极管。

四、稳压二极管

稳压管是一种特殊的半导体二极管,其结构与普通二极管没有什么不同。特殊之处在于它工作在反向击穿状态下,在制造工艺上采取了适当的措施,保证在要求的反向电压时出现齐纳击穿。虽然管子工作在击穿状态下,但采取一定的限流措施,使 PN 结结温不超过允许数值,从而避免出现热击穿而损坏。当稳压管工作在击穿状态时微小的端电压变化就会引起通过其中电流的急剧变化,利用这种特性在电路中与适当的电阻配合就能起到稳定电压的作用,故称其为稳压管。稳压管的图形符号如图 5.30 所示。

图 5.30 稳压管图形符号

1. 稳压二极管的伏安特性

稳压二极管的伏安特性与普通二极管基本相似,其主要区别是稳压管道的反向特性曲线比普通二极管更陡,如图 5.31 所示。

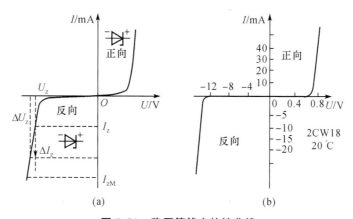

(a)   (b)

图 5.31 稳压管伏安特性曲线

从反向特性曲线上可以看出,当反向电压比较小时,反向电压在一定范围内变化,反向电流很小且基本不变;当反向电压增高到击穿电压时,反向电流突然剧增,稳压管反向击穿。此后,电流虽然在很大范围内变化,但稳压管两端的电压变化很小。利用这一特性,稳压管在电路中能起稳压作用。但使用时要注意,由“击穿”转化为“稳压”的决定条件是外电路中必须有限制电流的措施,使稳压管不至因过热而损坏。

2. 稳压二极管的主要参数

(1) 稳定电压 U_Z

稳定电压就是稳压管在正常工作时管子两端的电压。手册中所列的都是在一定条件(工作电流、温度)下的数值,对于同一型号的稳压管来说,其稳压值也有一定的离散性。例如:2CW19 的温度电压为 11.5～14 V,如果把已知 2XW19 稳压管接到电路中,它可能稳压在 12 V;如再换一只相同型号的稳压管,则可能稳压在 13 V。

(2) 稳定电流 I_Z

稳定电流是指稳压二极管在正常工作情况下的电流。

(3) 最大稳定电流 I_{ZM}

最大稳定电流是稳压二极管允许通过的最大反向电流。稳压二极管工作时的电流应小于这个电流,若超过这个值管子会因电流过大造成热击穿。

(4) 动态电阻 R_Z

动态电阻是指稳压二极管在正常工作时,其电压的变化量与相应的电流变化量的比值,即

$$r_Z = \frac{\Delta U_Z}{\Delta I_Z} \tag{5.1}$$

如果稳压二极管的反向伏安特性曲线越陡,则动态电阻 r_Z 就越小,稳压性能也就越好。

(5) 最大允许耗散功率 P_{ZM}

管子不致发生热击穿而击穿的最大功率损耗,它等于最大稳定电流与相应稳定电压的乘积。

五、发光二极管

发光二极管(Light Emiting Diode),简称 LED,是一种固态 PN 结器件,常用砷化镓、磷化镓等材料制成,外形如图 5.32 所示。当 PN 结有正向电流流过时即可发光,它是直接把电能转换成光能的器件,没有热交换过程。其电路符号如图 5.33 所示。

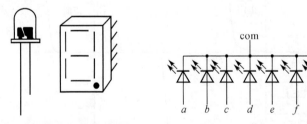

图 5.32　发光二极管外形图　　　图 5.33　发光二极管图形符号

发光二极管可做成数字、字符显示器件。单个 PN 结可以封装成发光二极管,多个 PN 结可以按分段式封装成半导体数码管,选择不同字段发光,可显示出不同的字形,半导体数码管按其内部连接方式不同分为共阴极和共阳极两种。发光二极管还可作为光源器件将电信号变为光信号,广泛应用于光电检测技术领域中。发光二极管有如下特点:

(1) 工作电压为 1.5～3 V,工作电流为几毫安到十几毫安。

(2) 耗电少(10 mA 下即可在室内得到适当的亮度)。

（3）可通过调节电流（或电压）来对发光亮度进行调节。

（4）容易与集成电路配合使用。

（5）体积小，重量轻，抗冲击，寿命长。

任务 二极管的识别与测量

一、二极管的型号

二极管通常采用四部分内容的表示方法（见表5.6），分别表示：

1）区分二极管或三极管。

2）区分二极管的制作材料。

3）区分二极管的性能、用途。

4）区分二极管的工作电流、工作电压。

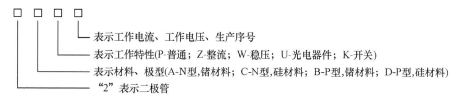

表示工作电流、工作电压、生产序号

表示工作特性（P-普通；Z-整流；W-稳压；U-光电器件；K-开关）

表示材料、极型（A-N型，锗材料；C-N型，硅材料；B-P型，锗材料；D-P型，硅材料）

"2"表示二极管

表5.6 二极管型号命名法

第1部分	第2部分		第3部分		第4部分
	A	N型，锗材料	P	普通管	
	B	P型，锗材料	V	微波管	
	C	N型，硅材料	W	稳压管	
	D	P型，硅材料	C	参量管	
2—表示二极管			Z	整流管	序号（区分二极管的工作电流、工作耐压、工作频率等参数）
			L	整流堆	
			S	隧道管	
			N	阻尼管	
			U	光电管	
			K	开关	

【例5.6】 （1）2AP9 （2）2CZ1

解 （1）N型锗材料9型普通检波二极管。其中"9型"的具体含义可以通过查阅《晶体二极管器件手册》找到该二极管的最大工作电流、最高工作电压及最高工作频率等参数。

（2）N型硅材料1型整流二极管。其中"1型"的具体含义可以通过查阅《晶体二极管器材手册》找到该二极管的最大工作电流、最高工作频率等参数。

二、二极管的识别

二极管的识别包括其用途、工作电流、工作电压及表示符号等内容。

1. 二极管的图形符号

二极管的种类不同,它们在电路中的图形符号也不同。使用较多的是以下几种二极管的图形符号(图5.34)。

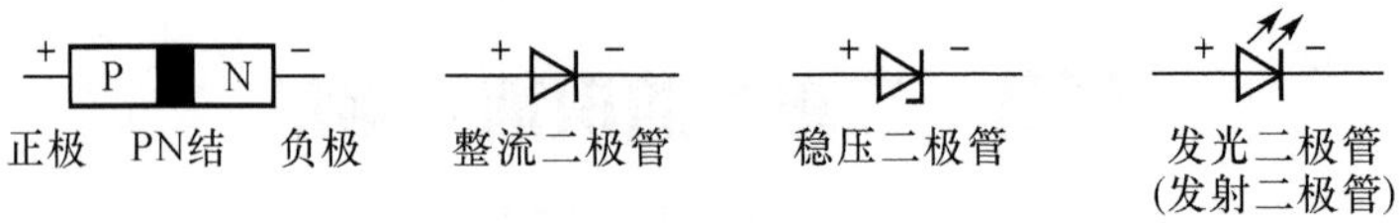

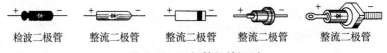

正极　PN结　负极　　整流二极管　　稳压二极管　　发光二极管
(发射二极管)

图5.34　晶体管二极管图形符号(部分)

2. 二极管的外形与极性识别

我们学会了识别二极管的符号及符号中二极管的正负极性,下面要学习二极管实物中正负极性的识别(图5.35)。

检波二极管　　整流二极管　　整流二极管　　整流二极管　　整流二极管

图5.35　二极管极性识别

3. 二极管的性能识别

二极管的主要参数有:

1) 最大整流电流 I_{OM}。

2) 平均(额定)整流电流 I_d　指二极管工作时 PN 结温度不超过特定值(锗管小于80 ℃,硅管小于150 ℃)时的整流电流值。

3) 最高反向工作电压 U_{RM}。

4) 最大正向压降 U_{FM}　指二极管在最大工作电流时 PN 结间的电压值。一般锗材料二极管为 0.2～0.4 V,硅材料二极管为 0.6～0.8 V。

5) 截止频率 f_M　指二极管能正常工作(发挥其最大整流电流、最高工作电压、最小正向压降)时,所处电路的工作频率。

表5.7中提供了常用二极管的型号及其参数,以方便读者一般情况下的使用。

表5.7　常见二极管的型号及其参数

参数	型号					
	2AP9	2CZ11	1N4148	1N4004	1N4007	1N4504
最大整流电流 I_{DM}(mA)	5	1 000	450			
平均整流电流 I_d(mA)			150	1 000	1 000	300
最高反向工作电压 U_{RM}(V)	15	50	75	400	1 000	400
最大正向压降 U_{FM}(V)	≥0.2	≤1	≤1	≤1	≤1	≤1.2
截止频率 f_M(MHz)	100	0.003				

注:锗材料二极管正向压降为 0.2～0.4 V,硅材料二极管正向压降为 0.6～0.8 V。

三、二极管的测量

生产厂家对二极管的测量都是采用专用仪器,如晶体管特性图示仪等。在不具备这种条件的情况下,我们可以采用万用表对二极管进行简单的测量,也能达到一般的使用要求。

用万用表对二极管进行测量,可以从中判断出:二极管 PN 结的材料(锗管或硅管);二极管的正反极性;区分出整流二极管与稳压二极管。

1. 万用表的使用

(1) 测量前的准备

1) 将红表笔插入"+"插孔内,黑表笔插入"－"插孔内。

2) 将万用表量程置电阻 $R \times 1$ kΩ 或 $R \times 100$ Ω 挡。测量硅材料二极管用 $R \times 1$ kΩ 量程,测量锗材料二极管用 $R \times 100$ Ω 量程。

3) 把红、黑表笔相短接,调整欧姆校零旋钮,使万用表指针满度偏转为"0"。

(2) 测量的注意事项

1) 将万用表放在自己的正前方,眼睛最好与刻度线平行,以提高读取数值的准确性。

2) 用左手持握元器件,并注意不能同时触接两根电极,以防引起测量误差。

3) 右手持握红黑表笔,并呈握筷姿势,以方便测量和转换挡位。

4) 在测量或平时状态,万用表应摆放稳固,切不可挤压和玩耍。

2. 二极管的万用表测量原理

二极管是一个 PN 结组成的半导体器件,具有单方向导电的性能。用万用表测量二极管时,表内的直流电源为二极管提供了工作电源。

当二极管为正向连接时,即表内电池的正极、万用表的黑表笔接二极管的正极(图 5.36)。此时,二极管的 PN 结内的阻挡层变薄,测量电路中的电流增大,万用表中流过的电流也就变大,指针偏转变大,指示的读数就变小。

当二极管为反向连接时,即表内电池的正极、万用表的黑表笔接二极管的负极(图 5.37)。此时,二极管的 PN 结内的阻挡层变厚,使测量电路中的电流变小,万用表中流过的电流就很小,指针偏转变小,指示的读数就变大。

通过观察万用表上的读数,以及识别红、黑表笔,就能辨别出二极管的极性和材料。

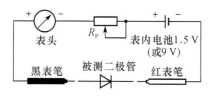

图 5.36 二极管正向测量原理图

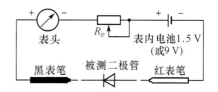

图 5.37 二极管反向测量原理

3. 二极管的万用表测量法

(1) 低压二极管的测量

用红、黑表笔各接二极管的一个电极,万用表指示出一个读数,然后调换二极管两个电极再次测量,又指示一个读数。

1) 在两次测量中,有一个读数在 10 kΩ 左右,则测量的是一只硅材料二极管的正向电阻值,此次与黑表笔相接的是二极管的正极,与红表笔相接的是二极管的负极;而另一个测量阻值读数应为"∞"（无穷大）或接近"∞"，该阻值为二极管的反向电阻值，与黑表笔相接的是二极管的负极，与红表笔相接的是二极管的正极。

如果两次测量中有一个读数在 1 kΩ 左右，则测量的是一只锗材料二极管的正向电阻值，与黑表笔相接的是二极管的正极，与红表笔相接的是二极管的负极；而另一个测量阻值读数应大于 500 kΩ，则该阻值是其反向阻值，与黑表笔相接的是二极管的负极，与红表笔相接的是二极管的正极。

符合以上测量情况，即正向电阻值小、反向电阻值大的二极管才可使用。

2）如果测得的两次结果，阻值均很小或接近零，说明被测二极管内部 PN 结击穿或已短路；如果测得的两次结果，阻值均很大或指针不动，说明被测二极管内部已开路。以上两种情况下二极管都不能使用。

（2）高压二极管的测量

在测量 15 kV、20 kV 的高压整流二极管时，用以上方法就很难测出其好坏。因为万用表内的电池电压不够高，即使使用万用表的 $R \times 10$ kΩ 挡测量，指针也往往是不摆动的。

如果在万用表上接一只晶体三极管，就能解决以上测量难题。

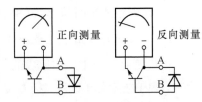

图 5.38　高压二极管测量示意图

测量高压二极管接线图如图 5.38 所示。将三极管的发射极接万用表的"＋"，将三极管的集电极接万用表的"－"。

测量时，将被测高压二极管的正极接三极管的集电极（万用表的"－"端），二极管的负极接三极管的基极。此时，万用表中电池电压通过被测高压二极管的正极向三极管基极提供一个正向偏置电流 I_β，此电流经三极管放大后，流入万用表，使万用表中流过的电流变大而使指针偏转。当二极管正向接入时，指针指向 10 kΩ 附近，此时 A 端接的应是二极管的正极。

如被测二极管反向接入，由于高压二极管的反向电阻非常大，虽然接入 A、B 端，但仍相当于开路，由于二极管反向截止，所以指针不偏转。二极管反向测量时，A 端接的应是高压二极管的负极。

（3）整流二极管与稳压二极管的判别测量

判断测量整流二极管还是稳压二极管，应采用万用表的高阻挡来测量，如 $R \times 10$ kΩ 挡来测量。因为，此时万用表的测量回路中的电池电压为 9 V 或 15 V，大于一般稳压二极管的稳压值，这样就能判断测量出稳压二极管。

在判断测量中，如整流二极管和稳压二极管的材料相同，则它们在正向阻值也基本相同。但整流二极管的反向电阻值为"∞"（无穷大）或接近"∞"，万用表的指针表现为不动或微动；而稳压二极管的反向阻值较小，只有几十千欧。这是因为稳压二极管正常工作时，是工作在其反向击穿区的。测量中，只要万用表中的电池电压高于被测二极管的反向击穿电压，万用表中就有电流流过。所以通过观察测量二极管的反向电阻值的大小，就能判断区分出是整流二极管还是稳压二极管。

四、任务

5 分钟内测量 5 只二极管为 100 分。

(1) 写出 2 只二极管的极性与材料(30 分)。

(2) 写出 2 只二极管的正、负极(50 分)。

(3) 掌握高压二极管的测量方法(20 分)。

❖习题

1. N 型半导体中的自由电子多于空穴,而 P 型半导体中的空穴多于自由电子,是否 N 型半导体带负电,而 P 型半导体带正电?

2. 什么是二极管的死区电压? 为什么会出现死区电压? 硅管和锗管的死区电压值约为多少?

3. 二极管的正极和负极各叫什么电极?

4. 在题 5.1 图所示电路中,二极管是导通还是截止的?

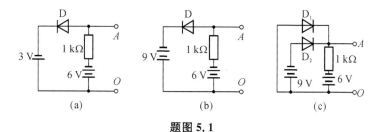

题图 5.1

5. 在题 5.2(a)图所示电路中,u_i 是输入电压,其波形如图 5.2(b)所示,试画出与 u_i 对应的输出电压的波形图。设二极管为理想二极管(导通时正向电阻为零,截止时反向电阻为无穷大)。

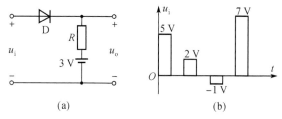

题图 5.2

6. 在题 5.3 图所示电力中,已知 $E=5$ V,输入电压 $u_i=10\sin\omega t$ V,试画出输出电压 u_o 的波形。

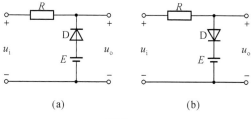

题图 5.3

7. 在题 5.4 图所示电路中,试求下列几种情况下输出端的电位,并说明二极管是导通还是截止。

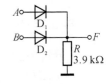

题图 5.4

(1) $U_A = U_B = 0$

(2) $U_A = +3V$, $U_D = 0$

(3) $U_A = U_D = +3V$

8. 有两个稳压管 D_{Z1} 和 D_{Z2},其稳定电压分别为 5.5 V 和 8.5 V,正向压降都是 0.5 V,如果要得到 0.5 V、3 V、6 V、9 V 和 14 V 几种稳压值,这两种稳压管(还有限流电阻)应如何连接? 分别画出电路图。

9. 二极管的识别中有哪些内容?

10. 用万用表可以测量二极管的哪些性能?

11. 万用表对二极管测量使用前有哪些步骤、要求?

项目四　半导体三极管

任务目标

1. 掌握半导体三极管的各种表示方法。
2. 掌握半导体三极管的识别与测量方法。

半导体三极管又称晶体管,是最重要的一种半导体器件,常用的一些晶体管外形如图 5.39 所示。

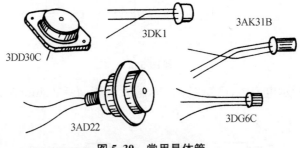

3DD30C　3DK1　3AK31B　3AD22　3DG6C

图 5.39　常用晶体管

一、三极管的基本结构

最常见三极管的结构的有平面型和合金型两类,如图 5.40 所示,图(a)为平面型(主要是硅管),图(b)为合金型(主要是锗管)。

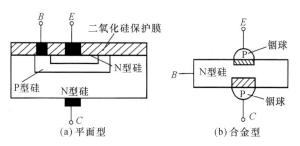

图 5.40　三极管内部结构

不论是平面型还是合金型，内部都由 NPN 或 PNP 三层半导体材料构成，因此又把晶体管分为 NPN 型和 PNP 型两类。其结构示意图和电路符号如图 5.41 所示，图(a)为 NPN 型（如 3D 和 3B 系列），图(b)为 PNP 型（如 3A 和 3C 系列）。

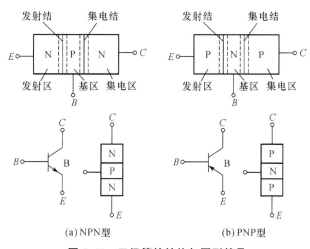

图 5.41　三极管的结构与图形符号

每一类都有基区(B)、发射区(E)、集电区(C)组成，每个区分别引出一个电极，即基极 B、发射极 E、集电极 C，每个管子都有两个 PN 结，基区和集电区之间的 PN 结称为集电结，基区和发射区之间称为发射结。电路符号中的箭头表示发射极电流的方向。晶体管结构的主要特点是：E 区的掺杂浓度高，B 区掺杂浓度低且很薄，C 区面积较大，因此 E 区和 C 区不可调换使用。

二、电流分配和电流放大作用

为了了解晶体管的电流分配和电流放大作用，我们先做一个实验，实验电路如图 5.42 所示。基极电源 E_B、基极电阻 R_B、基极 B 和发射极 E 组成输入回路；集电极电源 E_C、集电极电阻 R_C、集电极 C 和发射极 E 组成输出回路。发射极是公共电极。这种电路称共发射极电路。

电路中 $E_B < E_C$，电源极性如图 5.42 所示。这样就保证了发射结加的是正向电压(正向偏置)，集电结加的是反向电压(反向偏置)，这是晶体管实现电流放大作用的外部条件。调整电阻 R_B，则基极电流 I_B、集电极电流 I_C 和发射极电流 I_E 都会发生变化。测量结果列于表 5.8 中。

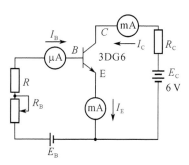

图 5.42　三极管特性实验电路

表 5.8 三极管的电流分配

$I_B/(mA)$	0	0.01	0.02	0.03	0.04	0.05
I_C/mA	≈0.001	0.50	1.00	1.60	2.20	2.90
$I_E/(mA)$	≈0.001	0.51	1.02	1.63	2.24	2.95
$I_C/(I_B)$		50	50	53	55	58
$\Delta I_C/(\Delta I_B)$		50		60	60	70

由实验测量结果可得出如下结论：

（1）发射极电流等于基极电流和集电极电流之和，即

$$I_E = I_B + I_C \tag{5.2}$$

此结果符合基尔霍夫定律。

（2）I_C 比 I_B 大得多。从第二列以后的 I_C/I_B 数据可看出这点，即 I_C 要比 I_B 大数十倍。

（3）很小的 I_B 变化可以引起很大的 I_C 变化。比较第二列以后，后一列与前一列数据的基极电流和集电极电流的相对变化，即 $\Delta I_C/\Delta I_B$ 则得出一个极为重要的结论：基极电流较小的变化可以引起集电极电流较大的变化。也就是说，基极电流对集电极电流具有小量控制大量的作用，这就是晶体管的电流放大作用（实质是控制作用）。

下面用晶体管内部载流子的运动规律来解释上述结论，以便更好地理解晶体管的放大作用。

在图 5.42 中由于发射极加了正向电压，发射区的多数载流子（自由电子）很容易越过发射结扩散到基区，而电源又不断向发射区补充电子。越过发射结到达基区的电子初始集中在发射结的边缘，由于电子不断越过基区这就造成了基区两端载流子浓度上的差异，由于浓度的不同，电子开始作浓度扩散，即堆积在发射结边缘的电子向集电结方向运动。由于基区很薄而且掺杂浓度又很低，所以空穴数量较少。在作浓度扩散的过程中，少量的电子与基区的空穴相遇被复合掉（由于电源 E_B 的作用将不断从基区拉走电子而形成新的空穴，而集电区的少量载流子空穴也会漂移过集电结到达基区，这就使扩散过程中的复合不断进行下去），大部分电子横越基区到达集电结边缘。由于集电结反偏所以能加速少数载流子的通过，而到达集电结边缘的电子对集电结正是少数载流子，所以均被拉入集电区，而电源 E_C 由于不断从集电区拉走电子而形成空穴，这些空穴就不断与漂移到集电区的电子相复合。以上就是晶体管内部载流子的主要运动过程可由图 5.43 表示。

载流子的运动在宏观上的反映就是电流，由发射区到达集电区的电子形成了电流 I_{CE}，也就是集电极电流 I_C。由发射区出发在渡过基区时被复合掉的电子形成了电流 I_{BE}，它等于 E_B 从基区拉走电子形成的基极电流，与漂移过集电结的空穴形成的反向饱和电流之和。而 I_{CE} 与 I_{BE} 之和就是发射极电流 I_E。晶体管内部的电流分配情况如图 5.44 所示。

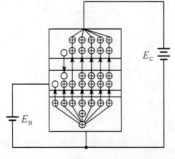

图 5.43 三极管内部载流子的运动

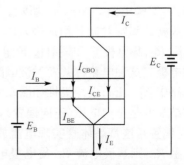

图 5.44 三极管内部电流分配情况

晶体管的电流放大(控制)作用可作如下解释:

当改变基极偏置电阻使基极电流 I_B 改变时,实质是在改变基极与发射极之间的电压 U_{BE},这必然引起发射结宽度的变化。例如 I_B 增大即 U_{BE} 增大,这将使发射结变窄。假如 I_B 增大从基区多拉走 2 个电子即基区多形成 2 个空穴,反映到宏观上就是 I_B 产生了 2 个单位的增量。但 I_B 增大使发射结变窄的结果使发射区向基区多发射了 50 个电子,这 50 个电子只有 2 个与基区多增加的空穴复合其余 48 个都到达了集电区,在宏观上就是 I_C 产生了 48 个单位的增量。这就是一个小的基极电流控制一个大的集电极电流的原因。

综上所述,可归纳为以下两点:

(1) 晶体管在发射结正偏集电结反偏的条件下具有电流放大作用。

(2) 晶体管的电流放大作用,其实质是 I_B 对 I_C 的控制作用。习惯上称晶体管为"放大"元件,但严格地讲它只是一种控制元件,因为它并不能放大能量,只是用一个小的能量来控制电源向负载提供更大的能量。

三、特性曲线

晶体管的伏安特性曲线用来表示各电极的电流和电压之间的关系,实际上是其内部特性的外部表现,它反映出晶体管的性能,是分析放大电路的重要依据。这些特性曲线可用晶体管特性图示仪直观地显示出来,也可以通过如图 5.45 所示的实验电路进行测绘。

1. 输入特性曲线

输入特性曲线是指当集电极—发射极电压 U_{CE} 为常数时,输入电路中基极电流 I_B 与基极—发射极电压 U_{BE} 之间的关系曲线,即

$$I_B = f(U_{BE}) \mid U_{CE} = 常数$$

晶体管的输入特性与二极管的正向特性相似。对硅管而言,当 $U_{CE} \geqslant 1\ V$ 时,集电结已反向偏置,且内电场足够大,可以把从发射区扩散到基区的电子中的绝大部分拉入集电极。如果此时再增大 U_{CE},只要 U_{BE} 保持不变,I_B 也就不再明显地减小。就是说 $U_{CE} \geqslant 1\ V$ 后的输入特性曲线基本上是重合的。所以,通常只画 $U_C \geqslant 1\ V$ 的一条输入特性曲线,如图 5.46 所示。从图 5.46 可看出,输入特性也有一段死区。只有在 U_{BE} 电压大于死区电压时,晶体管才会出现 I_B。硅管的死区电压约为 0.5 V,锗管约为 0.2 V,晶体管在正常工作情况下,硅管的 U_{BE} 为 0.6~0.7 V,锗管的 U_{BE} 为 0.2~0.3 V。

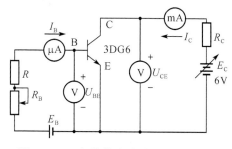

图 5.45　三极管伏安特性测绘实验电路

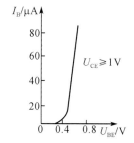

图 5.46　三极管输入特性曲线

2. 输出特性曲线

输出特性曲线是指当基极电流为常数时,集电极电流与集电极—发射极电压之间的关系曲线,即

$$I_C=f(U_{CE})\mid I_B=常数$$

给定基极电流 I_B,就对应一条特性曲线,所以输出特性曲线是个曲线族,如图 5.47 所示。从输出特性曲线上看到,它大致分三个区域。

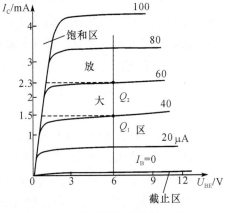

图 5.47　三极管输出特性曲线

(1) 放大区

输出特性曲线的近于水平部分是放大区。在此区域内 I_C 和 I_B 成正比关系。晶体管工作在放大状态时,发射结处于正向偏置,集电结处于反向偏置,即对 NPN 型管而言,应使 $U_{BE}>0,U_{BC}<0$。

(2) 截止区

$I_B=0$ 曲线以下的区域称为截止区。$I_B=0$ 时,$I_C=I_{CEO}$,对 NPN 硅管而言,$U_{BE}<0.5$ V 时即已开始截止,但是为了可靠截止,常使 $U_{BE}\leqslant0$。因此,截止区的外部条件是发射结反向偏置,集电结反向偏置。

(3) 饱和区

当 $U_{CE}<U_{BE}$ 时,集电结处于正向偏置,晶体管工作于饱和状态。在饱和区,I_B 的变化对 I_C 的影响较小,两者不成正比关系。

四、主要参数

晶体管的特性除用特性曲线表示外,还可以用参数来说明,晶体管的参数可作为设计电路、合理使用器件的参考。晶体管的参数很多,这里只介绍常用的主要参数。

1. 共发射极电流放大系数 β

(1) 直流电流放大系数 $\bar{\beta}$

在静态时 I_C 与 I_B 的比值称为直流电流放大系数,也称为静态电流放大系数:

$$\bar{\beta}=\frac{I_C}{I_B}$$

(2) 交流电流放大系数 β

在动态时,基极电流的变化增量为 ΔI_B,它引起集电极电流的变化增量为 ΔI_C。ΔI_B 与 ΔI_C 的比值称为动态电流(交流)放大系数:

$$\beta=\frac{\Delta I_C}{\Delta I_B}$$

由上述可见,$\bar{\beta}$ 和 β 的含义是不同的,但两者数值较为接近。以后认为 $\bar{\beta}$ 和 β 就是同一值。一般 β 为 $20\sim150$。目前工艺已能制造 β 为 $300\sim400$ 的低噪声管。

2. 极间反向电流

(1) 集电结反向饱和电流 I_{CBO}

发射极开路,集电结反偏时流过集电结的反向电流。小功率的硅管一般在 0.1 μA 以

下,锗管在几微安至几十微安。

（2）穿透电流 I_{CEO}

$$I_{CEO}=(1+\beta)I_{CBO}$$

它是衡量晶体管质量好坏的重要参数之一,其值越小越好。

3. 极限参数

（1）集电极最大允许电流 I_{CM}

当 I_C 过大时,电流放大系数 β 将下降,使 β 下降至正常值得 2/3 时的 I_C 值,定义为集电极最大允许电流 I_{CM}。

（2）反向击穿电压

1）发射极—基极间反向击穿电压 $U_{(BR)EBO}$　当集电极开路时,发射极—基极间允许加的最高反向电压,一般为 5V 左右。

2）集电极—基极间的反向击穿电压 $U_{(BR)CBO}$　当发射极开路时,集电极—基极间允许加的最高反向电压,一般在几十伏以上。

3）集电极—发射极间反向击穿电压 $U_{(BR)CEO}$　当基极开路时,集电极—发射极间允许加的最高反向电压,通常比 $U_{(BR)CBO}$ 小些。

（3）集电极最大允许功率损耗

由于集电极电流在流经集电结时将产生热量,使结温升高,从而引起晶体管参数变化。当晶体管因受热而引起的参数变化不超过允许值时,集电极所消耗的最大功率,称为集电极最大允许损耗功率 P_{CM}。

根据管子的 P_{CM} 值,由 $P_{CM}=I_C U_{CE}$ 可在晶体管的输出特性曲线上作出 P_{CM} 曲线,由 I_{CM}、$U_{(BR)CEO}$、P_{CM} 三者共同确定晶体管的安全工作区,如图 5.48 所示。

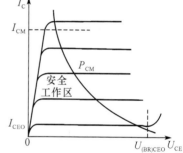

图 5.48　三极管 P_{CM} 曲线

任务　三极管的识别与测量

三极管在电路中的代号为"VT_1",如电路中有 2 只以上晶体三极管,则编为 VT_1、VT_2。

一、三极管的型号

三极管的型号构成常有四部分:

第一部分用数字"3"表示三极管。

第二部分用字母表示极型、材料(见表 5.8)。如"A"表示 PNP 型锗材料三极管;"D"表示 NPN 型硅材料三极管;等等。

第三部分用字母表示三极管的性能(见表 5.9)。

第四部分用数字表示三极管的放大倍数、最高工作电压、出厂序号。

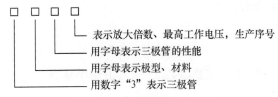

表示放大倍数、最高工作电压,生产序号
用字母表示三极管的性能
用字母表示极型、材料
用数字"3"表示三极管

表 5.9　三极管型号命名方法

第 2 部分		第 3 部分	
A	PNP 型,锗材料	X	低频小功率管($f_a<3$ MHz,$P_c<1$ W)
B	NPN 型,锗材料	G	高频小功率管($f_a>3$ MHz,$P_c>1$ W)
C	PNP 型,硅材料	D	低频大功率管
D	NPN 型,硅材料	A	高频大功率管
		K	开关

【例 5.7】　3DG6B

解　"3DG"表示硅材料高频小功率管,"B"最高工作电压为 12～15 V,出厂序号为 6 型("6 型"还包含其他一些性能参数,如 $U_{(BR)CEO}$、P_{CM}、I_{CM}、β 值等,都可以通过晶体管手册查出)。

如有条件,应在使用前查阅晶体管使用册。

二、三极管的识别

1. 三极管的外形识别

三极管的外形有很多种,有大有小,有圆有扁(图 5.49)

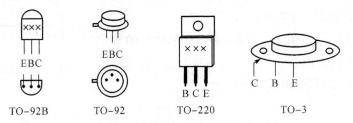

图 5.49　三极管(部分)外形识别示意图

2. 三极管的性能识别

常见三极管及其参数见表 5.10。

表 5.10　常见三极管及其参数

参数	型号						
	8050	8550	9011	9012	9013	9014	9015
P_{CM}(mW)	1 000	1 000	400	650	650	450	450
I_{CM}(mA)	1 000	1 000	300	700	700	150	150
BV_{CEO}(V)	35	35	30	30	30	30	30
截止频率(MHz)	100	100	140	80	80	150	150
极型	NPN	PNP	NPN	PNP	NPN	NPN	PNP
β 值	棕 5～15、红 15～25、橙 25～40、黄 40～55、绿 55～80、蓝 80～120、紫 120～180、灰 180～270、白 270～400						

三、三极管的测量

对三极管进行测量,厂家都采用专用仪器,如晶体管特性图示仪等。在一般场合,可以采用万用表对三极管进行估计测量,也能达到一般的使用要求。

1. 万用表的使用

(1) 测量前的准备

1) 将红表笔插入"＋"插孔内,黑表笔插入"－"插孔内。

2) 将万用表量程置电阻 $R \times 1$ kΩ 或 $R \times 100$ Ω 挡(测量硅材料三极管用 $R \times 1$ kΩ 量程,测量锗材料三极管用 $R \times 100$ Ω 量程)。

3) 把红、黑表笔相接触,调整欧姆校零旋钮,使万用表指针满度偏转为"0"。

(2) 测量的注意事项

1) 将万用表放在自己的正前方,眼睛最好与刻度线平行,以提高读取数值的准确性。

图 5.50 左手夹持三极管

2) 用左手的中指与拇指夹持三极管,食指准备作人体电阻之用(图 5.50)。

3) 右手持握红黑表笔,并呈握筷姿势,以方便测量和转换挡位。

4) 改变挡位后方可继续进行测量,以防损坏万用表。

5) 测量结束或万用表处在平时状态,红黑两根表笔不能相接触,以防在欧姆挡时消耗表内电池的电能。

6) 表笔破裂或表笔连线绝缘层损坏应及时更换,以确保人身安全。

7) 在测量后的平时状态,万用表应摆放稳固,切不可挤压和玩耍。

2. 三极管的万用表测量原理

万用表在使用欧姆挡测量挡位时,欧姆测量电路中串联着表内使用的 15 V 或 9 V 直流电源。在测量三极管的基极与集电极及发射极间的直流电阻时,相当于表内电源使基极与集电极的 PN 结或是基极与发射极的 PN 结成正向连接而正向导通。于是测量回路中就有电流通过,此时指针偏转较大(图 5.51)。当改变红黑表笔,红表笔接三极管的基极,黑表笔接三极管的集电极或发射极时,两个 PN 结与电路的电源极性成反向连接,测量电路中几乎没有电流通过,所以指针不偏转,测量阻值为"∞"(图 5.52)。

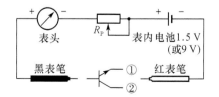

图 5.51 三极管正向测量原理

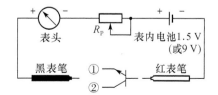

图 5.52 三极管反向测量原理

在测量三极管的放大能力时,被测三极管与万用表组成了一个与三极管的共发射极的放大电路(图 5.53)。表头是三极管的集电极负载,100 kΩ 电阻是三极管的基极偏置电阻。只要三极管性能良好,都会产生集电极电流,从而使指针产生偏转。指针偏转越大,说明三极管的放大性能越强。

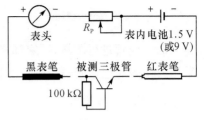

图 5.53　三极管放大能力测量原理

3. 三极管的万用表测量法

(1) 测量 NPN 型硅材料三极管

1) 测量三极管的基极与集电极及发射极之间正、反电阻值。左手中指与无名指夹住三极管,管脚朝上(图 5.50)。

将欧姆挡置 $R×1$ kΩ 挡。黑表笔接基极,红表笔分别接集电极和发射极,测出两次正向电阻值均为 10 kΩ 左右。再用红表笔接基极,黑表笔分别接集电极和发射极,测出两次反方向电阻值应均为"∞"(无穷大)或接近"∞"。

2) 测量 NPN 型硅材料三极管的穿透电流。将黑表笔接三极管的集电极,红表笔接发射极,测出的阻值应为"∞"(无穷大)或接近"∞"。阻值越大,三极管的穿透电流越小。

3) 测量 NPN 型三极管的放大能力。保持第 2)条测量动作,然后在三极管的集电极与基极之间并接一只 100 kΩ 的电阻,也可以按照图 5.50 所示,用左手指的人体电阻来代替。此时万用表的指针发生偏转。这种万用表的偏转现象,说明了三极管有放大能力。指针偏转越大,说明三极管的放大能力越高。

4) 测量 NPN 型锗材料三极管时,挡位选在 $R×100$ Ω 挡或 $R×10$ Ω 挡,测量方法同第 1)至第 3)条,但读数有较大差别。测量时测出的前两次 PN 结的正向电阻值均在 1.5 kΩ 左右,反向电阻值均应大于 200 kΩ。而且,锗材料三极管的穿透电流也比较大,且直流阻值约为 200 kΩ。

(2) 测量 PNP 型硅材料三极管

1) 测量三极管的基极与集电极及发射极之间的正、反向电阻值。因为测量的仍然是硅材料三极管,所以测量挡位还放在 $R×1$ kΩ 挡,而表笔的颜色与 NPN 管相反,则红表笔接基极,黑表笔分别接集电极和发射极,测出两次正向电阻值均为 10 kΩ 左右。再用黑表笔接基极,红表笔分别接集电极和发射极,测出两次反方向电阻值均为"∞"(无穷大)或接近"∞"。

2) 测量 PNP 型硅材料三极管的穿透电流。将红表笔接集电极,黑表笔接发射极,测出的阻值为"∞"(无穷大)或接近"∞"。阻值越大,三极管的穿透电流越小,性能越好。

3) 测量 PNP 型锗材料三极管时,挡位选在 $R×100$ Ω 挡或选在 $R×10$ 挡。测量方法与以上相同,只是测出的阻值读数有较大差别,两个正向阻值均在 1.5 kΩ,反向阻值均应＞200 kΩ。测量穿透电流时的阻值约为 200 kΩ。

表 5.11 是万用表测量三极管时的直流阻值一览表

表 5.11 三极管的直流电阻值一览表(47 型万用表测)

表笔 三极管 电极	黑—红 B—E	黑—红 B—C	红—黑 B—E	红—黑 B—C	黑—红 C—E	黑—红 E—C	黑—红 C—E(Hfe)	黑—红 E—C
NPN 硅管	约 10 kΩ	约 10 kΩ	>10 kΩ	>10 kΩ	>10 kΩ	>1 kΩ	阻值较小	阻值较大
NPN 锗管	约 1.5 kΩ	约 1.5 kΩ	>200 kΩ	>200 kΩ	>200 kΩ	>500 kΩ	阻值较小	阻值较大
PNP 硅管	>10 kΩ	>10 kΩ	约 10 kΩ	约 10 kΩ	约 10 kΩ	>1 kΩ	阻值较大	阻值较小
PNP 锗管	>200 kΩ	>200 kΩ	约 1.5 kΩ	约 1.5 kΩ	约 1.5 kΩ	>500 kΩ	阻值较大	阻值较小

4. 三极管管脚名称的判断测量

在无法识别三极管的 3 个电极的时候,可以使用万用表对三极管进行判断测量,以便找到三极管的发射极、基极和集电极。

在三极管中,三极管的基极与另外两个电极之间呈现的是两个二极管正反向直流电阻特征,利用这种特性就能找到三极管的基极,进而找到集电极和发射极。

(1) 三极管管脚名称的判断方法一

1) 判断三极管的基极 用黑表笔接三极管的某一管脚(假设作为基极),再用红表笔分别接另外两个管脚。如果两次阻值都很小,阻值均在 10 kΩ 左右,则该管是 NPN 型硅材料三极管;如阻值均在 1 kΩ 左右,则该管时 NPN 型锗材料三极管。因为,黑表笔是测量的公共表笔,所以与黑表笔相接的就是 NPN 型三极管的基极。如果红表笔接假设的基极,黑表笔分别接另外两个管脚。如果两次阻值都很小,阻值均在 10 kΩ,则该管时 PNP 型硅材料三极管;如阻值均在 1 kΩ,则该管是 PNP 型锗材料三极管。因为,红表笔是测量的公共表笔,所以与红表笔相接的是 PNP 型三极管的基极。

如果两次测量中一次阻值小一次阻值大,则说明基极假设得不对,应调换另一只管脚再进行以上方法的测量,直至找到三极管的基极。

2) 判断集电极和发射极 在以上测量的基础上进行以下测量步骤:

如已测出是一只 NPN 型三极管,则黑表笔接假设的集电极,红表笔接假设的发射极,并在基极与假设的集电极间并接一只阻值为 100 kΩ 左右的电阻(也可以用手指触摸的人体电阻来代替),测出一个阻值。然后改变假设的集电极与发射极,黑表笔仍接假设的集电极,红表笔接假设的发射极,并在基极与假设的集电极间再并接一只 100 kΩ 左右的电阻(也可以用手指触摸的人体电阻来代替),又测出一个阻值。在两次测量中,偏转大的一次与黑表笔相接的就是 NPN 型三极管的集电极,与红表笔相接的则是 NPN 型三极管的发射极。

如已测出是一只 PNP 型三极管,则红表笔接假设的集电极,黑表笔换接假设的发射极,并在基极与假设的集电极间并接一只阻值为 100 kΩ 左右的电阻(可用手指触摸来代替),测出一个阻值;然后改变假设的集电极和发射极,红表笔仍然接假设的集电极,黑表笔接假设的发射极,并在基极与假设的集电极间再并接一只 100 kΩ 左右的电阻,又测出一个阻值。在两次测量中,偏转大的一次与红表笔相接的就是 PNP 型三极管的集电极,与黑表笔相接的是 PNP 型三极管的发射极。

(2) 三极管管脚名称的判别方法二

1) 集电极与发射极的直接判断 黑表笔接 NPN 型三极管假设的集电极,红表笔接假设的发射极,在假设的集电极与假设的基极间并接一只 100 kΩ 左右的电阻,测出一个阻值;再将以上集电极和发射极调换假设,在假设的集电极和假设的基极之间并接一只 100 kΩ 左右的电阻,又测出一个阻值。如果两次阻值一大一小(指针偏转一大一小),则指针偏转大的一次与黑表笔相接的是 NPN 型管的集电极,与红表笔相接的是 NPN 型管的发射极。因为在两次测量中均以黑表笔接假设的集电极,所以是一只 NPN 型的三极管。

如果红表笔接 PNP 型三极管假设的集电极,黑表笔接假设的发射极,在假设的集电极与假设的基极间并接一只 100 kΩ 左右电阻,测出一个阻值;再将以上集电极和发射极调换假设,在假设的集电极与假设的基极间并接一只 100 kΩ 左右的电阻,又测出一个电阻。如果两次电阻一大一小(针偏转一大一小),则指针偏转大的一次与红表笔相接的是 PNP 型的三极管的发射极。因为在两次测量中均以红表笔假设的集电极,所以是一只 PNP 型的三极管

2) 测出集电极和发射极后,另一个管脚就是三极管的基极。

5. 三极管穿透电流的估计测量

一只三极管的穿透 I_{CEO} 大时,其耗散功率会增大、热稳定性变差、噪声加大、调整三极管的工作变困难,所以我们应该使用 I_{CEO} 小的三极管,用万用表测量出三极管额穿透 I_{CEO} 的大小。

测硅材料三极管用万用表 $R×1$ kΩ 挡测量。如果是 NPN 型三极管,则黑表笔接集电极,红表笔接发射极;如果是 PNP 型三极管,则红表笔接集电极,黑表笔接发射极。其测量阻值在几百千欧以上。如测量阻值很大(指针摆动很小),这说明三极管的穿透电流很小。

测锗材料三极管用万用表 $R×100$ Ω 或 $R×10$ Ω 挡测量。如果是 NPN 型三极管,则黑表笔接集电极,红表笔接发射极;如果是 PNP 型三极管,则红表笔接集电极,黑表笔接发射极。其测量阻值在几千欧以上,阻值越大的说明三极管的穿透电流越小;如果在测量中指针缓慢地向小的阻值方向移动,说明 I_{CEO} 值大,而且稳定性差;如果阻值接近于零,说明三极管已击穿损坏。

四、任务

5 分钟内测量 5 只三极管为 100 分(表 5.12)。

(1) 写出三极管的极性与材料(20 分)。

(2) 写出三极管的管脚名称(60 分)。

(3) 掌握三极管 I_{CEO} 的测量方法(20 分)。

表 5.12　三极管的测量

内容 管型号	B—E 间/B—C 间		B—C 间		三极管类型		I_{CEO}		$H_{fe}(\beta)$
	正向电阻	反向电阻	正向电阻	反向电阻	PNP	NPN	大	小	
3DG6									
3AX31									
9013									
9012									
9015									
3DD15									
3AD30									

❖习题

1. 三极管有哪几个电极？各用什么字母表示？

2. 晶体三极管的发射极和集电极是否可以调换使用，为什么？

3. 将一 PNP 型晶体管接成共发射极电路，要使它具有电流放大作用，EC 和 EB 的正、负极应如何连接，为什么？画出电路图。

4. 电路中接有一晶体管，不知其型号，测得它的三个管脚的点位分别为 10.5 V、6 V、6.7 V，试判别管子的三个电极，并说明这个晶体管是哪种类型？是硅管还是锗管？

5. 题 5.5 图所示是两个晶体管的输出特性曲线，试判断哪个管子的放大能力强？晶体三极管是由两个 PN 结组成的，是否可以用两个二极管连接组成一个晶体三极管使用？为什么？

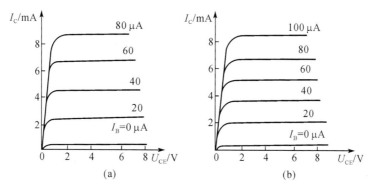

题图 5.5

6. 三极管的型号中包括哪些技术内容？

7. 用万用表可以对三极管进行哪些主要性能的估计测量？

8. 万用表对三极管测量使用前有哪些步骤、要求？

9. 万用表测量三极管时有哪些注意事项？

10. 如何用万用表判断测量 PNP 型三极管的基极？

11. 如何用万用表判断测量 PNP 型三极管的发射极和集电极？

12. 如何用万用表判断测量 PNP 型三极管的放大倍数？

13. 如何用万用表判断测量 PNP 型三极管的穿透电流？

14. 如何用万用表判断测量 PNP 型三极管的基极？

15. 如何用万用表判断测量 NPN 型三极管的发射极和集电极？

16. 如何用万用表判断测量 NPN 型三极管的放大倍数？

17. 如何用万用表判断测量 NPN 型三极管的穿透电流？

| 项目五 | 晶闸管和单结晶体管 |

一、晶闸管

晶闸管即硅晶体闸流管,俗称可控硅(SCR)。它不仅具有硅整流器的特性,更重要的是它能以小功率信号去控制大功率系统,可作为强电与弱电的接口,高效完成对电能的转换和控制。

晶闸管主要应用于以下几个方面:

1)可控整流　将交流电变换为可调节的直流电。可用于充电、电解、电镀、直流电动机的无级调速等。

2)逆变电源　将直流电变为交流电,或将某一频率的交流电直接变换为其他频率的交流电。可用于多种恒频或变频电源,交流电动机的变频调速等。

3)交流调压　改变交流电的大小,可用于调温、调光、交流电动机的调压调速等。

4)斩波器　将恒定的直流电变换为断续脉冲,以改变其平均值。可用于开关型直流稳压电路、直流电动机拖动等。

5)无触点开关　可迅速接通或切断大功率的交流或直流回路,而不产生火花或拉弧现象,特别适用于防爆防火的场合。

此外,在自动控制设备和脉冲数字系统中,晶闸管也有广泛的应用。电力电子技术作为一门强弱电相结合新兴学科,正是以晶闸管为基础而建立和发展起来的。

晶闸管种类很多,包括普通型(单向型)、双向型、可关断型、快速型、光控型等。其中普通晶闸管应用最广,而且其结构及工作原理也是分析其他晶闸管的基础。以下所称晶闸管,如果没有特别说明,均指普通晶闸管。

1.晶闸管的结构符号

晶闸管的内部结构如图 5.54(a)所示。它由PNPN 四层半导体材料构成,中间形成了三个 PN结,由外层 P 型半导体引出阳极 A,由外层 N 型半导体引出阴极 K,由中间 P 型半导体引出控制极 G(或称门极)。

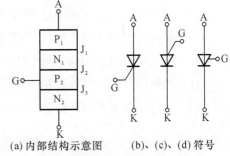

(a)内部结构示意图　　(b)、(c)、(d) 符号

图 5.54　晶闸管的结构与符号

图 5.54(b)、(c)所示分别为阴极侧受控和阴极侧受控晶闸管的符号,当没有必要规定控制极的类型时,可用图 5.54(d)所示的符号表示晶闸管。

晶闸管的外形有塑封式(小功率)、平板式(中功率)和螺栓式(中、大功率)几种,如图 5.55 所示。平板式和螺栓式晶闸管使用时固定在散热器上。

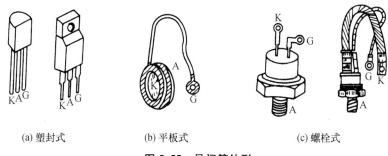

(a) 塑封式　　　　　(b) 平板式　　　　　(c) 螺栓式

图 5.55　晶闸管外形

2. 晶闸管的工作特性

(1) 正向阻断

如图 5.56(a)所示,晶闸管加正向电压,即阳极接电源正极,阴极接电源负极。S 断开,灯泡不亮,说明晶闸管加正向电压,但控制极未加正向电压时,晶闸管不能导通,这种状态称为晶闸管的正向阻断状态。

(2) 触发导通

如图 5.56(b)所示,晶闸管加正向电压,且开关 S 闭合,即控制极加正向电压,这时灯泡亮,表明晶闸管导通,这种状态称为晶闸管的触发导通。

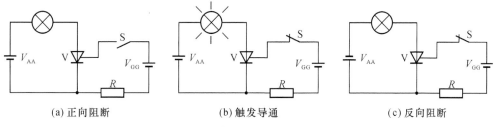

(a) 正向阻断　　　　　(b) 触发导通　　　　　(c) 反向阻断

图 5.56　单向晶闸管的工作特性

晶闸管导通后,若再将开关 S 断开,灯泡仍亮。这说明晶闸管一旦导通后,控制极就失去了控制作用。要使晶闸管关断,必须减小晶闸管的正向电流,使其小于维持电流,晶闸管即可关断。

(3) 反向阻断

如图 5.56(c)所示,晶闸管加反向电压,此时不管控制极加怎样的电压,灯泡始终不亮。这种状态称为晶闸管的反向阻断。

通过上述实验,可得如下结论:

(1) 晶闸管与二极管相似,都具有反向阻断能力;但晶闸管还具有正向阻断能力,即晶闸管正向导通必须具备一定条件:阳极加正向电压,同时控制极还要加正向触发电压。

(2) 晶闸管一旦导通,控制极即失去控制作用。使晶闸管关断的方法是将阳极电流减小到小于其维持电流。

3. 晶闸管的主要参数

(1) 反向阻断峰值电压 U_{RRM}

在控制极开路时,允许重复加在晶闸管上的最大反向峰值电压,也称反向重复峰值电压。

(2) 正向阻断峰值电压 U_{DRM}

在控制极开路时,允许重复加在晶闸管上的最大正向峰值电压。也称正向重复峰值电压。

通常 U_{DRM} 和 U_{RRM} 大致相等,习惯上统称峰值电压。若二者不相等,则取其中较小的那个电压值定义为正反向峰值电压,且作为该管的额定电压。

(3) 正向平均电流 $I_{T(AV)}$

在规定的环境温度和散热条件下,允许通过的工频半波电流在一个周期内的最大平均值。

(4) 通态平均电压 $U_{T(AV)}$

指晶闸管导通时管压降的平均值,一般在 0.4～1.2 V。

(5) 维持电流 I_H

在规定的环境温度和散热条件下,维持晶闸管继续导通的最小电流。

(6) 控制极触发电压 U_G 和触发电流 I_G

在规定的环境温度和一定的正向电压条件下,使晶闸管从关断到导通所需的最小控制电压和电流。

一、单结晶体管

1. 单结晶体管的结构和型号

单结晶体管与普通三极管一样都具有三个电极,但只有一个发射极 E 和两个基极 B_1、B_2,没有集电极,所以单结晶体管又称双基极二极管。单结晶体管可分为两种结构类型,即 N 型和 P 型,其结构如图 5.57(a)所示。它有一个 PN 结,从 P 型半导体上引出的电极是发射极 E,从 N 型半导体上引出两个基极,称为第一基极 B_1 和第二基极 B_2。

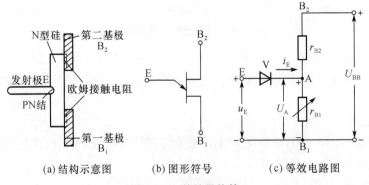

(a)结构示意图　　(b)图形符号　　(c)等效电路图

图 5.57　单结晶体管

单结晶体管的外形与普通小功率三极管相似,常见型号有 BT31、BT33、BT35 等,T 表示半导体器件,3 表示有三个电极,最后一个数字分别表示耗散功率为 100 mW、300 mW、

500 mW 等。

单结晶体管的图形符号如图 5.57(b)所示,图 5.57(c)所示为它的等效电路图。因为 E 与 B_1 之间为一个 PN 结,故可用二极管 V 等效。r_{B_1} 表示 E 与 B_1 间的电阻,r_{B_2} 表示 E 与 B_2 间电阻。r_{B_1} 随发射极电流 i_E 变化,即 i_E 上升,r_{B_1} 下降。两基极间电阻 $R_{BB}=r_{B_1}+r_{B_2}$,$\eta=\dfrac{r_{B_1}}{r_{B_1}+r_{B_2}}$ 称为分压比,η 一般在 0.3~0.8,它是单结晶体管的重要参数,其数值由晶体管内部结构决定。

2. 单结晶体管的特性

单结晶体管的伏安特性曲线,如图 5.58 所示。

在单结晶体管 B_1 和 B_2 之间加电源 U_{BB},在 E 和 B_2 间加可变电压 u_E。当 $u_E<U_A(U_A=\eta U_{BB})$ 时,PN 结截止,单结晶体管亦截止。

当 u_E 达到峰点电压 U_P 时,PN 结开始导通,$U_P=U_{on}+U_A$,其中 U_{on} 为 PN 结的开启电压。随着 i_E 增大,r_{b1} 显著减小,u_E 也随之减小,直至下降到谷点电压 U_V。在这一区域,单结晶体管具有显著的负阻特性。

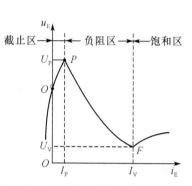

图 5.58　单结晶体管伏安特性曲线

在谷点之后,当调大 u_E 使 i_E 继续增加时,u_E 略有上升,但变化不大。该区域称为饱和区。若发射极电压减小到 $u_E<U_V$,单结晶体管将重新截止。

不同单结晶体管有不同的 U_P 和 U_V,同一只单结晶体管,若 U_{BB} 不同,相应的 U_P 和 U_V 也有所不同。在触发电路中常选用 U_V 低一些或 I_V 高一些的单结晶体管。

由于其 PN 结具有负阻特性,所以它可以方便地构成定时电路和振荡电路,在脉冲和数字电路中得到广泛应用。

任务一　单结晶体管的识别与检测

一、单结晶体管的型号

常见的硅单结晶体管有 BT31 型、BT32 型、BT33 型等,根据基极间电阻和分压比例的不同每种又分 A、B、C、D、E、F 六种。BT33 型单结晶体管的主要参数见表 5.13。

表 5.13　BT33 型单结晶体管主要参数

晶体管型号	参数名称					
	分压比	基极间电阻	发射极与第一基极反向电流	饱和压降	峰点电压	谷底电流
	$\eta=U_E/U_{BB}$	R_{BB}（kΩ）	$I_{EB_1O}(\mu A)$	$V_{SE}(V)$	$I_P(\mu A)$	$I_V(mA)$
BT33A	0.3~0.55	3~6	≤1	≤5	≤2	≥1.5
BT33B	0.3~0.55	5~12	≤1	≤5	≤2	≥1.5
BT33C	0.45~0.75	3~6	≤1	≤5	≤2	≥1.5

晶体管型号	参数名称					
	分压比	基极间电阻	发射极与第一基极反向电流	饱和压降	峰点电压	谷底电流
	$\eta = U_E/U_{BB}$	$R_{BB}(k\Omega)$	$I_{EB_1O}(\mu A)$	$V_{SE}(V)$	$I_P(\mu A)$	$I_V(mA)$
BT33D	0.45~0.75	5~12	≤1	≤5	≤2	≥1.5
BT33E	0.65~0.9	3~6	≤1	≤5	≤2	≥1.5
BT33F	0.65~0.9	5~12	≤1	≤5	≤2	≥1.5
测试条件	$U_{BB}=20$ V	$U_{BB}=20$ V $I=0$	$I_{EB_1O}=60$ V	$I_E=50$ mA $U_{BB}=20$ V	$U_{BB}=20$ V	

单结晶体管的电极一般可根据元器件标志从元件手册查明。常用的几种单结晶体管的引脚排列如图 5.59 所示。

如果标志脱落很难区别它是否是单结晶体管时,则可以使用万用表 $R\times1$ k 挡依次测量各引脚之间的正、反向电阻值之后再作出判断。若某管子两引脚之间的正反向电阻相等,且阻值为 2~15 kΩ,则可基本上认为此管为单晶体管,并且该两脚为 B_1、B_2 极,另外的一个引脚是 E 极。可利用 E 极对 B_2 极的正向电阻应小于 E 极对 B_1 极的正向电阻特性来区分 B_1、B_2 极。具体操作步骤如下:用万用表 $R\times1$ k 挡或 $R\times100$ 挡,以黑表笔接发射极 E,红表笔依次接触两个基极 B_1、B_2,比较两个正向电阻的大小,与较小阻值对应的红表笔所接触的引脚为基极 B_2,另一引脚为基极 B_1,如图 5.60 所示。

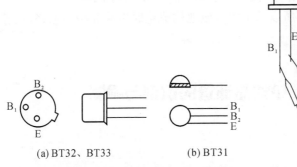

(a) BT32、BT33　　　(b) BT31

图 5.59　常用的几种单结晶体管的引脚排列

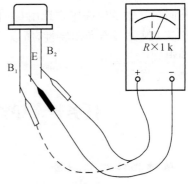

图 60　区分单晶体管的 **B_1** 极和 **B_2** 极

注意:单晶体管分压比 η 接近 0.5 时,使用这种方法很难区别 B_1 极 B_2 极。

任务二　晶闸管的识别与检测

一、晶闸管的型号

国产普通型晶闸管的型号有 3CT 系列和 KP 系列。各部分含义如下:

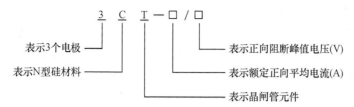

例如,3CT-5/500 表示额定电流为 5 A,额定电压为 500 V 的普通型晶闸管。

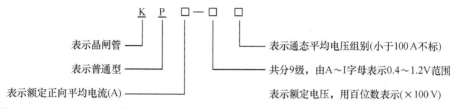

例如,KP200-18F 表示额定电流为 200A,额定电压为 1 800V 的普通型晶闸管。

表 5.14 列出了几种国产普通型晶闸管的主要参数。

表 5.14　几种普通型晶闸管的主要参数

主要参数	晶体管型号			
	3CT101(1A)	3CT103(5 A)	3CT104(10 A)	3CT105(20 A)
反向峰值电压 U_{RRM}(V)	30～800	30～1 200	30～1 200	30～1 200
正向阻断峰值电压 U_{DRM}(V)	30～800	30～1 200	30～1 200	30～1 200
正向平均电流 I_T(AV)(A)	1	1	1	1
正向电压降平均值 U_T(AV)(V)	≤1.2	≤1.2	≤1.2	≤1.2
控制极触发电流 I_G(mA)	3～30	5～70	5～100	5～100
控制极触发电压 U_G(V)	≤2.5	≤3.5	≤3.5	≤3.5
额定结温(℃)	100	100	100	100
维持电流 I_H(mA)	≤30	≤40	≤60	≤60
散热气面积(cm²)		350	1 200	1 200

二、晶闸管的简易检测

1. 判别管脚电极

对于螺栓式、平板式晶闸管凭外形即可判断各个电极。对于一些小电流的塑封管可按以下方法判别:

将万用表置 $R×1$ k 挡,测量晶闸管任意两脚间电阻,当万用表指示低阻值时,黑表笔所接为控制极 G,红表笔所接为阴极 K,其余一脚为阳极 A。其他情况下所测电阻均为无穷大。

2. 检测晶闸管质量

(1) 将万用表置 $R×1$ k 挡,测量阳极和阴极间的正向电阻和反向电阻,均应为高阻值;测量控制极与阳极间的正向电阻和反向电阻,也均应为高阻值;测量控制极与阴极间的正向电阻和反向电阻应有差别,即正向电阻小。

（2）对小功率的晶闸管可按下述方法进行检测:万用表置 $R\times 10$ 挡,黑表笔接晶闸管阳极,红表笔接阴极,指针应接近∞处。用黑表笔在不断开与阳极接触的同时接触控制极(相当于在控制极加触发电压),此时指针摆动,说明晶闸管导通。然后在不断开与阳极接触的情况下,将黑表笔与控制极脱开,指针并不返回原处,说明晶闸管仍维持导通。据此可判断该晶闸管质量良好。

如果是用数字式万用表检测晶闸管,可将万用表置 h_{FE} 挡,晶闸管阳极接 c 孔,阴极接 e 孔,控制极悬空。这时应显示"0",若显示千位为"1",则表明晶闸管已击穿。当显示为"0"时,把控制极接到阳极。这时若显示千位为"1",或同时后三位也有数字闪动,说明晶闸管已触发导通。断开控制极与阳极的连线,显示数字仍保持不变,说明该管质量良好。

三、任务实施

1. 想一想(40 分)

单向晶闸管和双向晶体管有何区别? 请填写在表 5.15 中。

表 5.15 单向晶闸管和双向晶闸管的选用

种类	单向晶闸管	双向晶闸管
结构特点		
导通条件		

2. 认一认(20 分)

单结晶体管引脚识别:请识别单结晶体管 BT33 三个引脚并在图 5.61 中标出具体引脚。

图 5.61 BT33 引脚识别

3. 引脚检测(40 分)

准备正向平均电流 1 A 单向晶闸管和 3 A 双向晶闸管各一个,使用万用表检测该可控硅的引脚,并判断其质量优劣。

❖习题

1. 单向晶闸管导通的条件是什么?

2. 晶闸管"正向阻断"和"反向阻断"的含义有何不同?

电子元器件安装工艺基础

1. 掌握电子元器件引脚的成形技能。
2. 掌握电子元器件的插装技能。
3. 掌握导线的加工技能。
4. 掌握元器件的焊接技术和焊接标准。
5. 掌握元器件引脚的剪切技术和剪切标准。
6. 了解和正确使用焊接及焊料。

　　电子元器件在装配前,首先要将元器件插装在印刷线路板上,然后才能对元器件进行焊接。元器件的插装质量的好坏,直接关系到装配质量,也影响到焊接质量,与电子产品的整机质量紧密相关。

　　每个电子产品的控制面板都需要通过绝缘导线与主电路板进行连接,以实现电子产品的整体功能。所以对各种导线的加工质量,关系到整机质量及产品的使用寿命。

项目一　　电子元器件的引脚成形

　　元器件的引脚成形技能是电子元器件的基本技能。

一、元器件引脚成形的目的

　　元器件的引脚间距大小各异,而印刷电路板的元器件孔距是根据整机体积大小及印刷电路板的体积大小而设定的。如果将元器件引脚直接插入印刷电路板的焊孔中会带来困难。为了解决这个问题,必须要在插件之前调整元器件引脚的间距,即改变元器件的原始间距,使之符合印刷电路板的焊孔。这种将元器件的引脚进行调整使之符合插件要求的过程就叫引脚成形。而多、快、好的引脚成形技术就是引脚成形技能。现在,元器件的引脚成形可以采用机器进行加工,其一致性好、速度快。这里主要介绍手工成形技能。

　　对元器件引脚成形,不仅是为了使其符合装配要求,同时也是为了使装配后的电路板更加美观、坚固,有利于提高整机的性能和质量。

二、连接线的成形技能

元器件引脚成形技能中除了对元器件引脚成形,还包括连接线的成形技能。由于连接线的装接是电子元器件装接中的第一项内容,所以将连接线成形技能的学习、训练放在第一项介绍。

在设计印刷电路板时,由于电路图比较复杂,而不能把某根线路连贯设计时,就要借助一根或几根很短的金属线,将两根线路进行连接,使之成为通路。这种场合下的金属线也叫"连接线"或叫它"短线路"。金属线通常为电阻器剪下后的引脚或是镀银铜丝。

连接线的成形主要根据两焊盘(孔)间的距离而定。也可以将连接线的安装与成形合二为一。具体操作步骤如下。

(1) 取一根长度合适的连接线,左手拿住连接线一端,将其插入印刷电路板的某焊孔中[图6.1(a)]。注意连接线插入印刷版电路板中的长度由左手控制。

(2) 用左手食指将连接线(向自己的身体内侧方向)压折弯45°[图6.1(b)]。注意压折处要紧贴印刷电路板。

(3) 用镊子将连接线在其两焊孔间距相仿的位置弯折90°,弯折处在自己身体内侧方向[图6.1(c)]。

(4) 右手用镊子捏住连接线,将其插入焊孔中[图6.1(d)]。

(5) 用右手食指和镊子同时将连线压入焊孔中,再用镊子根部的平面将连接线压平,使连接线紧贴电路板[图6.1(e)]。

连接线在焊接前,应安装压板将短路线压住,然后用夹子将安装压板与印刷电路板夹紧,再将印刷电路板翻过来(焊接面向上)放置。此后就能对连接线进行焊接了。

对焊接的连接线要进行焊接质量的检查,并对过长的连接线进行剪切处理,以防引脚间发生短路。

现在有些企业以对连接线的间距要求进行了规范,所以这些企业就能实现用机器设备对连接线进行统一成形,从而使连接线引脚间距统一以及连接线成形后的形状统一。

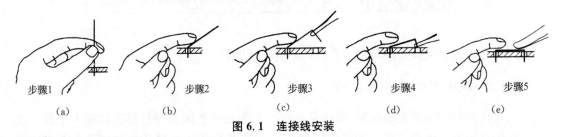

步骤1　　　　步骤2　　　　步骤3　　　　步骤4　　　　步骤5

(a)　　　　　(b)　　　　　(c)　　　　　(d)　　　　　(e)

图6.1　连接线安装

三、元器件引脚成形的种类

元器件的原始安装形式分为立式安装元件和卧式安装元件两种。为了适应印刷电路板的安装需要,将元器件的引脚进行成形,以改变元器件的原始安装形式,这种技能叫元器件引脚成形技能。

将元器件引脚进行成形后的外形分为立式和卧式两种。这两种的后期安装形式,是通过将原始的立式元器件或是卧式元器件进行成形后而产生的。

如对原始的立式元器件进行立式安装,则不必进行引脚的成形,因为原始的立式元器件具有立式安装功能。如需要将立式元器件进行卧式安装,则必须将其进行引脚成形(图 6.2)。

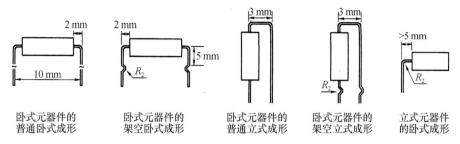

卧式元器件的　　卧式元器件的　　卧式元器件的　　卧式元器件的　　立式元器件
普通卧式成形　　架空卧式成形　　普通立式成形　　架空立式成形　　的卧式成形

图 6.2 元器件成形示意图

如对原始的卧式元器件进行卧式安装,则不必进行引脚的成形,因为原始的卧式元器件具有卧式安装功能。如需要将卧式元件进行立式安装,则必须将其进行引脚成形(图 6.2)。

其他外形的元器件的成形可参照图 6.2 进行

对元器件引脚成形的工具有金属镊子、尖嘴钳等。

四、元器件引脚成形的注意事项

(1)成形时不能损坏元器件。

(2)成形时不能碰掉元器件上的标识,如字符、色环等。

(3)成形时不能损伤元器件引脚上的焊接涂层,如图银层、图锡层、图金层等。

五、元器件引脚成形的要求

元器件引脚的延伸部分尽量与器件本体的中轴平行。安装在焊孔中元器件引脚应尽量与板面垂直,以使元器件得到足够的压力释放要求。

(1)引脚弯曲长度要求

引脚弯曲处与引脚根部间的距离 H 大于 0.8 mm 为合格,如小于 0.8 mm 为不合格(图 6.3)。

(2)元器件引脚的弯曲弧度要求

元器件成形时的引脚弯曲弧度,是根据元器件的直径或厚度确定的(图 6.4 及表 6.1)

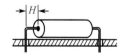
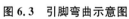

图 6.3 引脚弯曲示意图

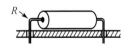

图 6.4 引脚弯曲半径示意图

表 6.1 元器件引脚内侧的弯曲弧度要求　　　　　　　　(单位:mm)

元器件的直径或厚度	引脚内侧的弯曲半径 R
小于 0.8	1×直径(厚度)
0.8~1.2	1.5×直径(厚度)
大于 1.2	2×直径(厚度)

电阻器在焊接前,应用安装压板将电阻器压住,然后用夹子将安装压板与印刷电路夹紧,再将印刷电路板翻过来(焊接面向上)放置,此后就能对电阻器进行焊接了。

对焊接的元器件要进行焊接质量的检查,并对元器件过长的引脚进行剪切处理,以防引脚间发生短路。

任务　电子元器件引脚成形技能训练

1. 3分钟成形两种卧式形状电阻器各5只,符合要求为50分。
2. 2分钟成形两种立式形状电阻器各5只,符合要求为50分。
3. 碰掉元器件上的标识,如字符、色环等,一只扣10分。

❖习题

1. 元器件引脚成形的作用与成形种类有哪些?
2. 元器件引脚的成形方法是什么?
3. 元器件引脚成形时有哪些注意事项?

项目二　电子元器件的插装

电子元器件的插装技能是电子装配工的基本技能。

一、插装与插装技能

插装就是把各种元器件根据印刷电路板的装配要求插到印刷电路板指定的位置、指定的焊孔中。稳、准、快、好的插装方法就是插装技能。

二、插装技能的基本动作要领

1. 取元器件

用单手或双手同时从元件盒中取出元件,切不能拿错或拿错后又丢掉。

2. 插元器件

将元器件迅速、准确地插入指定的焊孔中,并应根据元器件的成形特点,确定其插入的高度。连接线和卧式安装的电阻器应紧贴印刷电路板,发热元器件应与印刷电路板有一定距离,从而使发热元器件架空。

三、插装技能要求

取件稳,插件准,速度快,无损坏(不损坏元器件);准中求快,快而不乱。

四、插装的注意事项

(1) 不能将元器件插错。

(2) 插装时不能用力过大,以免损坏元器件。

(3) 插装时不能碰掉元器件上的标识,如字符、色环等。

(4) 不能把元器件的引脚压弯,以免影响下道工序(焊接工序)的质量。

五、插装技能的训练方法

(1) 装黄豆训练方法

取一只容器,上盖上装一根直径为 10 mm 长为 30 mm 的塑料管。训练时,用手将黄豆从塑料管中放入容器中。

(2) 模拟插装训练法

取一块多用电路板,并将其架空 40 mm。架空的方法:用 4 根长 40 mm 的螺钉固定在多用电路板的 4 个角上。用 40 mm 左右高的元件盒的盒盖作为多用电路板的底托。将电阻器成形为卧式形状,其引脚间距为 10 mm。训练时,将电阻器一一插入多用电路板上。

(3) 仿真插装训练法

取一块多用电路板,并将其架空 40 mm。取 10 种阻值的电阻器 60 只。

六、插装技术要求

1. 卧式元器件的卧式插装标准

元器件的两端应与印刷电路板平行,以使元器件获得支撑强度。元器件的底部与印刷电路板之间的距离 D 在 0.1～1.5 mm 为接受[图 6.5(a)];1.6～4 mm 为可接受;大于 4 mm 为不接受[图 6.5(b)]。

如元器件插装与电路板不平行,如图 6.5(c)所示,但有一侧符合要求且仍有一定的支撑力度,判为可接受。

2. 立式元器件的立式插装标准

立式元器件插装时,其引脚的金属部分与印刷电路板之间的高度 D 在 1.5～4 mm 为合格(可接受);低于 1.5 mm 或高于 4 mm 均为不合格(不可接受),更不能将引脚的端部插入焊孔中造成虚焊(图 6.6)。

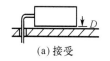 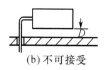 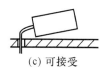

(a)接受　　(b)不可接受　　(c)可接受

图 6.5　卧式元器件的卧式插装

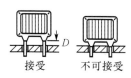

接受　　不可接受

图 6.6　立式元器件的立式插装

3. 立式元器件的卧式插装标准

立式元器件进行卧式插装时,元器件应尽量靠近印刷电路板,以使元器件稳固。图 6.7(a)中 D 在 0.1～1.5 mm 为接受。

图 6.7(b)的元器件只有一段贴近印刷电路板,尚有一定的支撑强度,为可接受。

图 6.7(c)的元器件本体远离印刷电路板 4 mm 以上,为不接受。

图 6.7(d)元器件引脚不符合压力释放要求,为不接受。

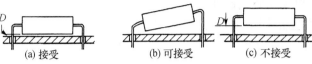 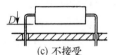

| (a) 接受 | (b) 可接受 | (c) 不接受 | (c) 不接受 |

图 6.7 立式元器件的卧式插装

任务 电子元件插装技能训练

1. 2 分钟内插装 20 只元器件(电阻器 10 只、无极性电容 5 只、电解电容 3 只、耳机插座 1 只、五脚继电器 1 只),符合要求为 100 分。

2. 插装不符合要求,每只元器件扣 5 分。

3. 插座中每压弯一根引脚扣 1 分(20 只元器件共计 44 只引脚)。

4. 碰掉元器件上的标识,如字符、色环等,1 只元器件扣 10 分。

❖习题

1. 元器件插装有哪些技术要求?

2. 元器件插装中有哪些注意事项?

项目三 导线的加工

每个电子产品都会使用到绝缘导线,以便通过绝缘导线中的芯线,对电路中的某些元器件进行连接,从而使之符合电子产品电路的设计要求。所以,对绝缘导线的加工技能,是一项电子专业的基础技能,也是装配工需要掌握的工作技能。

一、导线加工工具

1. 剥线钳

剥线钳是导线加工的专业工具。一个剥线钳有几个剥口,可以适应粗细不同的几种导线的加工需要。

使用时,应根据被加工导线中芯线的粗细合理选择剥口。如果剥口选择偏小则剥线时就会损伤芯线;如剥口选择偏大,则无法剥离导线绝缘层。

2. 剪刀

剪刀也是一种导线的加工工具,是剪裁导线的必备工具。剪刀除具有导线的裁剪功能以外,还能实施对导线的剥头。在家电修理中,剪刀是使用十分频繁的一种工具。

使用剪刀对导线进行剪裁时,剪切要果断,用力要均匀。由于剪刀的刀口刚性有限,所以不适合剪切较粗的导线。使用剪刀对导线进行剥头时,应选用剪刀的中后部进行剪切,这样才能较好地控制剪刀的合力,提高剥头效率。剪刀剥头时,刀口只能切入导线的绝缘层,而不能伤及芯线或切断芯线。

3. 尖嘴钳

尖嘴钳上有一个切口,能用来进行导线的加工。由于尖嘴钳的切口不太锋利,所以比较适合对单根粗芯线的导线进行加工,而不太适合加工细导线。

4. 斜口钳

斜口钳上有一切口,可以用来对导线进行剪裁和剥头,但不太适合细导线的剪裁和剥头。

二、绝缘导线加工的步骤及方法

1. 剪裁

根据连接线的长度要求,将导线剪裁成所需的长度。剪裁时,要将导线拉直再剪,以免造成线材的浪费。

2. 剥头

将绝缘导线去掉一段绝缘层而露出芯线的过程叫剥头。剥头时,要根据安装要求选择合适的剥点。剥头过长会造成线材浪费,剥头过短则又不能使用。

3. 捻头

将剥头后剥出的多股松散的芯线进行捻合的过程叫捻头。捻头时,应用拇指和食指对其顺时针或逆时针方向进行捻合,并要使捻合后的芯线与导线平行,以方便安装。捻头时,应注意不能损伤芯线。

4. 涂锡(搪锡)

将捻合后的芯线用焊锡丝或松香加焊锡进行上锡处理叫涂锡。芯线涂锡后,可以提高芯线的强度,更好地适应安装要求,减少焊接时间,保护焊盘焊点。

三、绝缘导线加工的技术要求

(1)不能损伤或剥断芯线。
(2)芯线捻合要紧又直。
(3)芯线镀锡后,表面要光滑、无毛刺、无污物。
(4)不能烫伤绝缘导线的绝缘皮。

任务 导线加工技能训练

1. 10 分钟内进行绝缘导线剥头 20 个(剥头长 10 mm 为 5 个,剥头长 5 mm 为 5 个,剥头长 3 mm 为 5 个,剥头长 2 mm 为 5 个),达到技术要求得 100 分。

2. 剥伤剥断芯线,每个头扣 1 分。

3. 捻合不紧、不直,每个头扣 1 分。

4. 涂锡不光滑、有毛刺、有污物,每个焊头扣 1 分。

5. 烫伤绝缘导线的绝缘层,每个焊头扣 1 分。

❖习题

1. 加工导线有哪些工具?

2. 导线的加工有哪些步骤?

3. 导线加工的技术要求是什么?

4. 加工导线有哪些注意事项?

项目四　电子元器件的焊接

焊接技能是电子装接工的基本技能。

一、焊接与焊接种类

1. 焊接

用专用工具将元器件的引线(引脚)与印刷电路板上的焊盘通过焊锡将它们相连的过程叫焊接。经过焊接的焊点既能固定元器件(防止元器件松动)又能使元器件与焊盘的电位一体而形成导电效应。

2. 焊接种类

焊接种类分手工焊接和机器焊接两种。

手工焊接又叫人工焊接,是一种最普通的焊接方法。手工焊接的焊接工具是电烙铁。用加热的烙铁叫电烙铁;用炉火加热的烙铁叫火烙铁;如用气体燃烧后而达到加热目的的烙铁叫气体烙铁。

手工焊接时,利用烙铁头的热能对元器件、焊盘及焊锡同时加热,使焊锡形成流动的液态状,并使液态状焊锡迅速包围元器件的引线并沾满整个焊盘。待焊锡冷却后,元器件及焊盘在焊锡的作用下形成圆形固体状。

机器焊接是一种使用专业的焊接工具、焊接方法而形成的焊接形式。机器焊接需要专业的设备和较高的投资,但其具有焊接质量好、焊接速度快、便于大批量生产等优点。

二、手工焊接

1. 常用的焊接工具——电烙铁

电烙铁是手工焊接的专用工具。电烙铁分外热式电烙铁和内热式电烙铁两种。它们都由烙铁柄、烙铁身、烙铁心、烙铁头等部件组成。两种烙铁的区别在于烙铁头所处在烙铁中的位置不同。外热式电烙铁的烙铁头安装在烙铁心内,即烙铁心包在烙铁头的外面,热效率较低。内热式电烙铁的烙铁头是包在烙铁心的外面,即烙铁心在烙铁头的里面,所以热效率比较高。内热式电烙铁结构示意图如图 6.8 所示。

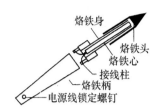

图 6.8　内热式电烙铁结构示意图

2. 烙铁的作用

对焊料(焊锡)加热,并使其形成流动的液体状,使液态状的焊锡迅速包围元器件的引线并沾满整个焊盘。

3. 使用电烙铁的注意事项

(1) 使用前检查电烙铁的绝缘性和完好程度。检查时用万用表 $R \times 1$ kΩ 挡,分别测量烙铁头两个插片间的直流电阻值应为无穷大;检查烙铁心的直流电阻值,20 W 烙铁心为 2 kΩ 左右,35 W 烙铁心为 1.3 kΩ 左右。

(2) 检查电烙铁电源线、插头有无破损。如发现有有损坏应及时更换。

(3) 对烙铁头进行上锡,以提高焊接质量。如果烙铁头无法涂锡或烙铁头已氧化,可用锉刀进行修整。

(4) 平时或是烙铁加热后不能拿它玩耍,以防烫伤及触电。

4. 电烙铁的检修

以内热式电烙铁为例,介绍检修技能。

(1) 用旋具拧下烙铁柄上部的电源线锁定螺钉,轻轻拧下烙铁柄。

(2) 拧松两只铜接线柱上的螺母,取下已损坏的烙铁心。

(3) 装上经过万用表测量过的好的烙铁心,装上电源连接线,拧紧两只铜接线柱上的螺母。

(4) 用万用表测量两只接线柱,以判断烙铁心装上后是否完好,判断电源线不短路,并测量电烙铁的绝缘性能。

(5) 拧上烙铁柄,拧好电源线锁定螺钉。

(6) 用万用表再次测量电烙铁的绝缘性能和烙铁心的直流电阻值。

5. 烙铁头的修整

电烙铁的烙铁头是用紫铜材料制成的。当电烙铁使用结束,烙铁头上的热量散净后,烙铁头外层表面就会发生脱落。同时烙铁头在使用中会产生氧化,使烙铁头存锡面变得不平整,焊接面的小圆弧也变成了尖角,这就很容易在焊接中将焊盘拉坏。所以,电烙铁在使用过程中,应经常检查烙铁头,并及时对其进行修整,使烙铁头保持良好状态。

烙铁头的修整工具为平面锉。具体操作方法如下:将电烙铁断开交流电源并待其冷却后,将电烙铁的烙铁头部分摆放在某一物体上,存锡面向上。用平面锉将存锡面锉平,再用平面锉将焊接面锉成小圆弧(图6.9)。烙铁头修整结束,将电烙铁插上电源,待烙铁加热后给烙铁头及时上锡。至此,烙铁头的修整就完成了。

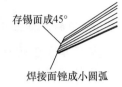

图 6.9　烙铁头修整示意图

6. 使用电烙铁的焊接方法

将电烙铁搁在烙铁架上,然后将电烙铁电源插头插入 220 V 交流电源。待烙铁头温度升高到可以熔化焊锡后即可使用。左手拿焊锡,右手握电烙铁(握电烙铁的姿势一般与握笔姿势相仿)。

具体焊接方法为:

(1) 将烙铁头与电路板成 45°(图 6.10),对元器件引脚、印刷电路板焊盘同时加热。

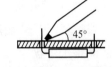

图 6.10　手工焊接示意图

(2) 再将焊锡对准烙铁头使其被熔化,直至液态锡流动而包围引脚、沾满焊盘后,迅速停止加锡。

(3) 将烙铁头呈 45°迅速撤离焊点。

(4) 继续保持不移动元器件或电路板,以防止元器件引脚在焊锡未完全凝固之前,在焊点中松动而造成焊点虚焊。

(5) 为了使焊点能迅速凝固,可对着焊点进行吹气,待焊点的焊锡凝固后,焊接即告完成。

三、焊接的技术要求

1. 焊点外形要求

(1) 焊点光滑、无毛刺。

(2) 焊点的大小适中,一致性好(图6.11)。如果元器件较大,可适当增大焊点,则在撤离电烙铁时的烙铁角度小一些;如需要焊点小一些,则在撤离电烙铁时的烙铁角度就大一些。

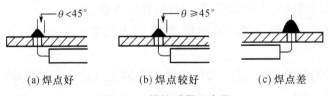

(a)焊点好　　　　(b)焊点较好　　　　(c)焊点差

图 6.11　焊接质量示意图

(3) 焊接中不能将元器件引脚压弯,应使元器件引脚在焊锡中保持垂直,以方便元器件在检修中能顺利进行拆焊。

2. 手工焊接要求

焊点表层总体呈现光滑,与焊接零件有良好浸润;部件的轮廓容易分辨;焊接部件有顺畅连接边缘;表面形状呈凹状(图6.12)。

可接受焊点——必须是当焊锡与待焊表面形成一个小于或等于90°的连接角时,能明确表现出浸润和黏附(图6.13)。

不接受焊点——焊锡量过多,使焊锡蔓延出焊盘,或使焊锡蔓延至助焊层(图6.14)。

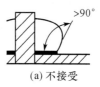
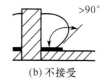

图6.12 焊点   图6.13 可接受焊点   图6.14 不接受焊点

手工焊接从外形判断时,其大小标准为图6.12所示。焊点的坡度小于45°为接受(合格)[图6.13(a)];焊点坡度等于45°为可接受[图6.13(b)];焊点坡度大于90°(焊点大)为不接受[图6.14(a)];焊点坡度大于90°,且焊锡未焊满焊盘底部为不接受[图6.14(b)]。

3. 焊接的技术要求

(1) 无空洞区域表面瑕疵。

(2) 引脚和焊盘浸润良好。

(3) 引脚形状可辨识。

(4) 引脚周围100%有焊锡覆盖。

(5) 焊锡覆盖引脚,在焊盘或导线上有薄而顺畅的边缘。

(6) 焊锡不能接触元器件引脚弯曲处或元器件本体。

四、元器件引脚剪切的要求

元器件引脚剪切后,其露出焊点的高度 D 为 $0.5 \sim 1$ mm,高度低于 0.5 mm 或高于 1 mm 为不接受 (图6.15)。

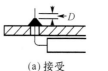
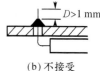

图6.15 引脚高度示意图

五、焊料与焊剂的选用

正确选焊料与焊剂,是保证焊接质量的重要因素,也是装配应具备的基础知识。

1. 焊料的选用

要使焊接有良好的效果,必须正确选用与焊接要求相适合的焊料。选择焊料的主要依据是:

(1) 依据被焊接物的焊接性能选择焊料。焊接性能,是指焊接物表面的可焊性能,也就是被焊接金属在适当温度焊剂的作用下,与焊料形成良好的合金性能。不同的被焊接金属应选用不同的焊料。

(2) 依据焊接工具的温度高低,选择不同熔点的燃料。如果焊接温度高,而焊料的熔点温度低,则焊点表现为无光泽。如焊接温度低,而焊料的温度高,则会增加焊接时间,还会造成虚焊现象。

(3) 依据焊点的机械性能选择焊料。如在印刷电路板上进行焊接,则焊点的机械性能要求低一些。如果是焊片与连接导线的焊接,则焊点要承受一定的压力,其焊点的机械性能就高一些。

通常使用的焊料一般都为锡铅焊料。手工焊接、印刷电路板上的焊接、耐热性能较低的元器件和易熔金属制品,应选用 39 锡铅焊料(HISnPb39)。这种焊料熔点低、焊接强度高、焊料的熔化与凝固时间短,有利于缩短焊接时间,提高焊接质量。也可以选择 58-2 锡铅焊料(HISnPb58-2)。这种焊料成本较低,也能满足一般焊点的焊接需要。

2. 焊剂的选用

焊剂就是一种去污剂,它在焊剂过程中能及时地去除被焊接金属表面氧化层,焊剂在焊接中起辅助焊接的作用。焊剂选得合适与否,直接关系到焊接质量和被焊金属的使用寿命,以及对生产环境的影响等。焊剂的选用主要依据被焊金属的焊接性能来进行确定。

(1)对一些焊接性能较好的金、银、铜等金属进行焊接,则可以选用对金属材料腐蚀力较弱的松香焊剂。为了焊接方便,可以选用松香焊锡丝。常用的松香焊锡丝 HISnPb39,就适用于此类金属材料的焊接。电子产品的印刷电路板,是用敷铜板制成的,印刷电路板的焊盘又是铜质材料,而且电子元器件的引脚也都是铜质材料或是易焊接合金,可以选用 HISnPb39 松香焊锡丝。

(2)对一些焊接性能较差的铅、黄铜等金属进行焊接,应选用中性焊剂,或是选用活性焊锡丝。在活性焊锡丝中装有乙酸盐酸二乙胺与松香的混合物,焊接该类金属效果比较好。但焊接后,要及时清洁焊点的周围,以防受到焊剂的腐蚀而损坏元器件。

六、焊接技能训练方法

1. 焊接注意事项

印刷电路板是用某种黏合剂把铜箔压黏在绝缘板上而制成的。绝缘板的材料有环氧玻璃布绝缘板和酚醛绝缘板。

在电烙铁对环氧玻璃布绝缘板的印刷电路板进行焊接时,其焊接的允许温度通常为 140 ℃左右,而 20 W 内热式电烙铁的烙铁头一般为 230 ℃左右,远高于印刷电路板的允许温度。而且,铜箔的膨胀系数与绝缘板的膨胀系数也不同。焊接温度过高、时间过长都会引起印刷线路(铜箔)的剥落,即铜箔与绝缘板之间产生脱胶现象,严重的还会引起印刷电路板起泡或变形。所以,在对印刷电路板进行手工焊接的过程中,要注意以下几个方面:

(1)要时刻保持烙铁头的清洁,以便使烙铁头的温度能迅速传给被焊金属,从而减少焊接时间,提高焊接质量。

(2)要确保烙铁头焊接面圆滑,以防焊接中刮伤焊盘。

(3)焊接时要使烙铁头紧靠元器件的引脚和焊盘,以便使被焊接金属均能同时受热加温。

(4)上锡时,焊锡丝要对着烙铁头,以便使焊锡丝能迅速熔化而包围元器件的引脚并沾满整个焊盘。

(5)如果第一次焊接不太满意而需要修理焊点时,也要对同一焊点的焊接有一段时间的间隔,使该焊点有一个降温过程。

2. 具体训练方法

选用废旧的印刷电路板进行练习。以安装连接线作为基本训练方式。

（1）一次安装 20 根连接线，焊接 40 个焊点，作为一次体会练习。

（2）再安装 20 根连接线，焊接 40 个焊点。第二次的焊接时间应比第一次时间短，而且焊接质量也有较大的进步。

（3）第三次安装 40 根连接线，焊接 80 个焊点。该次焊点的焊接形状一致性要达到 50%，焊点的第一次成功率要在 80% 以上。

（4）拆除所有焊点，修理焊盘，清理焊孔（参见"拆焊技能训练"内容），以便于再次进行焊接训练。

3. 多用电路板的焊接技能训练

印刷电路板上的焊盘有大有小，这些大小不一的焊盘，是根据所安装元器件外形大小而设定的。通常焊盘的外径在 3 mm 以上，所以作为第一次的焊接的训练练习内容较为合适。而且，废旧的印刷电路板取材方便，费用低廉。

多用电路板也是敷铜板制成的一种电路板，只是它没有具体的印刷线路，只有一个一个的焊盘。多用电路板的每个焊盘直径一般只有 2.5 mm，有的多用电路板的焊盘直径只有 2 mm。这样小的焊盘，对练习焊接技能，提高焊接水平是十分有好处的。

七、机器焊接

机器焊接通常指的是波峰焊和热熔焊。

1. 波峰焊

波峰焊是近年来发展较快的一种焊接方法，其原理是将焊料熔化在容器中，并使焊料产生锡波峰，然后将安装好元器件的印刷电路板与容器中的锡波峰接触，实现连接。

波峰焊接的最大特点是焊点上无污物。这是因为焊锡的波峰处，处在焊锡中的顶部，而锡渣等一些污物的个体颗粒比较小，在锡峰的作用下都处在锡容器的边缘四周。所以，锡峰上的焊料是比较纯净的。当然，焊接质量还与焊料和焊剂的化学成分、波峰焊的焊接速度、焊接温度以及焊接的波峰与印刷电路板之间的高度有直接影响。随着科学技术的不断发展，这些因素都能得到控制和掌握。所以波峰焊接的焊接能得到保障，而被许多企业所采用。

波峰锡焊能对一个工作面进行焊接，所以它特别适合企业的大批量和单面插装分立元器件的印刷电路板使用。目前企业中大批量生产的电视机、音响等设备中的印刷电路板，都采用波峰焊生产工艺

为了方便生产，通常把波峰焊机安装在装备流水线上，作为流水线的一个组成部分。同样将波峰焊机的管理作为装配生产流水线管理中的一项内容，从而也进一步提高了波峰焊接的焊接水平。

波峰焊装配生产流水线的生产流程为：印刷电路板上装插元器件→印刷电路板上夹具→预热→喷涂助焊剂→波峰焊接→对焊后的印刷电路板降温（吹风）→剪切引脚→下夹具→检查焊接质量（进行手工补焊）。

波峰焊的装备生产中要注意以下几个方面：

（1）波峰高度

波峰高度是指作用锡波的表面高度，一般使其达到印刷电路板厚度的 1/2～2/3 为宜。

波峰过高会造成焊接点拉尖、堆锡太多,也会使锡溢在印刷电路板上烫伤元器件;波峰过低会造成漏焊和挂锡。

(2)焊接温度

波峰焊的焊接温度是指焊处与熔化的焊料相接触处的温度。温度过低,会使焊接点毛糙、无亮光,也容易造成虚焊和焊点拉尖。温度过高,易使印刷电路板变形、元器件损坏等。在使用 HISnPb39 焊料时,在对酚醛基板材料的印刷电路板进行波峰焊的温度以 230~240 ℃为宜;在对环氧板材料的印刷电路板进行波峰焊的温度以 240~260 ℃为宜。

(3)印刷电路板的预热

为了减少冷却印刷电路板对热波峰锡的冷吸附作用而造成焊点连焊,加快焊剂熔化,印刷电路板在波峰焊接之前,应对其进行预热。预热时间为 30~40 s,预热温度为 70~90 ℃。

(4)焊后的印刷电路板降温

焊后降温是为了减少印刷电路板的受热时间,防止印刷电路板长时间高温而变形,减少温度对元器件的影响。降温的方法一般采用风冷降温。

要到达预想的焊接质量,在生产过程中应进行多次的实验和调试,使焊锡温度、焊接速度、预热时间、焊料和焊接之间得到一个合适的匹配。

2. 热熔焊

热熔焊是一种适合片状电子元器件与印刷电路板贴装的焊接工艺。其焊接过程就是将贴装元器件的焊膏熔化,并通过焊膏熔化后形成的焊锡将元器件与印刷线路进行连接,达到焊接目的。目前,应用较为广泛的焊接方法有红外热熔焊和气相热熔焊。

热熔焊的焊接工艺流程为:印刷电路板上夹具→给印刷电路板上元器件安装点加焊膏→装贴元器件→预热线路板→热熔焊→线路板降温→焊接检验及补焊。

下面简单介绍红外热熔焊与气相热熔焊。

(1)红外热熔焊

1)红外热熔焊的工艺特点 红外热熔焊工艺是采用红外线辐射为热源,以热辐射的对流形式,对印刷板上的焊膏进行均匀加热使其熔化,实现元器件与印刷电路板之间的锡连接。热熔焊的焊接处焊锡流动均匀,焊接效果比较好,焊接形式也比较美观。

2)红外热熔焊的焊接条件

① 使用与红外热熔焊工艺相适应的焊膏。

② 焊接中,印刷板的整体预热温度在 100~200 ℃。预热时间与预热温度有直接关系,通常为 20~40 s。

③ 红外热熔焊的焊接温度在 210~230 ℃。

(2)气相热熔焊

1)气相热熔焊的工艺特点 气相热熔焊的热源,是采用特殊化学液体使其汽化后,产生温度高而又均匀的过饱和蒸汽作为焊接热源。蒸汽热源的加热属于热传导加热形式,其焊接效果也是比较理想的。

2) 气相热熔焊的焊接条件

① 使用气相热熔焊工艺相适应的焊膏。

② 焊接中,印刷电路板的整体预热温度在 90～100 ℃。预热时间与预热温度有直接关系,通常为 20～40 s。

③ 气相热熔焊的焊接温度在 205～215 ℃。

④ 焊接时间为 30～60 s。因为焊接时间与印刷电路板材料的耐热性能及元器件耐热性能有直接关系,所以焊接的具体时间应由试验而定。

适用于 SMD 贴片元件焊接的焊接工艺除了热熔焊以外,还有一种回流焊接工艺。在装配生产工艺中,通常也将回流焊机安排在装配生产上,以便于生产和质量管理。

任务 手工焊接技能训练

1. 1 分钟完成焊点 40 个(焊盘外径不小于 2.5 mm),焊点光滑、无毛刺,无虚焊、漏焊现象,焊点一致率达到 60%,焊点符合要求,为 100 分。

2. 焊点形状不符合要求,每个焊点扣 2.5 分。

3. 有虚焊、漏焊现象,每个焊点扣 2.5 分。

4. 碰掉元器件上的标识,如字符、色环等,每个元器件扣 10 分。

5. 焊接时没压弯一根引脚扣 0.5 分。

❖ 习题

1. 什么叫焊接?
2. 电烙铁的作用是什么?
3. 电烙铁由哪些部分组成?
4. 电烙铁使用前有哪些注意事项?
5. 电烙铁的焊接方法是什么?
6. 焊接中有哪些技术要求?
7. 如何测量电烙铁的绝缘性能?
8. 如何修理电烙铁?

项目五 电子元器件的拆焊

拆焊技能是在整机调试或修理中常用到的一项技能。

一、拆焊

拆焊就是用电烙铁将元器件从电路板上取下来。如果你工作在装配流水线的总检工位,当你发现前面的工位把元器件装错,你就得用拆焊技术将错位件拆下,重新换上正确的元件;如果你工作在总调试工位,当你发现元器件由于波峰焊接或是由于调试中造成损坏时,你就得用拆焊技术将损坏件拆下。如果你以后工作在电子维修工岗位,那拆焊是你不可缺少的技能。

二、拆焊技能的技术要求

(1) 不能损坏被拆元器件以及元器件的标注字符。

(2) 不能损坏被拆元器件的焊盘。

(3) 清理元器件引脚上的焊锡。

(4) 清理焊盘。

(5) 清理焊孔。

三、拆焊的注意事项

1. 使用夹持力较大的镊子,如医用专用镊子等。

2. 拆焊时不要烫坏其他元器件。

3. 焊锡未熔化前不要硬拉动元器件,以防损坏元器件。

四、拆焊方法

1. 镊子拆焊法

(1) 左手用镊子夹住元器件,做好将元器件拉出的准备,并持住电路板。

(2) 用烙铁头对焊点加热,待焊锡熔化后用左手的镊子将元器件轻轻拉出(图 6.16)。

(3) 用烙铁头清理印刷电路板焊孔和焊盘,做好再次焊接的准备。清理焊孔可以用尖头状的金属物或采用牙签,都能起到较好的清孔效果。

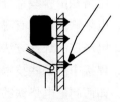

图 6.16 镊子拆焊法示意图

2. 吸锡器拆焊法

吸锡器是一种专用吸锡工具,能使元器件的拆焊过程变得又快又好(图 6.17)。

(1) 将电路板的焊接面向上放置。

(2) 将吸锡器气阀按钮压下。

将吸锡器吸嘴口对准焊点,再用烙铁头对着焊点加热,待焊锡熔化后压下气阀按钮,液态锡就会被吸锡器吸进吸管中。

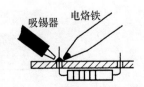

图 6.17 吸锡器拆焊法示意图

如果需要清理吸管中的锡渣,只要下压气阀杠杆即可。

任务　拆焊技能训练

1. 采用普通拆焊方法,6分钟内拆焊10个,为50分。
2. 采用吸焊器拆焊方法,4分钟内拆焊20个,为50分。
3. 碰掉元器件上的标识,如字符、色环等,每个元器件扣10分。
4. 损坏印刷线路或焊盘,每个扣10分。

❖习题

1. 什么叫拆焊?
2. 拆焊有哪几种方法?
3. 拆焊技能有哪些技术要求?
4. 拆焊的注意事项有哪些?
5. 如何用镊子进行拆焊?
6. 如何用吸锡器进行拆焊?

典型电子线路

任务目标

1. 了解放大器的功能,掌握单级低频放大器的电路组成和工作原理。

2. 了解放大器静态工作点的作用及单级共射极放大器对信号的放大和反相作用,掌握直流通路和交流通路的画法。

3. 掌握用估算法分析放大电路的基本方法和常用公式,了解用图解法分析放大电路的要领。

4. 了解放大器的三种基本接法,它们各自的工作原理及特点,理解组合放大器改进电路性能的作用。

5. 了解多级放大器的四种耦合方式及其特点。

6. 掌握单级和两级阻容耦合放大电路的装配、调试,掌握调整偏置元件的方法,学会观察、分析输入、输出波形。

7. 会使用万用表测量三极管的静态工作点,并由此判断工作状态,会用毫伏表测量输入、输出信号的有效值,并由此估算电压放大倍数。

　　放大器的主要功能是将输入信号不失真地放大。它在各种电子设备中应用极广,种类也很多。按信号频率高低可分为低频放大器、中频放大器、高频放大器和直流放大器;按用途不同可分为电压放大器、电流放大器和功率放大器;按信号强弱又可分为小信号放大器和大信号放大器。

一、共发射极基本放大器

1. 电路组成

　　用三极管组成放大器时,根据公共端(电路中各点电位的参考点)的不同,可有三种连接方法,即共发射极电路、共集电极电路和共基极电路。图 7.1 所示为应用最广的共发射极基本电路。

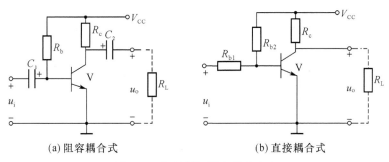

(a) 阻容耦合式   (b) 直接耦合式

图 7.1 共发射极基本放大电路

图 7.1(a)所示为阻容耦合式共发射极基本放大器。电路中各元件的作用分别如下所述。

(1) 三极管 V

它是放大器的核心,起电流控制作用,可将微小的基极电流变化量转换成较大的集电极电流变化量。

(2) 基极偏置电阻 R_b

V_{CC} 经 R_b 为三极管提供合适的基极电流 I_B(称基极偏置电流)。以后会看到,I_B 的大小将直接影响放大器的工作状态。

(3) 集电极负载电阻 R_c

其作用是将集电极电流的变化量变换成集电极电压的变化量。

(4) 耦合电容 C_1 和 C_2

其作用有两点:一是隔直流,使三极管中的直流电流与输入端之前的以及输出端之后的直流电流隔开,不受它们的影响;二是通交流,当 C_1、C_2 的电容量足够大时,它们对交流信号呈现的容抗很小,可近似认为短路,这样就可使交流信号顺利地通过。在低频范围内,C_1 和 C_2 应选用容量较大的电解电容器,一般为几十微法。若信号频率较高,则可选用小容量的电容器。

信号源和负载不是放大器的组成部分,但它们对放大器有影响。必须注意,电路图中的负载电阻 R_L 并不一定是一个实际的电阻器,而是表示某种用电设备,如仪表、扬声器、显像管、继电器或下一级放大电路等。

图 7.1(b)所示为直接耦合式共发射极基本放大器。电路中没有采用耦合电容,而是将信号源与放大电路、放大电路与负载均直接相连。为了避免 $u_i=0$ 时输入短路,电路不能正常工作,在输入端接有电阻 R_{b1}。

2. 工作原理

(1) 静态工作点的设置

放大器未加信号,即 $u_i=0$ 时,称为静态。这时的直流电流 I_B、I_C 和直流电压 U_{BE}、U_{CE} 在输入、输出曲线上对应着一个点(图 7.2),称为静态工作点,或简称 Q 点。由于 U_{BE} 基本恒定,所以在讨论静态工作点时主要考虑 I_B、I_C、U_{CE} 三个量,并分别用 I_{BQ}、I_{CQ}、U_{CEQ} 表示。

以图 7.1(a)所示电路为例,如保持电源 V_{CC} 不变,调节 r_b 即可改变 I_{BQ},从而使静态工作点改变。为了使放大器能正常工作,放大器必须要设置一个合适的静态工作点。如果把 R_b

断开,此时 $I_{BQ}=0$,在输入端输入正弦信号电压 u_i,当 u_i 处于正半周时,三极管发射结正偏,但由于三极管的输入特性存在死区,所以只有当信号电压超过开启电压以后,三极管才能导通。当 u_i 处于负半周时,三极管因发射结反偏而截止。如果放大器设置了合适的静态工作点,当输入正弦信号电压 u_i 后,信号电压 u_i 与静态电压 U_{CEQ} 叠加在一起,三极管始终处于导通状态,基极总电流 $I_{BQ}+i_b$ 就始终是单方向的脉动电流,从而保证了放大器能把输入信号不失真地加以放大(图 7.3)。

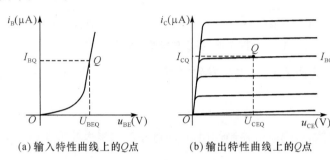

(a) 输入特性曲线上的 Q 点   (b) 输出特性曲线上的 Q 点

图 7.2　放大器的静态工作点

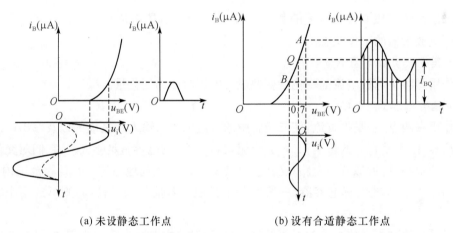

(a) 未设静态工作点   (b) 设有合适静态工作点

图 7.3　u_i 和 i_B 波形

2. 动态工作情况

放大器输入交流信号,即 $u_i \neq 0$ 时,称为动态。这里所加的 u_i 为低频小信号,因此,工作点在输入特性曲线上移动的范围不大,在此段范围内电压与电流近似成线性关系,也就是三极管工作在线性区。放大器各级电压、电流如图 7.4 所示。

三极管基极与发射极间电压瞬时值为 $u_{BE}=U_{BEQ}+u_i$,其中 U_{BEQ} 为直流分量(也就是静态工作点的数值),u_i 为交流分量。

基极电流也包括直流分量和交流分量两部分,即

$$i_B=I_{BQ}+i_b \tag{7.1}$$

这将引起集电极电流相应的变化,即

$$i_C=I_{CQ}+i_c \tag{7.2}$$

为了便于分析,先假设放大器为空载,则三极管集电极与发射极间总电压

$$u_{CE} = V_{CC} - i_C R_c = V_{CC} - (I_{CQ} + i_c)R_c = V_{CC} - I_{CQ}R_c - i_c R_c = U_{CEQ} - i_c R_c \quad (7.3)$$

同样也是直流分量和交流分量两部分合成。由于耦合电容 C_2 起隔直通交的作用,在放大器的输出端,直流分量 U_{CEQ} 被隔断,放大器只输出交流分量,即

$$u_o = -i_c R_c \quad (7.4)$$

只要 R_c 足够大,输出信号电压 u_o 幅度就可以大于输出信号 u_i 的幅度,实现放大的功能。式中负号表明 u_o 与 i_c 反相,由于 i_b、i_c 都与 u_i 同相,所以 u_o 与 u_i 也是反相关系。

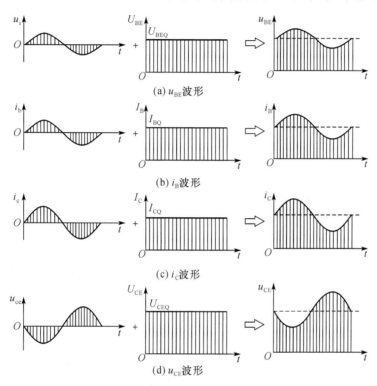

(a) u_{BE} 波形

(b) i_B 波形

(c) i_C 波形

(d) u_{CE} 波形

图 7.4　放大器各极电压、电流波形

通过以上分析,可以得出如下结论:在单极共发射极放大器中,输出电压 u_o 与输入电压 u_i 频率相同,波形相似,幅度得到放大,而它们的相位相反。

但不能简单地认为,只要对输入电压进行放大就是放大器。从本质上说,上述电压放大作用是一种能量转换作用,即在很小的输入信号输入功率控制下,将电源的直流功率转换成较大的输出信号功率。放大器的输出功率必须比输入功率要大,否则不能算是放大器。例如升压变压器可以增大电压幅度,但由于它的输出功率总比输入功率小,因此就不能称它为放大器。

二、放大器的分析方法

分析放大器的性能,通常有以下三种方法,即估算法、图解法和等效电路法。本节以共发射极基本放大器为例,着重介绍估算法和图解法的运算。

1. 估算法

用公式通过近似计算来分析放大器的方法称为估算法。在分析低频小信号放大器时,

一般采用估算法较为简便。

(1) 直流通路和交流通路

当放大器输入交流信号后,放大器中总是同时存在着直流分量和交流分量两种成分。由于放大器中通常都存在电抗性元件,所以直流分量和交流分量的通路是不一样的。通常把放大器中只允许直流电流通过的路径称为直流通路,把交流信号流通的路径称为交流通路。对于直流通路来说,放大器中的电容可以视为开路,电感可视为短路;而对于交流通路来说,小容抗以及内阻小的电源,忽略其交流压降,都可以视为短路。这样,就可以按照图 7.1(a)所示的放大电路,分别画出如图 7.5(a)所示的直流通路和图 7.5(b)所示的交流通路。

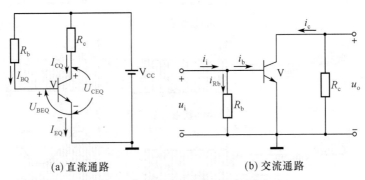

(a) 直流通路   (b) 交流通路

图 7.5 放大器的直流通路和交流通路

(2) 求静态工作点

求静态工作点只考虑直流分量的关系,所以按直流通路计算。由图可得

$$I_{BQ} = \frac{V_{CC} - U_{BEQ}}{R_b} \tag{7.5}$$

$$I_{CQ} = \beta I_{BQ} \tag{7.6}$$

$$U_{CEQ} = V_{CC} - I_{CQ} R_c \tag{7.7}$$

一般当 $V_{CC} > (3 \sim 5) U_{BEQ}$ 时,可忽略 U_{BEQ},则

$$I_{BQ} \approx \frac{V_{CC}}{R_b} \tag{7.8}$$

【例 7.1】 在图 7.1(a)所示放大器中,设 $V_{CC} = 12 \text{ V}$, $R_c = 4 \text{ k}\Omega$, $R_b = 300 \text{ k}\Omega$, $\beta = 38$, U_{BEQ} 忽略不计,求放大器的静态工作点(求 I_{BQ}、I_{CQ}、U_{CEQ} 的值)。

解 $I_{BQ} \approx \dfrac{V_{CC}}{R_b} = 12/300 = 0.04(\text{mA}) = 40(\mu A)$

     $I_{CQ} \approx \beta I_{BQ} = 38 \times 0.04 = 1.5(\text{mA})$

     $U_{CEQ} = V_{CC} - I_{CQ} R_c = 12 - 1.5 \times 4 = 6(\text{V})$

(3) 求输入电阻、输出电阻和电压放大倍数

放大器的输入电阻、输出电阻和电压放大倍数所反映的是交流分量的关系,所以按交流通路计算。

1) 三极管的输入电阻 R_{be} 在三极管的基极、发射极之间加入交流信号电压 u_i 时,就会产生相应的基极变化电流 i_b,就如同在一个电阻两端加上交流电压产生响应的电流一样。

因此,三极管的输入端可用一个等效电阻 r_{be} 来代替, r_{be} 称为三极管的输入电阻。

在低频小信号时, r_{be} 可由下式估计

$$r_{be}=300+(1+\beta)\frac{26}{I_{EQ}} \ (\Omega) \tag{7.9}$$

2) 放大器的输入电阻 r_i　从放大器输入端看进去的交流等效电阻(不包括信号源内阻),称为放大器的输入电阻,用 r_i 表示。由图 7.6(a)可知

$$r_i=R_b /\!/ r_{be} \tag{7.10}$$

一般小功率 r_{be} 值在几百欧至几千欧之间,而 R_b 常在几百千欧以上,所以上式可近似为

$$r_i=r_{be} \tag{7.11}$$

一般情况下,希望放大器的输入电阻尽可能大。这样,向信号源(或前一级电路)吸取的电流小,有利于减小信号源(或前一级电路)的负担。

3) 放大器的输出电阻　放大器输出端看进去的电流等效电阻(不包括负载)称为放大器的输出电阻,用 r_o 表示。

$$r_o=R_c /\!/ r_{ce} \tag{7.12}$$

三极管工作在放大区时,集电极与发射极间的交流等效电阻 r_{ce} 很大。一般为几十千欧至几百千欧,而 R_c 一般是几千欧,所以放大器的输出电阻可近似为

$$r_o \approx R_c \tag{7.13}$$

对于负载来说,放大器是向负载提供信号的信号源,而它的输出电阻就是信号源的内阻,其等效电路如图 7.6(b)所示。由图可知, r_o 越小,当 R_L 变化时,输出电压 u_o 的变化也就越小,即放大器带负载的能力越强。

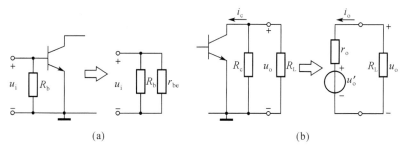

图 7.6　放大器的输入电阻和输出电阻

4) 放大器空载时的电压放大倍数　由放大倍数的交流通路可知,当放大器空载,即输出端为开路时,

输入信号电压　　　　　　　　　　$u_i=i_b r_{be}$ 　　　　　　　　　　　　　(7.14)

输出信号电压　　　　　　　　$u_o=-i_c R_c=-\beta i_b R_c$ 　　　　　　　　(7.15)

则电压放大倍数为

$$A_u=\frac{u_o}{u_i}=\frac{-\beta i_b R_c}{i_b r_{be}}=\frac{-\beta R_c}{r_{be}} \tag{7.16}$$

式中:负号表示 u_o 与 u_i 反相。

5) 放大器有载时的电压放大倍数　放大器接负载时,等效电路如图 7.7 所示。这时集电极将通过交流等效负载 $R'_L(R'_L=R_L /\!/ R_c)$,输出信号电压为

$$u_o = -i_c R'_L \tag{7.17}$$

因为 u_i 不变,所以放大器带负载时的电压放大倍数为

$$A_u = \frac{u_o}{u_i} = \frac{-\beta i_b R'_L}{i_b r_{be}} = \frac{-\beta R'_L}{r_{be}} \tag{7.18}$$

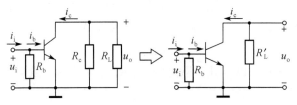

图 7.7　放大器有载时的等效电路

显然,由于 $R'_L < R_c$,放大器带上负载后,电压放大倍数要减小。

6)放大器的增益　放大器的电压放大倍数经常也用增益表示,单位为分贝(dB),规定为:

电压增益

$$G_u = 20\log A_u (dB) \tag{7.19}$$

电流放大倍数和功率放大倍数也可以用增益表示,分别为

电流增益

$$G_i = 20\log A_i (dB) \tag{7.20}$$

功率增益

$$G_p = 10\log A_p (dB) \tag{7.21}$$

例如,某交流放大器输入电压是 10 mV,输入电流是 0.2 mA,输出电压为 10 V,输出电流为 20 mA,可知该放大器的电压放大器数、电流放大倍数和功率放大倍数分别为:

电压放大倍数

$$A_u = \frac{U_o}{U_i} = \frac{10}{0.01} = 1\,000$$

电流放大倍数

$$A_i = \frac{I_o}{I_i} = \frac{20}{0.2} = 100$$

功率放大倍数　　$A_p = A_u A_i = 1\,000 \times 100 = 100\,000$

若用增益表示,则分别为

电压增益　　　　$G_u = 20\log A_u = 20\log 1\,000 = 60 (dB)$

电流增益　　　　$G_i = 20\log A_i = 20\log 100 = 40 (dB)$

功率增益　　　$G_p = 10\log A_p = 10\log 100\,000 = 50 (dB)$

放大倍数用增益表示,常常可以简化运算数字,有时也是电子电路分析中某些场合所特定的要求。表 7.1 是一个简单的分贝换算表,它列出了电压放大倍数 A_u 和增益分贝数的关系,可供计算时查用。

表 7.1　电压放大器倍数和增益分贝数的关系

A_u(倍)	0.001	0.01	0.1	0.2	0.707	1	2	3	10	100	1 000
G_u(dB)	−60	−40	−20	−14	−3	0	6.0	9.5	20	40	60

例如,一个放大器的电压放大倍数 $A_u = 30$,查表再经简单计算,可得放大器的增益为

29.5 dB。

在计算电路增益时也可能出现负值,例如,增益分贝数为 -3 dB,查表可得所对应的放大倍数为 0.707,这表明信号不是被放大,而是被衰减了。

2．图解法

利用三极管的特性曲线和电路参数,通过作图分析放大器性能的方法,称为图解分析法,简称图解法。

（1）作直流负载线

在放大器中,三极管的管压降 U_{CE} 和集电极电流 I_C 之间有如下关系

$$U_{CE} = V_{CC} - I_C R_c \tag{7.22}$$

对一个给定的放大器来说,V_{CC} 和 R_c 是定值,因此上式又可以用一条直线来描述。在三极管的输出特性曲线上可以作出这条直线,称为直流负载线。仍以图 7.1(a)所示的放大器为例(电路参数同例 7.1),三极管输出特性曲线如图 7.8 所示,负载电阻 $R_L = 4$ kΩ。直流负载线作图步骤如下：

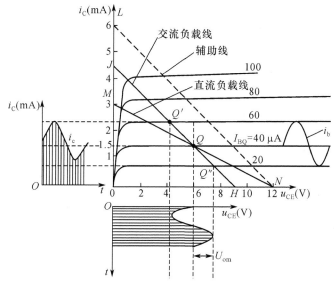

图 7.8　放大器的图解分析

令 $U_{CE} = 0$,则 $I_C = V_{CC}/R_c = 12/4 = 3$ mA,在纵轴(I_C 轴)可得 M 点。

令 $I_C = 0$,则 $U_{CE} = V_{CC} = 12$ V,在纵轴(U_{CE}轴)可得 N 点。

连接 M、N,便可得到负载线 MN。显然,直流负载线的斜率为 $1/R_c$,R_c 越小,直流负载线越陡。

（2）确定静态工作点

在例 1 中已求得 $I_{BQ} = 40$ μA 在三极管输出特性曲线上可以找到 $I_B = I_{BQ} = 40$ μA 的那条曲线,它与直流负载线 MN 的交点既为所求的静态工作点 Q。根据 Q 点的坐标可得

$$I_{CQ} = 1.5 \text{ mA}$$
$$U_{CEQ} = 6 \text{ V}$$
$$I_{BQ} = 40 \text{ μA}$$

（3）作交流负载线

由放大器交流通路可知,接入负载电阻 R_L 后,三极管集电极的交流等效负载电阻 $R'_L = R_c // R_L$,交流负载线的斜率即由 R'_L 值决定。又由于在动态时,u_{CE} 和 i_C 的值在静态工作点附近移动,当输入信号变为零时,U_{CEQ} 和 I_{CQ},可见交流负载线是通过静态工作点的。因此,可按下述方法作出交流负载线。

先求集电极交流等效负载电阻

$$R'_L = R_c // R_L = 2 \text{ k}\Omega$$

再求 $V_{CC}/R'_L = 12/2 = 6 (\text{mA})$,在纵轴可得 L 点。

连接 L、N 的辅助线 LN（其斜率为 $1/R'_L$）,通过静态工作点 Q 作 LN 的平行线交于两坐标轴得直线 JH,这就是所求得的交流负载线。

（4）分析动态工作情况

假设输入信号电压幅度为 20 mV,信号电流 i_b 的幅度为 20 μA,由图 7.8 可见,放大器动态工作范围在 Q' 和 Q'' 点之间。输出电压的幅值约为 1.5 V。因此,放大器的电压放大倍数为

$$A_u = \frac{U_{om}}{U_{im}} = -\frac{1.5}{0.02} = -75$$

图解法直观性强,便于分析放大器的动态特性,尤其适用于分析大信号电路。

三、静态工作点的稳定

1. 影响静态工作点稳定的因素

为了使放大器能对输入信号不失真地放大,必须选择合适的静态工作点,但放大器在工作时常常会受到某些因素的影响,使静态工作点发生变化。下面我们通过一个简单的实验来说明这个问题。

自实验板上接好如图 7.9(a)所示放大器,接通电源,将电压表跨接在三极管的集电极和发射极之间,从 U_{CEQ} 值的大小可以大致判断静态工作点的位置。调节 R_P。使 U_{CEQ} 约为电源电压的一半。再用通电后的电烙铁靠近三极管外壳(注意不可接触),很快会发现 U_{CEQ} 值明显减小,说明原来设定的静态工作点已发生偏移。这是因为,当温度升高时,三极管的 β、I_{CBO}、I_{CEO} 都随之增大,集中表现为 I_{CQ} 增大,从而导致静态工作点发生偏移。

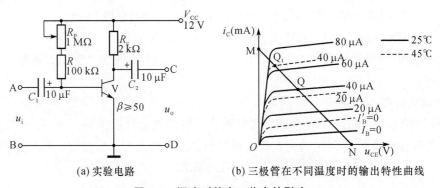

(a) 实验电路　　　　　(b) 三极管在不同温度时的输出特性曲线

图 7.9　温度对静态工作点的影响

图 7.9(b)所示为三极管在 25 ℃和 45 ℃两种温度时的输出特性,25 ℃时用实线表示,45 ℃时用虚线表示。由图可见,当温度升高时整个曲线族上移,结果使静态工作点 Q 移动到了接近饱和区的 Q_1 点。

温度变化是影响静态工作点稳定的主要因素。此外电源电压波动、元件参数变化等也都会影响静态工作点的稳定。

2. 波形失真与静态工作点的关系

仍利用图 7.9 实验电路,按图 7.10(a)所示连接线路。调节好合适的静态工作点,输入适当幅度的低频正弦交流信号,使示波器显示最大幅度不失真的信号波形。

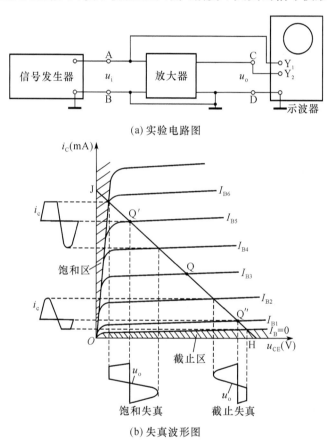

(a) 实验电路图

(b) 失真波形图

图 7.10　波形失真与静态工作点的关系

以下实验分两步进行:

(1) 工作点片偏高易引起饱和失真

减小 R_b,使 Q 点上移,直至输出信号电压波形负半周被部分削平,这一现象叫做"饱和失真"。

产生饱和失真的原因是,由于 Q 点偏高[图 7.10(b)中 Q' 点],输入信号电压正峰值的一部分进入饱和区,从而使输入信号电压负峰值附近被削平。

消除饱和失真的方法是,增大 R_b 以减小 I_{BQ},使 Q 点适当下移。

（2）工作点偏低易引起截止失真

增大 R_b，使 Q 点下移，直至输出信号电压波形正半周被部分削平，这一现象叫做"截止失真"。

产生截止失真的原因是，由于 Q 点偏低[图7.10(b)中 Q'' 点]，输入信号电压负峰值的一部分进入截止区，从而使输出信号电压的正峰值附近被削平。

消除截止失真的方法是，减小 R_b 以增大 I_{BQ}，使 Q 点适当上移。

静态动作点 Q 位于交流负载线中点附近时，不失真输出电压可达到最大。但如果输入信号幅度过大，则会同时出现截止失真和饱和失真，这时要对输入信号适当加以限制。

3. 电路参数对静态工作点位置的影响

（1）R_b 对 Q 点位置的影响

当 V_{CC} 和 R_c 一定时，直流负载线 MN 也就被确定。增大 R_b，则 I_{BQ} 减小，静态工作点将沿直流负载线下移到 Q_1；反之，则上移到 Q_2，如图7.11所示。通过改变基极偏置电阻 R_b 的大小来改变 Q 点的位置是常用最有效的一种方法。

（2）R_c 对 Q 点位置的影响

当 V_{CC} 和 R_b 一定时，I_{BQ} 也就被确定。R_c 减小，直流负载线变陡，如图7.11中 $M'N$ 所示，此时 Q 点将沿输出特性曲线中 I_{BQ} 那条线右移至 Q_3；反之，Q 点则左移。从图上可以看出，改变 R_c 虽然能改变 Q 的位置，但不如改变 R_b 的效果明显。

（3）V_{CC} 对 Q 点位置的影响

当 R_b 和 R_c 一定时，直流负载斜率不变。当 V_{CC} 增大至 V'_{CC}，直流负载线只是向右平移，如图7.11中的 MN 变为 $M''N'$。此时 I_{BQ} 也相应增大，所以 Q 点是向右上方移至 Q_4，反之，则向左下方移动。改变 V_{CC} 虽然能改变 Q 点位置，但有很多不便，例如增大 V_{CC}，虽然对防止饱和失真都是有利的，但同时电路的功率消耗也增大了，三极管承受的电压也要增大。

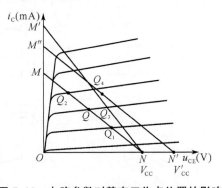

图7.11　电路参数对静态工作点位置的影响

4. 稳定静态工作点的偏置电路

在前面所介绍的共发射基本放大器中，只要 V_{CC} 和 R_b 为定值，I_{BQ} 也就是固定值，所以称固定偏置电路。这种电路的静态工作点及其稳定性主要取决于 I_{BQ} 及其稳定性，而在三极管对温度最为敏感的几个参数中，以 β 对 I_{CQ} 的影响最大；而且在同一类型的三极管中，β 的离散性也很大。因此，为了保证放大器性能的稳定，使它基本不受温度变化和更换三极管的影响，必须对偏置电路加以改进。

下面介绍在分立元件放大器中应用最广的分压式稳定工作点偏置电路，或简称分压式偏置电路，如图7.12所示。

图中 R_{b1} 为上偏置电阻，R_{b2} 为下偏置电阻，构成 V_{CC} 的分压电路。R_e 为发射极电阻，C_e 是发射极电阻的交流旁边电容。C_e 一般选用几十到几百微法的电解电容。在低频信号频率上的容抗很小，近似短路，故称为旁路电容。它为交流信号提供了一条通路，使放大器对交流信号的放大能力不致因 C_e 的接入而降低过多。由于电容的隔直作用,C_e 对静态工作点没有影响。

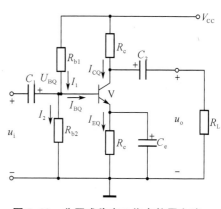

(1) 稳定静态工作点的原理

适当选择 R_{b1} 和 R_{b2} 上所流过的直流 I_1,远大于 I_{BQ}(工程上一般选 $5\sim10$ 倍)。这时基极电压 U_{BQ} 就由 V_{CC} 和 R_{b1} 与 R_{b2} 的分压比确定,即

$$U_{BQ} = \frac{V_{CC}R_{b2}}{R_{b1}+R_{b2}} \tag{7.23}$$

由于接入发射极电阻 R_e,发射极直流 I_{EQ} 在其上产生直流电压,加到发射结的直流电压则为

$$U_{BEQ} = U_{BQ} - U_{EQ} \tag{7.24}$$

图 7.12　分压式稳定工作点偏置电路

当温度升高而引起 I_{CQ} 增大时,I_{EQ} 和 U_{EQ} 也相应增大。由于 U_{BQ} 基本不变,由式(7.24)可知,U_{BEQ} 减小,I_{BQ} 随之减小,从而抑制了 I_{CQ} 的增大,最终使静态工作点趋于稳定。

上述过程可表示为

$$温度\ T\uparrow \rightarrow I_{CQ}\uparrow \rightarrow I_{EQ}\uparrow \rightarrow U_{EQ}\uparrow \rightarrow U_{BEQ}\downarrow$$

$$I_{CQ}\downarrow \leftarrow I_{BQ}\downarrow$$

由以上分析可知,主要是由于 R_e 对 I_{CQ} 变化的抑制作用,才使放大器的静态工作点得到了稳定,这种抑制作用实际上就是一种负反馈。

(2) 静态工作点的估算

分压式偏置放大器的直流通路如图 7.13(a)所示。设 $R_{b1}=39\ \text{k}\Omega$,$R_{b2}=10\ \text{k}\Omega$,$R_c=3\ \text{k}\Omega$,$R_e=2\ \text{k}\Omega$,$\beta=50$,$V_{CC}=18\ \text{V}$。估算静态工作点步骤如下:

$$U_{BQ} = V_{CC}\frac{R_{b2}}{R_{b1}+R_{b2}} = 18\times\frac{10}{39+10} = 3.67(\text{V})$$

$$I_{CQ} \approx I_{EQ} = \frac{U_{BQ}-U_{BEQ}}{R_e} = \frac{3.67-0.7}{2} \approx 1.5(\text{mA})$$

$$I_{BQ} = \frac{I_{CQ}}{\beta} = \frac{1.5\times10^3}{50} = 30(\mu\text{A})$$

$$U_{CEQ} = V_{CC} - I_{CQ}(R_c+R_e) = 18-1.5\times(3+2) = 10.5(\text{V})$$

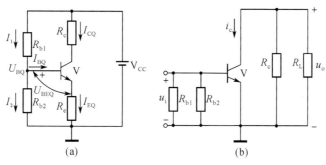

(a)　　　　　　　　　(b)

图 7.13　分压式偏置放大器的直流通路和交流通路

（3）输入电阻、输出电阻和电压放大倍数的估算

分压式偏置放大器的交流通路如图 7.13(b)所示。由于发射极电阻 R_e 已被电容 C_e 交流旁路，所以在交流通路中，发射极仍为直接接地。设负载电阻 $R_L = 6$ kΩ，计算步骤如下：

$$r_{be} = 300 + (1+\beta)\frac{26}{I_{EQ}} = 300 + (1+50)\frac{26}{1.5} = 1.18(\text{k}\Omega)$$

放大器的输入电阻

$$r_i = R_{b1} /\!/ R_{b2} /\!/ r_{be} = 39 \text{ k}\Omega /\!/ 10 \text{ k}\Omega /\!/ 1.18 \text{ k}\Omega \approx 1(\text{k}\Omega)$$

放大器的输出电阻

$$r_o \approx R_c = 3(\text{k}\Omega)$$

放大器的交流等效负载电阻

$$R'_1 = R_c /\!/ R_L = \frac{3 \times 6}{3+6} = 2(\text{k}\Omega)$$

放大器的电压放大倍数

$$A_u = -\beta\frac{R'_L}{r_{be}} = -\frac{50 \times 2}{1.18} = -84.7$$

四、放大器的三种基本接法

放大器共有共射、共集、共基三种基本接法（又称组态）。前面已经讨论过共射放大器，本节将主要讨论共集、共基放大器，并对三种接法放大器的性能进行分析比较。

1. 共集放大器（射极输出器）

电路如图 7.14(a)所示，图 7.14(b)、(c)分别为其直流通路和交流通路。

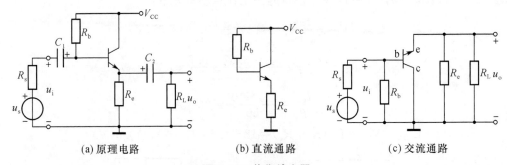

(a) 原理电路　　　　　　(b) 直流通路　　　　　　(c) 交流通路

图 7.14　共集放大器

由图可知，输入信号是从三极管的基极与集电极之间输入，从发射极与集电极之间输出。集电极为输入与输出电路的公共端，故称共集放大器。由于信号从发射极输出，所以又称射极输出器。

1. 静态工作点的估算

分析该电路的直流通路可知

$$V_{CC} = I_{BQ}R_b + U_{BEQ} + (1+\beta)I_{BQ}R_e$$

由此可知

$$I_{BQ} = \frac{V_{CC} - U_{BEQ}}{R_b + (1+\beta)R_e} \tag{7.25}$$

$$I_{CQ} = \beta I_{BQ} \tag{7.26}$$

$$U_{CEQ} = V_{CC} - I_{EQ}R_e \approx V_{CC} - I_{CQ}R_e \tag{7.27}$$

对式(7.25)中的$(1+\beta)R_e$也可以这样理解:把R_e从发射极回路折合到基极回路,电流减小到原来的$1/(1+\beta)$,因此电阻应折合为$(1+\beta)R_e$。

(2) 电流放大倍数的估算

由交流通路可知,输出电压u_o和输入电压u_i及三极管发射管发射结电压u_{be}三者之间有如下关系

$$u_o = u_i - u_{be} \tag{7.28}$$

通常$u_{be} \ll u_i$,可认为$u_o \approx u_i$,所以射极输出器的电压放大倍数总是小于1而且接近于1。这表明射极输出器没有电压放大作用,但射极电流是基极电流的$(1+\beta)$倍,故它有电流放大作用,同时也有功率放大作用。

(3) 输入电阻和输出电阻的估算

1) 输入电阻r_i 在图7.14(a)中,若先不考虑R_b的作用,则输入电阻为

$$r'_i = \frac{u_i}{i_b} = \frac{i_b r_{be} + (1+\beta)i_b R'_L}{i_b}$$

$$= r_{be} + (1+\beta)R'_L$$

式中:$R'_L = R_e // R_L$。

考虑R_b的作用,输入电阻应为

$$r_i = R_b // r'_i = R_b // [r_{be} + (1+\beta)R'_L] \tag{7.29}$$

显然,射极输出器的输入电阻比共射放大器的输入电阻大得多。

2) 输出电阻   根据输出电阻的定义,由交流通路可得

$$r_o = R_e // \frac{r_{be} + R'_S}{1+\beta} \tag{7.30}$$

式中:$R'_S = R_S // R_b$,R_S为信号源内阻,考虑到$R_b \gg R_S$,所以$R'_S \approx R_S$,若$r_{be} \gg R_S$,则上式可简化为

$$r_o \approx R_e // \frac{r_{be}}{1+\beta} \tag{7.31}$$

若$R_e \gg \dfrac{r_{be}}{1+\beta}$,则

$$r_o \approx \frac{r_{be}}{1+\beta} \tag{7.32}$$

显然,射极输出器的输出电阻比共射放大器的输出电阻小得多。

(4) 射极输出器的特点

综合以上分析可知,射极输出器的特点是:① 电压放大倍数小于1,且接近与1;② 输出电压与输入电压相位相同;③ 输入电阻大;④ 输出电阻小。

由于射极输出器的输出电压u_o和输入电压u_i相位相同且近似相等,可近似看做u_o随u_i的变化而变化,所以射极输出器又称为射极跟随器,或简称射随器。

(5) 射极输出器的应用

射极输出器具有电压跟随作用和输入电阻大、输出电阻小的特点,且有一定的电流和功

率放大作用,因而无论是在分立元件多级放大器还是在集成电路,它都有十分广泛的应用。

1) 用作输入级,因其输入电阻大,可以减轻信号源的负担。

2) 用作输出级,因其输入电阻小,可以提高带负载的能力。

3) 用在两级共射放大器之间作为隔离级(或称缓冲级),因其输入电阻大,对前级影响小;因其输入电阻小,对后级的影响也小,所以可有效地提高总的电压放大倍数。

2. 共基放大器

电路如图 7.15(a)所示,图 7.15(b)、(c)分别为其直流通路和交流通路。

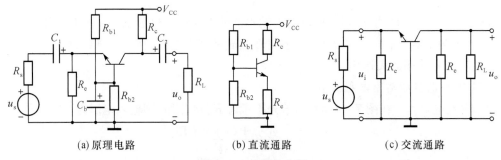

(a) 原理电路   (b) 直流通路   (c) 交流通路

图 7.15　共基放大器

根据直流通路,可以估算它的静态工作点,方法与共射放大器的分压式偏置电路相同。

由交流通路可知,基极为输入与输出的公共端。经分析推导可得,电压放大倍数为

$$A_u = \frac{\beta R'_L}{r_{be}} \tag{7.33}$$

式中:$R'_L = R_C /\!/ R_L$。

输入电阻

$$r_i \approx R_e /\!/ \frac{r_{be}}{1+\beta} \tag{7.34}$$

输出电阻

$$r_o \approx R_c \tag{7.35}$$

电压放大倍数 A_u 为正值,表明共基放大器为同相放大器。从计算式来看,A_u 的数值与共射放大器相同,但这里并没有考虑信号源内阻导的影响。实际上,由于共基放大器的输入电阻要比共射放大器的输入电阻小得多,因此,当共同考虑信号源内阻时,共基放大器的电压放大倍数也要比共射放大器的电压放大倍数小得多。

共基放大器的电流放大倍数 $\alpha = \frac{\Delta I_C}{\Delta I_E}$,其值小于 1,但接近于 1;同时,由于它的输入电阻低而输出电阻高,故共基放大器又有电流接续器之称,即将低阻输入端的电流几乎不衰减地接续到高阻输出端,其功能接近于理想的恒流源。

3. 放大器三种接法的比较

综合以上分析,现将共射、共集、共基三种接法放大器的特点列于表 7.2,以供比较。

表 7.2 共射、共集、共基放大器的特点

组态类型	共射电路	共集电路	共基电路
r_i	$R_b /\!/ r_{be}$(中)	$R_b /\!/ [r_{be}+(1+\beta)R'_L]$高	$R_e /\!/ \dfrac{r_{be}}{1+\beta}$(低)
r_o	R_c(中)	$R_b /\!/ \dfrac{r_{be}+R'_s}{1+\beta}$(低)其中 $R'_s=R_s /\!/ R_b$	R_c(高)
A_i	β(大)	$1+\beta$(大)	$\beta \approx 1$(小)
A_u	$-\dfrac{\beta R'_L}{r_{be}}$	$\dfrac{(1+\beta)R'_L}{r_{be}+(1+\beta)R'_L} \approx 1$(低)	$\dfrac{\beta R'_L}{r_{be}}$(高)
A_p	高	稍低	中
相位	u_o 与 u_i 反相	u_o 与 u_i 同相	u_o 与 u_i 同相
高频特性	差	好	好
用途	低频放大和多级放大电路的中间级	多级放大电路的输入级、输出级和中间级缓冲级	高频电路、宽频带电路和恒流源电路

　　共射放大器的电压、电流和功率放大倍数都比较高,因而应用广泛;但是它的输入电阻较低,对前级的影响较大;输出电阻较高,带负载能力较差;共集放大器虽然没有电压放大作用,但由于它独特的优点,因而被广泛用作多级放大器中的输入级、输出级或隔离缓冲级;共基放大器则可用作恒流源电路。

4. 改进型放大器

（1）组合放大器

　　通常电压放大器要求输入电阻高,输出电阻低;电流放大器则要求输入电阻低,输出电阻高。在三种组态的放大器中,只有共射放大器同时具有电压和电流放大作用,但在它的输入和输出电阻却与上述要求存在差距。如果将它与共集或共基放大器相接,构成组合放大器,就可以改变放大器的输入和输出电阻,从而较好地解决这一问题。

　　我们在讨论射随器的应用时曾经介绍过,可以把射随器用作多级放大器的输入级、输出级或中间级。例如,把它作为输入级接于共射放大器之前,构成共集—共射组合放大器,它的总电压放大倍数和单独一级共射放大器的相同,但输入电阻大大提高了。采用类似方法,还可以接成如图 7.16 所示共射—共基、共集—共基等多种组合放大器,以满足相应的性能要求。

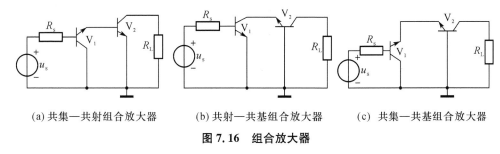

(a) 共集—共射组合放大器　　(b) 共射—共基组合放大器　　(c) 共集—共基组合放大器

图 7.16　组合放大器

　　此外,还可以从共射放大器的偏置电路入手,改进其性能。下面介绍的接有发射极电阻的共射放大器和采用有源负载的共射放大器,在多级放大器,特别是在集成电路中,有着很广泛的应用。

（2）接有发射极电阻的共射放大器

接有发射极电阻的共射放大电路及其交流通路分别如图7.17(a)和图7.17(b)所示。

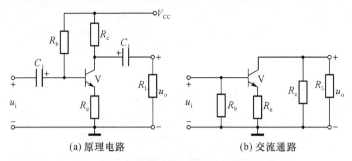

图7.17　接有发射极电阻的共射放大器

与分析射随器相似，由交流通路可得放大器的输入电阻为

$$r_i = R_b /\!/ [r_{be} + (1+\beta)R_e] \tag{7.36}$$

电压放大倍数为

$$A_u = \frac{-\beta R'_L}{r_{be} + (1+\beta)R_e} \tag{7.37}$$

式中：$R'_L = R_c /\!/ R_L$。通常满足$(1+\beta)R_e \gg r_{be}$，且$\beta \gg 1$，故上式可简化为

$$A_u \approx -\frac{R'_L}{R_e} \tag{7.38}$$

空载时，$R_L \rightarrow \infty$，则

$$A_u \approx -\frac{R_c}{R_e} \tag{7.39}$$

电压放大倍数近似等于两个电阻之比，而与β的大小无关。这一特点恰好适应制成增益稳定的集成放大器。但由于电阻R_c不可能取得很大，所以电压放大倍数受到限制。采用有源负载取代共射放大器中的R_c是提高放大倍数的有效措施。

（3）采用有源负载的共射放大器

所谓有源负载，就是利用三极管工作在放大区时，集电极电流只受基极电流控制而与管压降无关的特性构成的电路。实际上也就是一个恒流源电路。在图7.18所示电路中，三极管V_2即为V_1管的有源负载。

V_2管的输出特性曲线如图7.19所示，在静态工作点Q处的直流等效电阻为

$$R_{CE2} = \frac{U_{CEQ}}{I_{CQ}} = \frac{5}{1.5} = 3.33 (\text{k}\Omega)$$

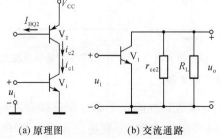

图7.18　采用有源负载的共射放大器

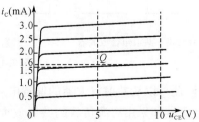

图7.19　三极管的输出特性

在工作点 Q 附近的交流等效电阻为

$$r_{ce2} = \frac{\Delta U_{CE}}{\Delta I_C} = \frac{10-5}{1.6-1.5} = 50(\text{k}\Omega)$$

可见 V_2 管所呈现的直流电阻并不大,交流电阻却很大,这就有效地提高了放大器的电压增益。当然,负载 R_L 必须足够大,才能充分发挥有源负载的作用。

5. 共源、共漏和共栅放大器

与三极管组成的放大器类似,场效应管放大器也相应有共源、共漏和共栅三种接法。

(1) 共源放大器

1) 自给偏置电路　电路如图 7.20 所示。图中采用的是 N 沟道耗尽型场效应管,漏极电流在 R_S 上产生的电压恰好可作为栅极偏压,即 $U_{GS} = -I_D R_S$。栅极电阻 R_G 将栅极和源极构成了一个回路,使 R_S 上的电压能加到栅极而成为栅极偏压。电路对信号的放大作用是通过场效应的电压控制作用实现的。经分析,电压放大倍数为

$$A_u = -g_m R'_L \tag{7.40}$$

式中:$R'_L = R_D \mathbin{/\mkern-5mu/} R_L$。

2) 分压式偏置电路　如果用增强绝缘栅场效应管构成放大器,则不能采用自给偏置电路,而要采用分压式偏置电路,如图 7.21 所示。

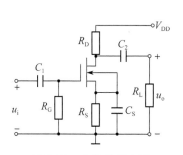

图 7.20　自给偏置电路

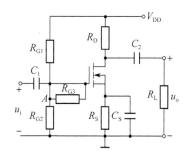

图 7.21　分压式偏置电路

(2) 共漏放大器

电路如图 7.22 所示。图中采用的是分压式偏置电路。电压放大倍数为

$$A_u = -g_m R'_L \tag{7.41}$$

共漏放大器的输出和输入信号相位相同,而且大小近似相等,所以它又称源极跟随器。

(3) 共栅放大器

电路如图 7.23 所示。放大器的偏置电路由电阻 R_S 和电源 V_{GG} 构成。电压放大倍数为

$$A_u = g_m R'_L \tag{7.42}$$

场效应管三种接法放大器的性能特点与三极管放大器相似。但由于场效应管栅极不取电流,所以共源和共漏放大管的输入电阻都远比共射和共集放大器的大。此外,在相同静态电流下,共源和共栅放大器的电压放大倍数远比相应的共射和共基放大器的小。

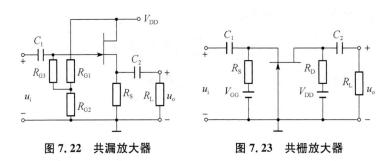

图 7.22 共漏放大器　　　　　　图 7.23 共栅放大器

五、多级放大器

为了提高放大倍数或满足其他某些特定要求,实际放大器一般都由多级组成,各级放大器之间的连接方法,称为耦合方式。

1. 多级放大器的耦合方式

(1) 阻容耦合

图 7.24 所示为两极阻容耦合放大器。第一极的输出信号通过 R_{c1} 和 C_2 加到第二极的输入电阻上,即信号是通过电阻和电容传递的,故称阻容耦合。由于耦合电容的隔直作用,前后级放大器的静态工作点互不影响。但它不适宜传输缓慢的直流信号,更不能传输恒定的直流信号。

(2) 变压器耦合

图 7.25 所示为变压器耦合的两极放大器。耦合变压器的作用是隔断前后级的直流联系,同时把前级输出的交流信号通过电磁感应传送到后级。此外,在某些放大器中,还利用耦合变压器在传递信号的同时实现阻抗变换。但它的低频特性较差,不能传输直流信号,而且体积较大。主要应用于调谐放大器或分立元件组成的功率放大器中。

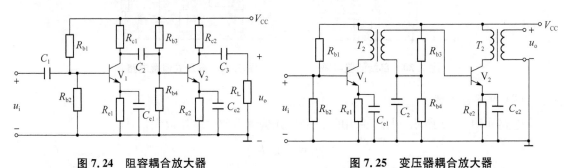

图 7.24 阻容耦合放大器　　　　　　图 7.25 变压器耦合放大器

(3) 直接耦合

所谓直接耦合,就是把前一极放大器的输出端直接连接到后一极放大器的输入端,如图 7.26 所示。前后级之间没有隔直流的耦合电容或变压器,信号直接传递,因此,它可以放大变化缓慢的信号。但前后级静态工作点互不影响,这给电路的设计、调试带来一定困难。直接耦合便于电路集成化,故在集成电路中得到了广泛应用。

(4) 光电耦合

图 7.27 所示为光电耦合放大器。它是以光电耦合器为媒介来实现电信号的耦合和传

送的。前级的输出信号通过发光二极管转换成电信号,再由光电三极管将此光信号还原为电信号,经放大后输出。为了增大放大倍数,输出回路常采用复合管,或采用集成光电耦合发射器。光电耦合即可传输交流信号又可传输直流信号,而且抗干扰能力强,易于集成化。

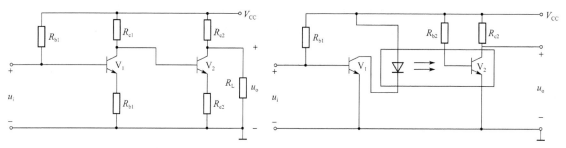

图 7.26 直接耦合放大器   图 7.27 光电耦合放大器

2. 阻容耦合多级放大器的动态分析

(1) 阻容耦合多级放大器的电压放大倍数和输入、输出电阻

图 7.28 所示为两极阻容耦合放大器的交流通路。由图可知,前级放大器对后级来说是信号源,它的输出电阻就是信号源的内阻;而后级放大器对前级来说是负载,它的输入电阻就是信号源(前级放大器)的负载电阻。更多级的放大器以此类推。

下面以三级电压为例,用图 7.29 所示的方框图来分析总的电压放大倍数与各级电压放大倍数的关系。

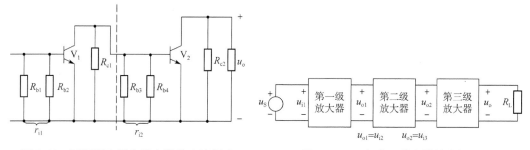

图 7.28 两极阻容耦合放大器的交流通路   图 7.29 三级电压放大器的方框图

第一级电压放大倍数 $\qquad\qquad\qquad A_{u1} = \dfrac{u_{o1}}{u_{i1}}$

第二级电压放大倍数 $\qquad\qquad\qquad A_{u2} = \dfrac{u_{o2}}{u_{i2}}$

第三级电压放大倍数 $\qquad\qquad\qquad A_{u3} = \dfrac{u_{o3}}{u_{i3}}$

由于前级放大器的输出电压就是后级放大器的输入电压,及 $u_{o1} = u_{i2}$、$u_{o2} = u_{i3}$,因而三级放大器的总电压放大倍数为

$$A_u = \frac{u_o}{u_i} = (u_{i2}/u_{i1})(u_{i3}/u_{i2})(u_o/u_{i3}) = A_{u1}A_{u2}A_{u3} \tag{7.43}$$

同理,有 n 个单级放大器构成多级放大器,它的总电压放大倍数应为

$$A_u = A_{u1}A_{u2}A_{u3}\cdots A_{un} \tag{7.44}$$

即多级放大器总的电压放大倍数等于各级电压放大倍数的乘积。但必须注意,各级放大器都是带负载的,即前级的交流负载是它的 R_c 与后级输入电阻的并联。

若用分贝(dB)表示,则多级放大倍数的总增益为各级增益的代数和,即

$$G_u(dB) = G_{u1} + G_{u2} + G_{u3} + \cdots + G_{un}(dB) \tag{7.45}$$

显然多级放大器的输入电阻就是第一级的输入电阻,输出电阻就是最后一级的输出电阻,即

$$r_i = r_{i1} \tag{7.46}$$

$$r_o = r_{on} \tag{7.47}$$

(2) 阻容电容器多级放大器的频率特性

1) 单极共发射放大器的频率特性　在前面分析放大器时,都是以输入单一频率的正弦波来讨论的,实际输入的信号往往不一定是正弦波,而是包含许多频率分量合成波。那么,放大器对这些不同频率分量是不是都能同样放大呢?我们还是通过实验来回答这一问题。

按图7.30(a)所示接好实验电路。单极共射放大器如图7.30(b)所示。调节低频信号发生器,使放大器输入频率为1 kHz、幅度为30 mV的正弦波。用交流毫伏表测量输入、输出电压值,并用双踪示波器观察比较输入、输出波形。保持输入信号幅度不变的条件下,改变输入信号的频率。实验结果表明,只是在有限的一段频率范围内,幅度倍数基本不变,而当频率偏高或偏低时,幅度倍数都有所下降,偏离越多,放大倍数的下降越明显。而且从示波器上还看出,输出信号与输入信号之间的相位差也受到频率变化的影响。

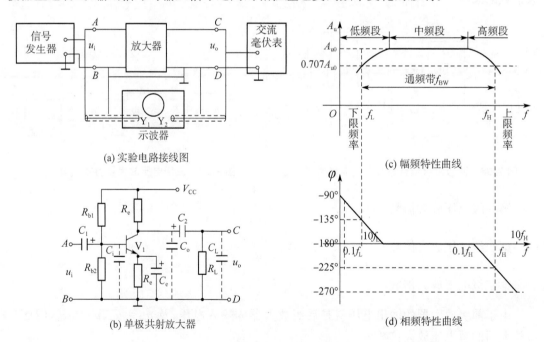

(a) 实验电路接线图

(b) 单极共射放大器

(c) 幅频特性曲线

(d) 相频特性曲线

图7.30　单极共射放大器的频率特性

放大器的放大倍数和信号频率之间的关系,称为频率响应,也称放大器的频率特性;用曲线表示则称为频率特性曲线。

图7.30(c)所示为幅频特性曲线,它反映放大器放大倍数的大小与频率之间的关系。

图 7.30(d)所示为相频特性曲线,它反映放大器输出电压和输入电压相位的相位差与频率之间的关系。

放大器在中间一段频率范围称中频道。当放大倍数下降到 A_{u0} 的 $1/\sqrt{2}$(约 0.707 倍)时所对应的低端的频率称为下限频率,用 f_L 表示;所对应的高段频率称为上限频率,用 f_H 表示;在 f_H 和 f_L 之间的频率范围称为通频带,用 f_{BW} 表示。通频带表征放大器对不同频率输入信号的适应能力,是一项很重要的技术指标。

$$f_{BW} = f_H - f_L \qquad (7.48)$$

2) 在高频段和低频段放大倍数下降的原因　阻容耦合放大器的放大倍数随信号频率变化而变化,主要是受耦合电容、射极旁路电容、三极管的结电容、电路分布电容及负载电容的影响。

在通频带内,耦合电容和射极旁路电容所呈现的容抗很小,可视为短路,其他电容的影响也可忽略。这时电压放大倍数最大。

在低频带,耦合电容和射极旁路电容随频率降低而增大,交流信号的衰减和负反馈也就增大,从而导致低频段放大倍数的下降(且产生超前相移)。

在高频带,尤其是当频率升得很高时,三极管的结电容、电路分布电容及负载电容的容抗变低,对信号的分流作用不可忽略,致使放大倍数下降(且产生滞后相移)。同时,三极管的 β 值随频率升高而减小,这也是导致放大倍数下降的一个重要原因。

3) 多级放大器的频率特性　假设两个通频带相同的单极放大器连接在一起,每级都有相同的下限频率 f_L 和上限频率 f_H,如图 7.31(a)、(b)所示。它们组成的两级放大器的频率特性如图 7.31(a)所示。

当连接成两级放大器后,在中频段总的电压放大倍数为

$$A_{u0} = A_{u01} A_{u02}$$

原来的 f_L 和 f_H 处,总的电压放大倍数为

$$\frac{1}{\sqrt{2}} A_{u01} \frac{1}{\sqrt{2}} A_{u02} = 0.5 A_{u01} A_{u02} = 0.5 A_{u0}$$

所以,对应 $1/\sqrt{2} A_{u0}$ 的 f'_L 和 f'_H 两点间距离比 f_L 和 f_H 两点间距离缩短了,可见两级放大器总的通频带比每个单级放大器的通频带要窄。

在集成电路中,一般都采用直接耦合的多级放大器。它的下限频率 f_L 趋于零,因而在讨论其频率特性时,只需求出上限频率 f_H,通频带也就等于 f_H。

(3) 频率失真

由于放大器对不同频率分量放大倍数不同而

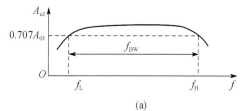

(a)

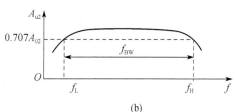

(b)

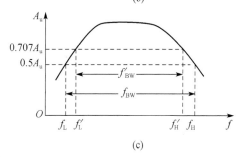

(c)

图 7.31　单级和两极共射放大器的幅频特性

引起输出信号波形的失真称为幅度失真。同样,如果放大器对不同频率分量产生不同的附加相移,也会造成输出信号波形的失真,这种失真称为频率失真。显然,为了避免频率失真,放大器必须具有与信号频率范围相适应的通频带。

六、差分放大器和集成运算放大器

1. 差分放大器

放大直流信号和变化缓慢的信号必须采用直接耦合方式,但在简单的直接耦合放大器中,常会发生输入信号为零时,输出信号不为零的现象。产生这种现在现象的原因是温度、电源电压等发生变化引起静态工作点发生缓慢变化,该变化量经逐级放大,使放大器输出端出现不规则的输出量。这种现象称为零点漂移,简称零漂。在多级直接耦合放大器中,如何在放大信号的同时有效地抑制零漂就成为一个突出的问题。

（1）差分放大器的基本结构

差分放大器的基本电路如图 7.32 所示。它由两个对称的放大器组合而成,一般采用正、负两个极性的电源供电。它分别有两个输入和输出端,具有灵活的输入、输出方式。

先讨论双端输入双端输出的情况。静态时$(u_i=0)$,由于电路完全对称,则 $U_{CQ1}=U_{CQ2}$,所以输出电压 $u_o=U_{CQ1}-U_{CQ2}=0$。当温度或电源电压发生变化时,由于两只三极管所处的环境一样,引起的变化相同,所以 $\Delta U_{CQ1}=\Delta U_{CQ2}$,两管的零漂相互抵消,输出电压仍为零。这样就较好地抑制了零漂。同样,由于发射极公共电阻 R_e 对两只三极管的电流都有自动调节作用,这就进一步增强了电路抑制零漂的能力。所以当采用单端输出时,即使不能利用对称性抵消零漂,但由于 R_e 的调节作用,仍能较好地减小零漂。

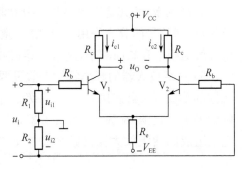

图 7.32　差分放大器基本电路

（2）差模信号和共模信号

在讨论差分放大器的性能特点时,必须首先区分差模信号和共模信号,因为差分放大器的主要性能特点就体现在它对差模信号和共模信号具有完全不同的放大能力上。

假设从差分放大器的两个输入端分别输入一对大小相等、极性相反的信号,则称它们为差模信号。这种输入方式称为差模输入。

假设从差分放大器的两个输入端分别输入一对大小相等、极性相同的信号,则称它们为共模信号。这种输入方式称为共模输入。

但实际加到差分放大器两个端的入端的信号往往既非差模,又非共模,其大小和相位都是任意的,这种输入方式称为比较输入方式。在这种情况下,可将 u_{i1} 和 u_{i2} 改写下列形成

$$\begin{cases} u_{i1}=\dfrac{u_{i1}+u_{i2}}{2}+\dfrac{u_{i1}-u_{i2}}{2} \\ u_{i2}=\dfrac{u_{i1}+u_{i2}}{2}-\dfrac{u_{i1}-u_{i2}}{2} \end{cases} \tag{7.49}$$

若设 $u_{i1}=10$ mV，$u_{i2}=4$ mV，即可改写成

$$\begin{cases} u_{i1}=(7+3) \text{ mV} \\ u_{i2}=(7-3) \text{ mV} \end{cases}$$

这样就把两个任意信号分解为一对共模信号和一对差模信号。其中，共模信号为两个输入信号的平均值，差模信号为两个输入信号的差值。以后经过进一步分析可以了解，输出信号电压的大小和相位只与这一差值有关，差分放大器的名称即由此而来。

(3) 差模输入时电路性能特点

1) 差模电压放大倍数　在图 7.32 所示差分放大器中，输入信号电压 U_i 经两个相等的电阻 R_1 和 R_2 分压后，成为大小相等而极性相反的一对差模信号，分别加到三极管 V_1 和 V_2 基极。在差模信号电压作用下，两管集电极产生等值而反相的变化电路，当它们共同流入 R_e 时相互抵消，因而对差模信号而言 R_e 可视为短路。差模交流通路如图 7.33 所示。

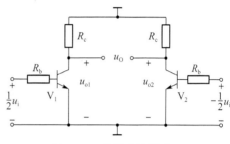

图 7.33　差模交流通路

差分放大器在差模输入的电压放大倍数称为电压放大倍数，用 A_d 表示

$$A_d=\frac{u_o}{u_i}$$

设差模输入时 V_1 和 V_2 的单管放大倍数分别为 A_{d1} 和 A_{d2}，由于电路两边对称，A_{d1} 和 A_{d1} 相等，即

$$A_{d1}=A_{d2}=-\beta\frac{R_c}{R_b+r_{be}} \tag{7.50}$$

又由于

$$u_o=u_{o1}-u_{o2}=A_{d1}u_{i1}-A_{d2}u_{i2}=A_{d1}\times\left(\frac{1}{2}\right)u_i-A_{d2}\times\left(-\frac{1}{2}\right)u_i=A_{d1}u_i$$

所以

$$A_{d1}=\frac{u_o}{u_i} \tag{7.51}$$

比较式(7.50)、(7.53)可知

$$A_d=A_{d1}=A_{d2}=-\beta\frac{R_c}{R_b+r_{be}} \tag{7.52}$$

上式说明，双端输出时，差模电压放大倍数就等于单管电压放大倍数。显然，当单端输出时，差模电压放大倍数为双端输出时的一半。

2) 差模输入电阻　差模输入电阻是指差分放大器从两个输入端看进去所呈现的电阻，其值应为两个共射放大器输入电阻之和，即

$$r_i=2(R_b+r_{be}) \tag{7.53}$$

3) 差模输出电阻　差模输出电阻与输出方式有关。

单端输出时，任一端的差模输出电阻即为共射放大器的输出电阻，即

$$r_{o1}=R_c \tag{7.54}$$

双端输出时，差模输出电阻应为两个共射放大器输出电阻之和，即

$$r_o = 2R_c \tag{7.55}$$

（4）共模输入时电路性能特点

若在差分放大器中输入共模信号，两管集电极产生相同的变化电流，设为 i_c。当它们共同流入 R_e 时，在 R_e 上所产生的变化电压为 $2i_cR_e$。这可以等效地看成，在电流 i_c 作用下，每个发射极上相当于接入了 $2R_e$ 的电阻。于是可以得出如图 7.34 所示的共模交流通路。

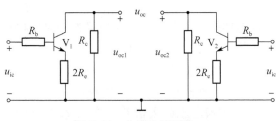

图 7.34　共模交流通路

差分放大器在共模输入时的电压放大倍数称为共模电压放大倍数，用 A_c 表示。

利用发射极接有电阻的共射放大器的有关结论，可得单端输出时，差分放大器的共模电压放大倍数为

$$A_c \approx \frac{R_c}{2R_e} \tag{7.56}$$

双端输出时，若电路完全对称，则两管共模输出电压相互抵消，所以共模电压放大倍数也为零。实际上，电路不可能完全对称，且希望 A_c 尽可能小。

差分放大器受温度或电源电压变化的影响，相当于输入一对共模信号，这对差分放大器来说是一种干扰。希望 A_c 尽可能小，就是要求差分放大器要有较强的抗共模干扰的能力。前面讲到的差分放大器对零漂的抑制作用是抑制共模信号的一个特例。

5. 共模抑制比

衡量一个差分放大器的质量，不仅要看它对差模信号的放大能力，同时还要看它对共模信号的抑制能力。这种抑制能力可用共模抑制比来评价，用 K_{CMR} 表示。

共模抑制比的定义为差模电压放大倍数对共模电压放大器之比的绝对值，即

$$K_{CMR} = \left| \frac{A_d}{A_c} \right| \tag{7.57}$$

完全对称的差分放大器，$A_c = 0$，所以 $K_{CMR} \rightarrow \infty$。实际上 A_c 不可能为零，K_{CMR} 也不可能趋于无穷大，它是一个远大于 1 的数，故有时用对数表示，其单位是分贝，即

$$K_{CMR} = 20\log \left| \frac{A_d}{A_c} \right| \quad (dB) \tag{7.58}$$

根据式（7.56）可知，增大 R_e，A_c 就减小，K_{CMR} 也就相应增大。但当电源电压一定时，为了维持适当的工作电流，R_e 的增大受到限制，从而也影响到 K_{CMR} 的提高。为了解决这一矛盾，可用有源负载代替 R_e。

（6）采用有源负载的差分放大器

图 7.35 所示为采用有源负载的差分放大器。其中 V_3 为恒流三极管。稳压二极管 V_Z 使三极管 V_2 的基极电位得以固定，当温度升高使 V_3 管电流增加时，R_2 上的电压也要增加，使 V_3 管发射极电位增高，由于基极电位已被固定，所以发射结电压 U_{BE3} 就要下降，I_{B_3} 也随之减小，因此抑制了 I_{c3} 的上升，使 I_{c3} 基本不变。I_{c3} 不变，则 I_{c1}、I_{c2} 也不变，从而有效地抑制了零漂。在这一自动调节的过程中，恒流管所呈现的很大的动态电阻对共模信号具有很

强的抑制作用;而与此同时,无需增大电源,即可保证差分放大器有足够的工作电流。实践表明,与采用 R_e 的差分放大器相比,采用有源负载的差分放大器共模抑制比有显著提高。

(7) 用 MOS 管组成的差分放大器

其电路如图 7.36 所示。其中 MOS 管 V_3、V_4 分别作为 V_1、V_2 的漏极有源负载;V_5 则作为 V_1、V_2 管的源极有源负载,起抑制零漂作用。由于采用了 MOS 管,使差分放大器的输入电阻大大提高,噪声减小,线性范围也有所增大。这种电路形式在集成电路中有广泛应用。

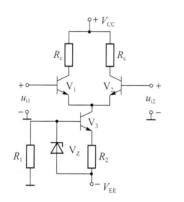
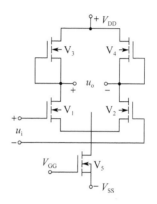

图 7.35　采用有源负载的差分放大器　　图 7.36　用 MOS 管组成的差分放大器

(8) 差分放大器的调零

对于一个理想的差分放大器,当输入信号电压为零时,双端输出电压也应为零。实际上,由于两边电路不可能完全对称,使得在零输入时双端输出电压不为零,这种现象称为差分放大器的失调。为了使差分放大器实现零输入时零输出,就要有零点调节。图 7.37(a)、(b)所示为两种常用的调零电路,图(a)为发射极调零电路,调零电位器 R_P 接在两管发射极之间;图(b)为集电极调零电路,调零电位器 R_P 直接接在正电源端。调节调零电位器 R_P,改变两管发射极电位或集电极电位,使静态时双端输出电压减小到零。

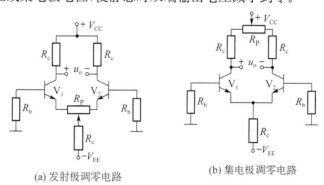

(a) 发射极调零电路　　　　　　(b) 集电极调零电路

图 7.37　差分放大器的调零电路

(9) 差分放大器的四种连接方式

差分放大器的四种连接方式及性能比较见表 7.3。

表 7.3　差分放大器的四种连接方式及性能

连接方式	电路图	电压放大倍数	输出、输出电阻	用途
双端输入双端输出		$A_d = -\dfrac{\beta R'_L}{R_b + r_{be}}$ $R'_L = R_c // \dfrac{R_L}{2}$ 电路对称时 $A_c = 0$	$r_i = 2(R_b + r_{be})$ $r_o = 2R_c$	用于输入、输出都不需要一端接地的场合,常用于多级直接耦合放大器的输入级、中间级
单端输入双端输出				用于将单端输入转换成双端输出的场合,常用于多级直接耦合放大器的输入级
双端输入单端输出		$A_d = -\dfrac{1}{2}\dfrac{\beta R'_L}{R_b + r_{be}}$ $R'_L = R_c // R_L$ $A_c \approx \dfrac{R'_L}{2R_e}$	$r_i = 2(R_b + r_{be})$ $r_o = R_c$	用于将双端输入转换成单端输出的场合,常用于多级直接耦合放大器的输入级、中间级
单端输入单端输出				用于输入、输出均需要一端接地的场合

1) 双端输入双端输出　差模放大器倍数与单管放大器倍数相同。适用于对称输入、对称输出,输入输出均不接地的情况。

2) 单端输入双端输出　信号只从一个三极管的基极输入,而另一个三极管的基极接地。我们可以把这看成是从双端输入任意信号的一个特例,即一端输入 u_i,另一端输入为 0。在 R_e 足够大的条件下,根据式(7.49),u_i 和 0 可以分解为 $\dfrac{1}{2}u_i + \dfrac{1}{2}u_i$ 和 $\dfrac{1}{2}u_i - \dfrac{1}{2}u_i$,这就相当于从双端输入了一对共模信号和一对差模信号。差模放大倍数和双端输入双端输出相同,电路工作状态近似一致。这种接法可以将单端输入的信号转换成双端输出,作为下一级的差模输入,以便更好地利用差模放大的特点。它也可用作输出级,适合于带动两端不接地的悬浮负载。

3) 双端输入单端输出　差模放大倍数为单管放大倍数的一半,即 $A_{d1} = \dfrac{1}{2}A_d$。这种接法常用于将差模信号转换为单端输出信号,以满足后级放大器的要求。

4) 单端输入单端输出　电路工作状态与双端输入单端输出时近似相同,即差模电压放大倍数为单管放大器的一半。信号从 V_1 管的集电极输出与输入反相,从 V_2 管的集电极输出与输入同相。

在上述四种接法中,无论是单端输入还是双端输入,差模输入电阻均为

$$r_i = 2(R_b + r_{be}) \tag{7.59}$$

输出电阻则与输出方式有关,

单端输出时
$$r_o = R_c \tag{7.60}$$

双端输出时

$$r_o = 2R_c \tag{7.61}$$

2. 集成运算放大器

集成运算放大器简称集成运放,它实际上是一种高增益的多级直流放大器,最初用于模拟信号的数学运算,现已作为一种通用的高性能的放大器件,广泛应用电子技术的各个领域,在许多情况下已经取代了分立元件放大器。

(1)集成运放的组成

集成运放内部电路一般由以下四部分组成,如图 7.38(a)所示。

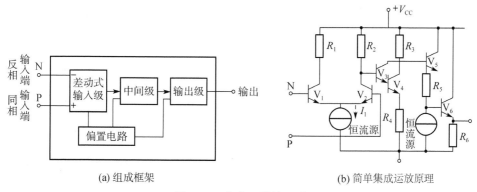

(a) 组成框架　　　　　　　　(b) 简单集成运放原理

图 7.38　集成运放的组成

1)输入级　通过由三极管或场效应管构成的具有有源负载的差分放大器,利用它可以使集成运放获得尽可能高的共模抑制比,以及良好的输入特性。

2)中间级　中间级的主要作用是使集成运放具有较强的放大能力,通常由多级共射(或共源)放大器构成,并经常采用复合管做放大器。

3)输出级　输出级应具有输出电阻小、非线性失真小等特点。故此极大多采用集射极输出器为输出级。V_3 和 V_4 组成复合管,主要起电压放大作用,作为中间级。V_5 和 V_6 构成复合射极输出器。

(2)集成运放的符号与外形

集成运放的符号如图 7.39 所示。图中"▷"表示放大作用,三角形顶所指方向为信号传输方向,"∞"表示开环增益极高。它有两个输入端和一个输出端,同相输入端标"+"(或 P),输出端信号与该端信号同相;反相输入端标"－"(或 N),输

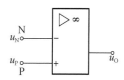

图 7.39　集成运放的图形符号

出端信号与该端输入信号反相。

实际集成运放有圆壳式封装、扁平式封装和双列直插式封装等,如图 7.40 所示。

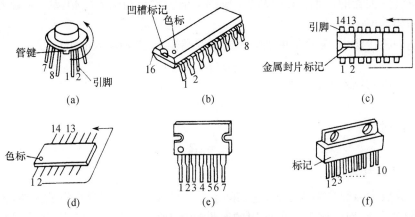

图 7.40 集成运放外形

集成运放的引脚除输入、输出三个端外,还有源端、公共端(地端)、调零端、相位补偿端、外接偏置电阻端等。这些引脚虽未在电路符号上标出,但在实际使用时必须了解各引脚的功能及外接线的方式。

(3)集成运放的电压传输特性

集成运放的输出电压与电压(即同相输入端与反相输入端之间的差值电压)之间的关系曲线称为电压传输特性。对于正、负两路电源供电的集成运放,其电压传输特性如图 7.41 所示。

曲线分线性区(图中斜线部分)和非线性区(图中斜线以外的部分)。在线性区,输出电压 u_o 随输入电压(u_p — u_N)的变化而变化;但在非线性区,u_o 只有两种可能:或是 $+U_{om}$,或是 $-U_{om}$。

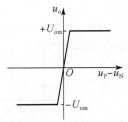

图 7.41 集成运放的电压传输特性

由于外电路没有引入负反馈,集成运放的开环增益非常高,只要加很微小的输入电压,输出电压就会达到最大值 $\pm U_{om}$,所以集成运放电压传输特性中的线性区非常窄。

任务一 单级阻容耦合放大电路的安装与调试

一、原理图

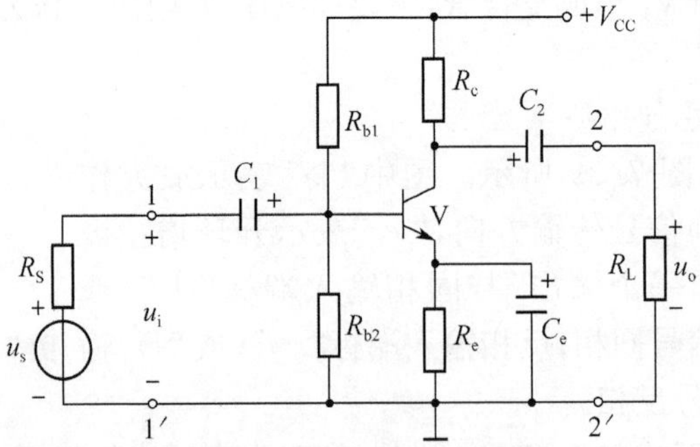

图 7.42 单级阻容耦合放大电路

二、安装准备

工具、仪表及器材见表7.4和表7.5。

表7.4 工具、仪表的选用

序号	名称	型号与规格	单位	数量	备注
1	电烙铁、烙铁架、焊料与焊剂	与线路板和元器件配套	套	1	
2	直流稳压电源	0~36 V	台	1	
3	信号发生器	与电路功能配套	台	1	
4	示波器	与电路参数配套	台	1	
5	单相交流电源	AC220 V	处	1	
6	电子通用工具	自定	套	1	尖嘴钳、镊子、斜口钳、剥线钳等
7	万用表	MF47	块	1	

表7.5 器材明细表

名称	型号与规格	单位	数量	名称	型号与规格	单位	数量
电阻	4 kΩ	只	1	三极管	NPN9014	只	1
电阻	20 kΩ	只	1	电解电容	10 μF	只	2
电阻	10 kΩ	只	1	电解电容	100 μF	只	1
电阻	600 Ω	只	1	电阻	2 kΩ	只	1
单股镀锌铜线（连接元器件用）	AV—0.1 mm^2	m	若干	万能印刷线路板	2 mm×70 mm×100 mm（或 2 mm×150 mm×200 mm）1	块	1

三、电路安装与调试

1. 安装电路

基本操作步骤描述:配齐元器件→检查元器件→清除元件氧化层并搪锡→连接线搪锡→插装元器件→焊接元器件→检查

(1) 准备好相应的元器件,并检查元器件,用万用表检查三极管的质量、电阻的阻值及电解电容的充放电情况,并用晶体管图示仪测三极管的主要参数。

(2) 清除元件引脚处和印刷电路板表面的氧化层,并进行搪锡处理。

(3) 在印刷电路板上设计元件布局。

(4) 插接元件时,焊接前对电路认真进行检查,电解电容器应正向连接,三极管的三个电极不能接错。尽量按照电路的形式与顺序布线,要求做到元器件排列整齐,密度均匀,不互相重叠,连线尽量做到短和直,避免交叉。元件标称值字符朝外以便检查。

(5) 对照电路图,按焊接工艺进行焊接。

(6) 安装完毕后,应对照电路图仔细检查看是否有错接、漏接和虚接现象,并用万用表检查底板上电源正负极之间有无短路现象,若有,应迅速排除故障,否则不能通电进行性能测试。

2. 通电测试

(1) 通电观察

电路安装经检查确定无误后,即可把经过准确测量的电源电压接入电路,此时不要急于测量数据,应首先观察电路有无异常现象,如有无冒烟、有无异常气味、元器件是否发烫、电源输出有无短路现象等。如有异常现象,应立即切断电源,检查电路,排除故障,待故障排除后方可重新通电测试。

(2) 静态工作点的测试与调整

静态工作点是由各级电流和电压来描述的。测量静态工作点只要把 I_{BQ}、U_{BEQ}、U_{CEQ}、I_{CQ} 数值测量出来即可,但在测量时应注意以下几个问题:

1) 一般只测电压而避免测电流,因为测量电流时要断开电路,电流的大小可以通过测量电压再把电流换算出来,如测量 I_c 时,只需要测量 R_c 两端的电压,然后除以 R_c 的阻值即可。

2) 当使用的测量仪器仪表公共端接机壳时,应把测量仪器仪表的公共端与放大器公共端接在一起即共地,否则测量仪器仪表外壳引入的干扰将使电路工作状态改变,并且测量结果也不可靠。

3) 注意使用仪表的内阻(仪表的分流作用),同时还要正确选择测量仪表的量程范围,减少测量误差。

4) 在测量静态工作点时,为了减少外界干扰,应使输入端交流短路即 C_1 左端接地。

静态工作点测试方法:接通直流电源,放大器不加输入信号,并将放大器输入端即耦合电容 C_1 左端接地,用万用表测量晶体管的 B、E、C 极对地的电压 U_B、U_E、U_C。如果出现 $U_{CC}=U_{CE}$,说明晶体管工作在截止状态;如果出现 $U_{CE}<0.5\ V$,说明晶体管已经饱和。这两种情况均说明,所设置的静态工作点偏离较大,应调整 R_{B_1},或检查电路是否有故障、测量是否正确以及读数是否正确等。

(3) 性能指标(动态)的测试与电路参数调整

测量前,一般情况下使 $f_0=1\ kHz,u_i=10\ mV$(有效值),然后按照放大器性能指标的测试方法分别测量 A_u、R_i、R_o、β 等。

有时,电路的性能指标达不到设计要求,就必须通过实验调整修改电路参数,使之满足各项指标要求。对于一个低频放大器,希望电路的稳定性好,非线性失真小、电压放大倍数大、输入阻抗高、输出阻抗低、下限频率 f_L 越低越好,但这些要求很难同时满足。

例如1,希望提高电压放大倍数 A_u,可以有以下三种方法:

$$A_u \uparrow \begin{cases} R'_L \uparrow \to R_o \uparrow \\ r_{be} \downarrow \to R_i \downarrow \\ \beta \uparrow \to r_{be} \uparrow \end{cases}$$

增大 R'_L,会使 R_o 增加,减小 r_{be} 会使输入电阻 R_i 减小。如果 R_o 和 R_i 有余地,可通过调节 R_c 和 I_c 来提高电压放大倍数,但这样会影响静态工作点,需重新调整静态工作点。提高晶体管的放大倍数 β,才是提高放大倍数的有效措施。对于的分压式直流负反馈偏置电路,由于基极电位 U_B 固定,

则
$$I_C \approx I_E = \frac{U_B - U_{BE}}{R_E} \approx \frac{U_B}{R_E}$$

因此,改变 β 不会影响放大器的静态工作点。

例如 2,希望提高最大不失真输出电压 U_{omax},则可将静态工作点 Q 移到负载线中点附近,此时输出波形顶部、底部同时失真(双重失真),电路达到最大输出。

例如 3,希望降低放大器的下限频率 f_L,也可以有以下三种途径:

$$f_L \downarrow \begin{cases} C_E \uparrow, C_1 \uparrow, C_2 \uparrow \\ r_{be} \downarrow \to A_u \downarrow \\ R_C \uparrow \to R_o \uparrow \end{cases} \to 电路的性能价格比 \downarrow$$

总之,不论采用何种方法,都必须进行综合考虑,通过实验调整、修改电路的参数,尽量满足各项指标要求。经调整后的元件参数值,可能与设计计算的值有一定的差别。

四、评分标准

评分标准见表 7.6。

表 7.6　评分标准

序号	项目内容	评分标准	配分	扣分	得分
1	三极管测量	判断三极管半导体类型和电极,每处错误扣 2.5 分	15		
2	电路安装	电路安装不正确每处扣 5 分	20		
		元件一处损坏扣 2.5 分	5		
		布局层次不合理,主次分不清一处扣 5 分	10		
		接线不符合规范,每处扣 2 分	10		
		按图接线一处不符合要求扣 5 分	10		
3	通电调试	调试不成功,扣 10 分	10		
4	静态工作点的测量	不能正确使用万用表测量静态工作点扣 10 分	10		
5	动态参数的测量	不能正确使用示波器扣 5 分;测量并计算 A_u、R_i、R_o,每个错误扣 2 分	10		
6	备注	不允许超过 2 小时	成绩		

任务二　两级阻容耦合放大电路的安装与调试

一、原理图

该电路有两级放大器组成。V_1 管是第一级放大器的放大管,电位器 R_P、电阻器 R_{b11} 和 R_{b12} 是基极偏置电阻,电阻器 R_{c1} 是集电极电阻,R_{e1} 是发射极偏置电阻,C_{e1} 是旁路电容。静态时 V_1 管基极电压 U_{BQ1} 近似由电源 U_{CC} 和 R_{b11} 与 R_{b12} 的分压比确定,所以第一级放大器常常称为分压式射极偏置放大电路,它能有效地稳定放大电路的静态工作点。V_2 管是第二级放大器的放大管,电阻 R_{b21} 是基极电阻,电阻器 R_{c2} 是集电极电阻,R_{e2} 是发射极电阻,C_{e2} 是旁路电容。C_1、C_2、C_3 是耦合电容。

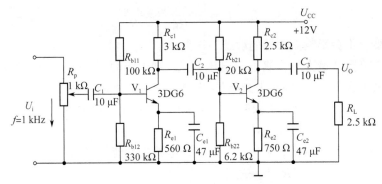

图 7.43　两级阻容耦合放大电路

二、安装准备

工具、仪表见表 7.4,器材明细表见表 7.7。

表 7.7　器材明细表

序号	名称	型号与规格	单位	数量	备注
1	三极管 VT_1、VT_2	3DG6	只	2	
2	电位器 R_p	1 kΩ	只	1	
3	电阻 R_{b11}	100 kΩ、0.25 W	只	1	
4	电阻 R_{b12}	30 kΩ、0.25 W	只	1	
5	电阻 R_{b21}	20 kΩ、0.25 W	只	1	
6	电阻 R_{b22}	6.2 kΩ、0.25 W	只	1	
7	电阻 R_{c1}	3 kΩ、0.25 W	只	1	
8	电阻 R_{c2}	2.5 kΩ、0.25 W	只	1	
9	电阻 R_{e1}	560 Ω、0.25 W	只	1	
10	电阻 R_{e2}	750 Ω、0.25 W	只	1	
11	电阻 R_L	2.5 kΩ、0.25 W	只	1	
12	电解电容 C_1、C_2、C_3	10 μF/16 V	只	1	
13	电解电容 C_{e1}、C_{e2}	47 μF/16 V	只	1	
14	单股镀锌铜线(连接元器件用)	AV—0.1 mm²	m	1	
15	万能印刷线路板	2 mm×70 mm×100 mm (或 2 mm×150 mm×200 mm)	块	1	

三、安装与调试训练

1. 安装电路

参见"任务一　单级阻容耦合放大电路安装与调试"的相关内容。

2. 调试

调整放大电路的静态工作点,测量电压放大倍数。在放大器的输入端输入一个 1 kHz

的正弦交流信号,用示波器观察 R_L 上的电压波形,反复调整输入信号的大小以及微调 R_p,使 R_L 上的电压波形为最大并不失真,然后测量数据并记录。

四、评分标准

评分标准同表7.6。

❖习题

1. 一个单管共发射极放大器由哪些基本元件组成? 各元件的作用是什么?

2. 画出由 PNP 型管接成的共射极放大器,并标出静态电流方向和静态管压降 U_{CEQ} 的极性。

3. 什么是放大器的静态工作点? 为什么要设置静态工作点?

4. 在题图 7.1 所示放大器中,已知: $V_{CC}=12$ V, $R_c=3$ kΩ, $R_b=500$ Ω, $\beta=60$, U_{BE} 忽略不计,试估算放大器的静态工作点。

5. 在题图 7.2 所示放大器中,已知 $V_{CC}=12$ V, $R_c=3$ kΩ, U_{BE} 忽略不计。

(1) 若 $R_b=400$ Ω,三极管 $\beta=80$,试求静态电流 I_{BQ}、I_{CQ} 及管压降 U_{CEQ};

(2) 若把 U_{CEQ} 调到 2.4 V, R_b 应调到多大阻值?

(3) 若把 I_{CQ} 调到 1.6 mA, R_b 应调到多大阻值?

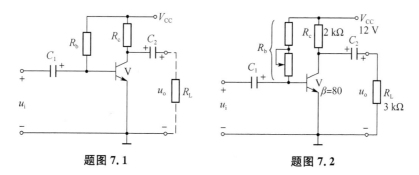

题图 7.1　　　　　　　　　　题图 7.2

6. 放大电路如题图 7.1 所示,已知: $V_{CC}=12$ V, $R_c=3$ kΩ, $R_b=240$ Ω,

(1) 当 $\beta=40$ 时,试估算电路的静态工作点;

(2) 若换一只 $\beta=80$ 的三极管,电路能否正常放大?

7. 放大电路如题图 7.1 所示,已知: $V_{CC}=12$ V, $R_c=4$ kΩ, $R_b=300$ Ω, $\beta=50$,负载 $R_L=4$ kΩ,试求:

(1) U_{CEQ};

(2) 三极管的 r_{be};

(3) 输出端未接负载时的电压放大倍数 A_u;

(4) 输出端接负载时的电压放大倍数 A'_u;

(5) 输入电阻 r_i;

(6) 输出电阻 r_o。

8. 若输入信号电压增益 $U_i=20$ mV,电流 $I_i=1.0$ mA;输出电压 $U_o=2$ V,电流 $I_o=0.1$ A。试求放大器的电压增益 G_u、电流增益 G_i 和功率增益 G_p。

项目二　直流稳压电路

电子设备中所需要的直流电源，通常都是由电网所提供的交流电经过变压、整流、滤波和稳压以后得到的。各部分电路及其输出波形如图 7.44 所示。

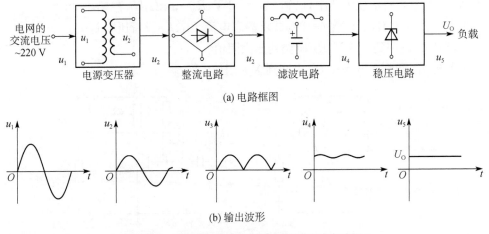

(a) 电路框图

(b) 输出波形

图 7.44　直流稳压电路原理框图及其输出波形

电源变压器的作用是将 220 V 电网电压变换为整流电路所要求的交流电压值。

整流电路的作用是将交流电压变换为脉动直流电压。

滤波电路的作用是将脉动的直流电变换为平滑的直流电。

稳压电路的作用是使直流电源的输出电压稳定，基本不受电网电压或负载变动的影响。

一、整流电路

整流电路的作用是将交流电变换为脉动的直流电。利用二极管的单向导电性可实现单相整流或三相整流。

为了讨论方便，在以下分析中，除特别说明外，一般均假定负载为纯电阻，二极管、变压器均为理想器件。

1. 单相桥式整流电路

图 7.45 所示为单相桥式整流电路的三种常见画法。

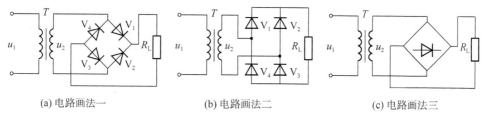

(a) 电路画法一　　　　　(b) 电路画法二　　　　　(c) 电路画法三

图7.45　单相桥式整流电路

（1）整流原理

当 u_2 为正半周时，即 A 端为正，B 端为负时，二极管 V_1、V_3 导通，截止 V_2、V_4，电流通路如图7.46(a)所示。R_L 上电流方向由上而下，电压极性为上正下负。

当 u_2 为负半周时，即 A 端为负，B 端为正时，二极管 V_2、V_4 导通，V_1、V_3 截止，电流通路如图7.46(b)所示。R_L 上电流方向和电压极性与正半周时相同。

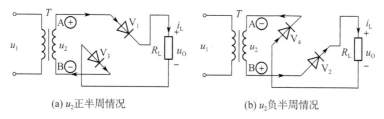

(a) u_2 正半周情况　　　　　(b) u_2 负半周情况

图7.46　单相桥式整流电流通路

由此可见，在 U_2 的正负半周，都有同一方向的电流流过 R_L，四只二极管中两组轮流导通，在负载上即可得到全波脉冲的直流电压和电流，所以这种整流电路属于全波整流类型。图7.47所示为单相桥式整流电路电压的波形。

（2）负载上的直流电压

单相桥式整流电路和变压器中心抽头式单相全波整流电路在负载 R_L 上得

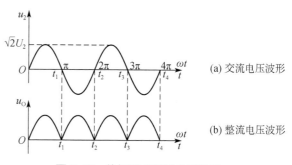

(a) 交流电压波形

(b) 整流电压波形

图7.47　单相桥式整流电压波形

到的波形相同，都是全波脉动直流电，所以输出直流电压的计算公式也相同，即

$$U_o = 0.9 U_2 \tag{7.62}$$

（3）整流二极管的选择

整流二极管的最大整流电流 I_{FM} 和最高反向工作电压 U_{RM} 分别应满足

$$I_{FM} > 0.5 I_L \tag{7.63}$$

$$U_{RM} > \sqrt{2} U_2 \tag{7.64}$$

考虑到电网电压有 $\pm 10\%$ 的波动，在实际选用二极管时，应至少有 10% 的余量。

【例7.2】　单相桥式整流电路，要求它输出 12 V 直流电压和 100 mA 电流。现有二极管 2CP10（$I_{FM} = 100$ mA，$U_{RM} = 25$ V）和 2CP11（$I_{FM} = 100$ mA，$U_{RM} = 50$ V），应选哪种型号？

解　$U_2 = \dfrac{U_L}{0.9} = \dfrac{12}{0.9} = 13.32(\text{V})$

$$I_{FM} > 0.5U_L = 0.5 \times 100 = 50 (mA)$$

$$U_{RM} > \sqrt{2}U_2 = 1.414 \times 13.32 = 18.84 (V)$$

可选用四只 2CP10 二极管。

(4) 利用桥式整流获得正、负电源

将桥式整流电路变压器二次侧中点接地，并将两个负载电阻的相互连接点接地，如图 7.48所示。这样，两个负载上即可分别获得正、负电源。

2. 三相桥式整流电路

单相整流电路的输出功率一般较小，在实际应用中当输出功率功率超过几千瓦且又要求脉动较小时，就要采用三相整流电路。三相整流电路输出功率大，电压脉动小，变压器利用率较高，并有利于三相电网的负载平衡。

三相桥式整流电路如图 7.49 所示，组成方法与单相桥式整流电路相似，二极管 V_1、V_3、V_5 共阴极连接，接于 A；二极管 V_2、V_4、V_6 共阳极连接，接于 B；负载 R_L 接于 A、B 之间。

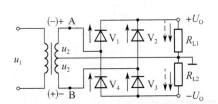

图 7.48 利用桥式整流获得正、负电源

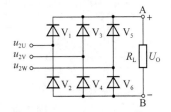

图 7.49 三相桥式整流电路

变压器二次侧绕组电压波形如图 7.50(a)所示。为了便于分析，将一个周期时间从 $t_1 \sim t_7$ 分为 6 等份。在每个 1/6 周期时间内，相电压 U_{2U}、U_{2V}、U_{2W} 中总有一个是最高的，一个是最低的。对于共阴极连接的二极管，哪一只的正极电位最高，这只二极管就处于导通状态；对于共阳极连接的二极管，哪一只的负极电位最低，这只二级管即处于导通状态。

在 $t_1 \sim t_2$ 时间内，U 相电压最高，所以共阳极组中 V_1 优先导通；V 相电压最低，所以共阴极组中 V_4 优先导通；其余二极管都处于截止状态。输出电压 $u_o = u_{UV}$。

在 $t_1 \sim t_7$ 时间内，U 相电压仍然最高，而 W 相电压变得最低，因此 V_1 与 V_6 串联导通，其余二极管反向截止。输出电压 $u_o = u_{UW}$。

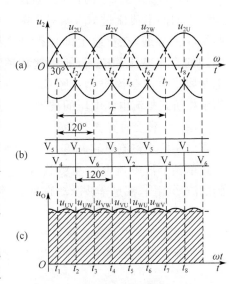

图 7.50 三相桥式整流电压波形

依此类推，在任一瞬间，共阴极和共阳极组的二极管中都各有一只导通，每只二极管在一周期内的导通角都为 $120°$，导通顺序如图 7.50(b)所示。负载 R_L 上获得的脉动直流电压波形如图 7.50(c)所示。与单相整流电路的输出电压波形相比，显然三相桥式整流电路的输出波形要平滑得多。

3. 倍压整流电路

二倍压整流电路如图 7.51 所示,它由两只整流二极管和两只电容器组成。其工作原理分析如下:

当 u_2 为正半周,即 A 端为正,B 端为负时,二极管 V_1 导通,V_2 截止;电容 C_1 充电,C_1 上电压极性为右正左负,最大值可达 $\sqrt{2}U_2$。

当 u_2 为负半周,即 A 端为负,B 端为正时,C_1 上电压与变压器二次测电压相加,使 V_2 导通,V_1 截止;电容 C_2 充电,C_2 上电压极性为右正左负,最大值可达 $2\sqrt{2}U_2$。利用同样原理,可构成多倍压整流电路,如图 7.52 所示。

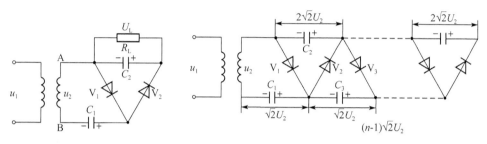

图 7.51　二倍压整流电路　　　　图 7.52　多倍压整流电路

以上在分析电路时,为了简便起见,总是假设电路空载,且已处于稳态。实际上只要电路接上负载即存在放电回路,电容上的电压不可能达到最大值。尤其当负载电流较大时,输出电压更会明显降低,而且脉动加大,所以倍压整流电路只适用于负载电流很小的场合。

4. 整流堆的应用

将若干只整流二极管按某种方式用绝缘瓷。环氧树脂等封装成一体就制成整流堆,通常称硅堆。低压小电流硅整流堆是将整流二极管按半桥或全桥方式组合,称半桥或全桥整流堆,如图 7.53(a) 所示。

大电流硅整流堆则是采用特殊工艺,将若干个硅片按一定整流方式连同外壳一起制造,称整流模块或整流组,如图 7.53(b) 所示。

高压小电流硅整流堆由多只二极管串联封装而成,如图 7.53(c) 所示。

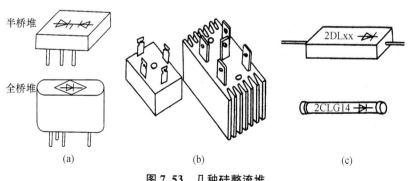

(a)　　　　　　　　(b)　　　　　　　　(c)

图 7.53　几种硅整流堆

全桥整流堆内部电气原理如图 7.54 所示。

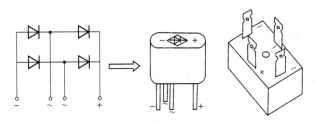

图 7.54　全桥整流堆内部电气原理图

硅整流堆的主要参数是最高反向电压和最大整流电流。同整流二极管一样,对硅整流堆也主要用检查正向和反向电阻来判断其好坏。由图 7.54 可知,整流桥堆的两个输出端之间是两只二极管同向串联,两个输入端之间是两只二极管反向串联,因此可用万用表测量引出脚间正反向电阻来判断整流桥堆的好坏。对于有些电流较大、反向电压又高达上万伏的高压整流堆,由于串联的二极管较多,一般用万用表难以测试,要用特殊的方法或专用的设备才行。

二、滤波电路

整流电路虽然能把交流电转换为直流电,但是输出的都是脉冲直流电,其中仍含有很大的交流成分。为了得到平滑的直流电,必须把脉动直流电中的交流成分滤除掉,这一过程称为滤波。

1. 电容滤波电路

图 7.55 所示为桥式整流电容滤波电路。它是利用电容器两端电压不能突变的特性来进行滤波的。滤波电容与负载并联。

(1) 电容滤波原理

假设在接通电源前,电容 C 两端电压为零。当接通电源后,二极管 V_1、V_3 导通,电容 C 迅速充电(同时

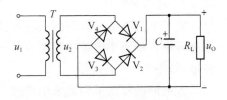

图 7.55　桥式整流电容滤波电路

也向负载供电),电容 C 两端电压随 u_2 同步上升,并达到 u_2 的峰值。当输入电压 u_2 下降到低于电容两端电压时,V_1、V_3 截止(V_2、V_4 仍截止),电容 C 通过 R_L 放电,u_o 下降缓慢。由于 R_L 阻值远远大于二极管的正向内阻,所以电容 C 充电快而放电慢,u_o 下降缓慢。当下一个半周期到来,输出电压上升到超过电容端电压时,V_2、V_4 导通,电容又重复上述充电、放电过程。图 7.56 中虚线所示虚线为未接滤波器电容时输出电压波形,实线所示为经过电容滤波器后的输出电压波形。由于滤波电容的充放电作用,输出电压的脉动程度大为减弱,波形相对平滑,输出电压平均值也得到提高。

(2) 电容滤波的特点

RLC 越大,电容 C 放电缓慢,输出的直流电压越大,滤波效果也越好;反之,则输出电压低且滤波效果差,如图 7.57 所示。

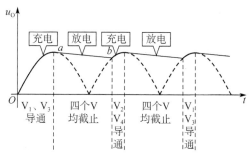

图 7.56　桥式整流电容滤波波形图

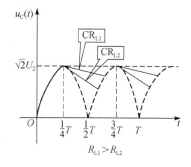

图 7.57　RLC 变化对电容滤波的影响

当滤波电容较大时,在接通电源瞬间会有很大的充电电流,称浪涌电流。

电容滤波适用于负载电流较小且变化不大的场合。

桥式整流和半波整流电路经电容滤波后,有关电压和电流的估算可参考表 7.8。

表 7.8　电容滤波整流电路电压和电流的估算

整流电路形式	输入交流电压（有效值）	整流电路输出电压		整流器件上电压和电流	
		负载开路时的电压	待负载时的电压（估计值）	最大反向电压 U_{RM}	通过的电流
半波整流	U_2	$\sqrt{2}U_2$	U_2	$2\sqrt{2}U_2$	I_L
桥式整流	U_2	$\sqrt{2}U_2$	$1.2U_2$	$\sqrt{2}U_2$	$\dfrac{1}{2}I_L$

选择滤波电容一般用满足 $R_LC \geqslant (3 \sim 5)T$（$T$ 为脉动电压的周期）；或按表 7.9,根据负载电流的大小来选择。

表 7.9　滤波电容的选择

负载电流 I_L	2 A 左右	1 A 左右	0.5～1 A	0.1～0.5 A	100 mA 以下	50 mA 以下
滤波电容 C	4 000 μF	2 000 μF	1 000 μF	500 μF	200～500 μF	200 μF

注:此为桥式整流电容滤波电路 $U_o = 12 \sim 36$ V 时的参考值。

【例 7.3】　在桥式整流电感滤波电路中,要求输出直流电压为 6 V,负载电流为 60 mA。试选择合适的整流二极管。

解　电源变压器二次侧电压为　　　　　　$U_2 = U_o/1.2 = 6/1.2 = 5$(V)

流过每只二极管的直流电流为　　　　　　$I_F = 0.5I_L = 0.5 \times 60 = 30$(mA)

每只二极管承受的反向电压为　　　　　　$U_{RM} = \sqrt{2}U_2 = 1.414 \times 5 = 7$(V)

经查手册,可选用整流二极管 2CZ82A　　（$I_{FM} = 100$ mA, $U_{RM} = 25$V）。

2. 电感滤波电路

图 7.58(a)所示为桥式整流电感滤波电路。它是利用通过电感的电流不能突变的特性来进行滤波的。滤波电感与负载串联。

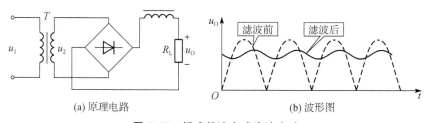

(a) 原理电路　　　　　　　　　　(b) 波形图

图 7.58　桥式整流电感滤波电路

电感也是一种储能元件。当电流增加时,电感线圈产生自感电动势阻止电流的增加,同时将一部分电能转化为磁场能量存储起来;当电流减小时,感应电动势将阻止电流减小,同时将储存的能量释放出来。所以,通过电感的电流的脉动程度大为减弱,其输出电压(电流)波形的平滑性比电容滤波要好。

一般情况下,电感越大,滤波效果越好。但电感太大,体积变大,成本上升,且输出电压会下降,所以滤波电感常取几亨到几十亨。

电感滤波主要用于大电流负载或负载经常变化的场合。有些整流电流是感性负载,负载本身就起到平滑脉动电流的作用,这时可以不必另加滤波电感。

3. 复式滤波电路

为了进一步提高滤波效果,可以将电容器和电感器(或电阻器)组合复式滤波电路。

(1) LC 型滤波电路

在电感滤波电路的基础上,再在 R_L 上并联一个电容,便构成如图 7.59 所示的 LC 型滤波电路。脉动直流电经过电感 L,交流成分被削弱,再经过电容滤波,将交流成分进一步滤除,就可在负载上获得更加平滑的直流电压。

LC 型滤波电路带负载能力较强,在负载变化时,输出电压比较稳定。又由于滤波电容接于电感之后,因此可使整流二极管免受浪涌电流的冲击。

(2) LC-π 型滤波电路

在 LC 型滤波电路的输入端再并联一个电容,便构成 LC-π 型滤波电路,如图 7.60 所示。

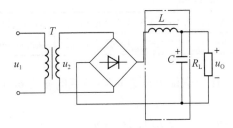

图 7.59　LC 型滤波电路

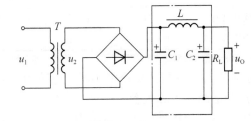

图 7.60　LC-π 型滤波电路

LC-π 型滤波电路的输出电压比 LC 型滤波电路的高,波形也更加平滑。但带负载能力较差,对整流二极管仍存在浪涌电流。为了减少浪涌电流,一般取 $C_1 < C_2$。

(3) RC-π 型滤波电路

当负载电流较小时,常选用电阻 R 代替 LC-π 型滤波电路中的电感 L,构成 RC-π 型滤波电路,如图 7.61 所示。脉动电压中交流分量在电阻 R 上产生较大压降,使电容上的交流分量减少,但由于 R 的存在,同时也会产生直流压降和功率损耗,使输出直流电压降低。一般 R 取几十欧到几百欧,且应满足 $R \ll R_L$。

(4) 电子滤波电路

在前面所讲 RC-π 型滤波电路中,电阻 R 上的压降损失和滤波效果是一对矛盾,为了解决这一矛盾,可以采用三极管构成电子滤波电路,如图 7.62 所示。

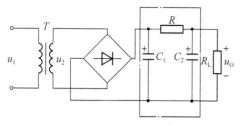

图 7.61 RC-π型滤波电路

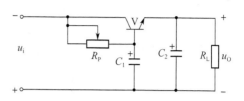

图 7.62 电子滤波电路

图中,电位器R_P与电容C_1构成滤波电路,由于基极电流很小,R_P可以取得很大,因此可提高滤波效果,得到一个脉动极小的基极电流。当R_P调定后,尽管输入的是脉动的直流电压是u_i,三极管的集电极－发射极间的电压会随之波动,但由于集电极电流基本不变,负载两端电压也就基本不变,相当于脉动电压中的交流分量被降落在三极管内部。输出电压经电容C_2进一步滤波,就获得了一个电压损失很小、波形又很平滑的直流输出电压。该电路常用在整流电流不很大但滤波要求高的场合。R_P取几千欧,C_1取几微法到100微法。

三、稳压管并联型稳压电路

经整流滤波后的直流电压变得较为平滑,但不能确保它是稳定的,当电网电压波动或负载电流变化时,都会引起输出电压变动。为了保证输出电压稳定,通常在整流滤波电路之后再加上稳压电路。下面介绍最简单的由稳压管组成的并联型稳压电路。

1. 电路组成

图 7.63 所示为稳压管稳压电路。图中,稳压管V_Z反向并联在负载R_L两端,所以称并联型稳压电路。稳压电路的输入电压U_i可来自整流滤波电路的输出电压。

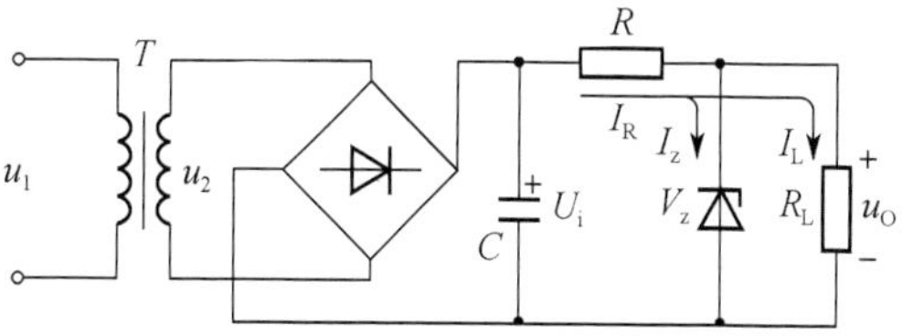

2. 稳压原理

图 7.63 稳压管并联型稳压电路

并联稳压电路稳压管工作在反向击穿区,当流过稳压管的电流I_Z在相当大的范围内变化时,稳压管两端的电压U_Z基本不变;而当U_Z出现微小的变化,I_Z便会有很大的变化。稳压管并联型稳压电路正是利用稳压管的以上特点来实现稳压的。

当电网电压升高或负载阻值变大时,输出电压U_o(即U_Z)随之升高,从而引起I_Z急剧增大,流过R的电流也增大,导致R上的压降上升,从而抵消了U_o的波动。其稳压过程可用简式表示如下:

$$U_i \uparrow (或 R_L \uparrow) \rightarrow U_o \uparrow \rightarrow I_Z \uparrow \rightarrow I_R \uparrow$$
$$U_o \downarrow \leftarrow U_R \uparrow$$

同理,当电网电压降低或负载阻值变小时,也可分析得出U_o基本保持稳定。

电阻R起着限流和调压的双重作用。如果$R=0$,则$U_o=U_i$,电路根本没有稳压作用,同时由于U_i直接加到稳压管两端,有可能引起过大的反向电流而使稳压管烧坏。R大则电压调节性能好,但R太大,电流过小,稳压管可能会失去稳压作用。可见,要使电路正常稳压,电阻必须选择适当。

稳压管并联型稳压电路结构简单,设计制作容易。但由于受到稳压管自身参数的限制,其输出电流较小,输出电压不可调节,因此只适用于电压固定的小功率负载且电流变化范围不大的场合。当负载电流较大且要求稳压性能较好时,可采用串联型直流稳压电路。

四、串联型直流稳压电路

1. 电路组成

图 7.64 所示为串联型直流稳压电路,它由基准电压电路、取样电路、比较放大电路和调整管四部分组成。三级管 V_1 接成射极输出形式,因为它与负载 R_L 相串联,所以称串联型直流稳压电路。

稳压管 V_z 和限流电阻 R_3 构成基准电压电路。电阻 R_1、R_P 和 R_2 为取样电路,当输出电压变化时,取样电路电阻将其变化量的一部分送到比较放大电路。三极管 V_2 组成比较放大器电路。取样电压和基准电压 U_z 分别送至三极管 V_2 的基极和发射极,进行比较放大,V_2 的集电极与调整管的基极相连,以控制调整管的基极电位。

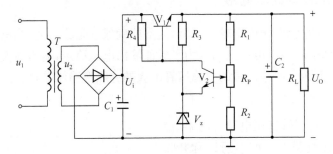

图 7.64　串联型直流稳压电源

2. 稳压原理

假设由于某种原因(如电网电压波动或负载电阻变化等)使输出电压 U_o 上升,取样电路将这一变化趋势送到比较放大管 V_2 的基极与发射极基准电位 U_z 进行比较,并将二者的差值进行放大,V_2 管集电极电位 U_{C_2}(即调整管的基极电位 U_{B_1})降低。由于调整管采用射极输出形式,所有输出电压 U_o 必然降低,从而保证 U_o 基本稳定。其稳定过程可用简式表示如下:

$$U_o \uparrow \to U_{B_2} \uparrow \to U_{BE2} \uparrow \to I_{C_2} \uparrow \to U_{C_2}(U_{B_1}) \downarrow$$
$$U_o \downarrow$$

若输出电压降低,则有如下稳压过程:

$$U_o \downarrow \to U_{B_2} \downarrow \to U_{BE2} \downarrow \to I_{C_2} \downarrow \to U_{C_2}(U_{B_1}) \uparrow$$
$$U_o \uparrow$$

可见,电路实际上是靠引入深度负反馈来稳定输出电压的。

3. 输出电压的调节

调节 R_P 可以调节输出电压 U_o 的大小,使其在一定的范围内变化。忽略三极管 V_2 的

基极电流,当 R_P 滑动触点移至最上端时

$$U_{BE2}+U_Z=\frac{R_P+R_2}{R_1+R_P+R_2}U_o$$

这时输出电压最小,为

$$U_{omin}=\frac{R_1+R_P+R_2}{R_P+R_2}(U_{BE2}+U_Z) \tag{7.65}$$

当 R_P 滑动触点移至最下端时,输出电压最大为

$$U_{omax}=\frac{R_1+R_P+R_2}{R_2}(U_{BE2}+U_Z) \tag{7.66}$$

输出电压 U_o 的调节范围是有限的,其最大值不可能调到输入电压 U_i,最小值不可能调到零。

4. 调整管的选择

在串联型直流稳压电路中,调整管是核心元件,为使稳压电路正常工作,必须保证调整管始终工作于放大状态,并要求在各种极限工作条件下调整管都不会损坏。具体要求如下:

(1) 调整管的管压降 U_{CE} 应大小适当,一般取 3~8 V。若 U_{CE} 过大,会导致功率损耗过大,管子过热;若 U_{CE} 过小,又容易进入饱和区,失去调整能力。因此,稳压电路的输入电压(即整流滤波电路的输出电压)U_i 应满足

$$U_{imin}>U_{omax}+U_{CES} \tag{7.67}$$

(2) 调整管的极限参数应满足

$$I_{CM}>I_{Lmax} \tag{7.68}$$

$$U_{(BR)CEO}>U_{imax}-U_{omin} \tag{7.69}$$

$$P_{CM}>I_{Lmax}(U_{imax}-U_{omin}) \tag{7.70}$$

考虑电网电压±10%的波动,U_{imax} 应取 $1.1U_i$。

(3) 当一只三极管的电流不能满足要求时,可将特性一致的另一只三极管并联使用,如图 7.65 所示。为使各管电流基本均衡,可接入均流电阻 R,R 一般取零点几欧。

由于一般大功率三极管的 β 较小,为了提高 β,可用复合管充当调整管。

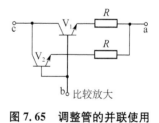

图 7.65　调整管的并联使用

【例7.4】　如图 7.64 所示串联型直流稳压电路中,已知基准电压 $U_Z=6$ V,$R_1=R_P=R_2=300$ Ω,调整管的管压降 U_{CE} 不小于 2 V,U_{BE} 忽略不计。求:

(1) 稳压电路输出电压 U_o 的调节范围;

(2) R_P 滑动触点位于中点时的 U_o;

(3) 为使调整管能正常工作,变压器二次侧电压有效值 U_2 至少应取多少?

解　(1)　$$U_{omin}=\frac{R_1+R_P+R_2}{R_P+R_2}(U_{BE2}+U_Z)=\frac{300+300+300}{300+300}\times6=9(V)$$

$$U_{omax}=\frac{R_1+R_P+R_2}{R_2}(U_{BE2}+U_Z)=\frac{300+300+300}{300}\times6=18(V)$$

所以,输出电压的调节范围是　　9 V≤U_o≤18 V

（2）R_P 滑动触点位于中点时，

$$U_o = \frac{R_1 + R_P + R_2}{\frac{1}{2}(R_1 + R_p + R_2)} U_Z = 2 \times 6 = 12(V)$$

（3）因为三极管 U_{CE} 不小于 2 V，要求稳压电路输入电压至少为

$$U_i = U_{omax} + U_{CE} = 18 + 2 = 20(V)$$

又因桥式整流电容滤波电路有　　　　$U_i \approx 1.2 U_2$

所以，变压器次级电压有效值为　　　$U_2 = U_i / 1.2 = 20 / 1.2 = 16.7(V)$

五、集成稳压器

集成稳压器有很多类型。按稳压原理不同，可分串联式、并联调整式、开关调整式；按引出端数目不同，可分三端集成稳压器和多端集成稳压器；按封装形式不同，可分金属封装和塑料封装。常见的封装稳压器外形如图 7.66 所示。

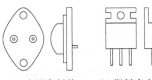

(a) 金属壳封装　　(b) 塑料壳安装

图 7.66　集成稳压器外形图

1. 固定式三端稳压器

固定式三端稳压器有输入端、输出端和公共端三个引出端。此类稳压器属串联调整式，除了基准、取样、比较放大和调整等环节外，还有较完整的保护电路。常用的 CW78×× 系列是正电压输出，CW79×× 系列是负电压输出。根据国家标准，其型号意义如下：

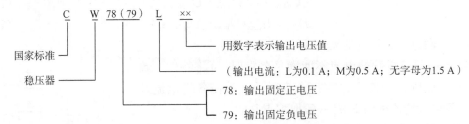

CW78×× 系列和 CW79×× 系列稳压器的管脚功能有较大差异，使用时必须注意。

（1）基本应用电路

图 7.67 所示为固定三端式集成稳压器的基本应用电路。

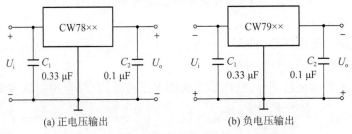

(a) 正电压输出　　　　　　　　(b) 负电压输出

图 7.67　固定三端式集成稳压器的基本应用电路

图中，输入端电容 C_1 用于减少输入电压的脉动和防止过电压，通常取 0.33 μF，输出端电容 C_2 用于削弱电路的高频干扰，并具有消振作用，通常取 0.1 μF。为保证稳压器正常工作，输入与输出电压之间至少相差 2～3 V。

（2）扩大输入电压的电路

CW78××系列集成稳压器最大输入电压一般不能超过 40 V，如果遇到输入电压大于 40 V 时，可采用图 7.68 所示连接方法。电路中串入三极管 V_1 后，输入电压的一部分降落在 V_1 的集-射极间，这样就能使集成稳压器的输入电压小于它所允许的最大值。

（3）提高输出电压的电路

电路如图 7.69 所示。它能使输出电压高于集成稳压器的固定输出电压。

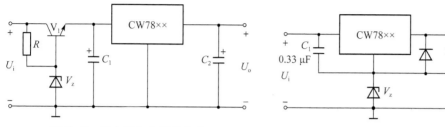

图 7.68 扩大输入电压的电路　　　图 7.69 提高输出电压的电路

设集成稳压器的固定输出电压为 U_R，稳压管的稳定值为 U_Z，则该电路的输出电压为

$$U_o = U_R + U_Z \tag{7.71}$$

（4）扩大输出电路的电路

当负载电流需要大于集成稳压器的最大输出电流时，可采用图 7.70 所示电路扩大输出电流。图 7.70(a) 所示是外接大功率管的电路。设集成稳压器的输出电流为 I_o，负载电流为 I_L，三极管 V 的集电极电流为 I_c，由图可知，负载电流为

$$I_L = I_o + I_c \tag{7.72}$$

适当选择电阻 R 的电阻，使大功率管 V 只有在输出电流 I_o 较大时导通。

图 7.70(b) 所示电路中，将两只集成稳压器并联使用，可使输出电流扩大一倍。但应注意，这两个集成稳压器的型号、参数最好相同，至少参数要相近。

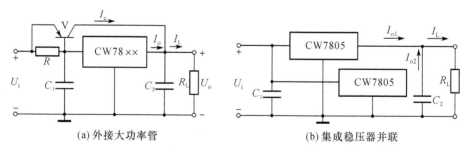

(a) 外接大功率管　　　　　　(b) 集成稳压器并联

图 7.70 扩大输出电流电路

（5）输出正负电压的电路

其电路如图 7.71 所示。要求电源变压器带中心抽头，该抽头作为参考点，以便输出一对幅度相等、相位相反的电压。图中二极管 V_1 和 V_2 对集电极稳压器起保护作用，正常工作时均处于截止状态。当电路中任意一只集成稳压器未接入电压时，该稳压器输出端二极管导通，保护其不至于损坏。例如，若 CW79×× 的输入端未接入输入电压，CW78×× 的输出电压将通过负载电阻使 V_2 导通，从而将 CW79×× 的输出端电压在 0.7 V 左右。

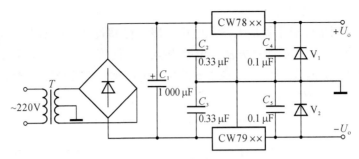

图 7.71　输出正负电压的电路

2. 可调式三端稳压器

可调式三端稳压器不仅输出电压可调,且稳压性能优于固定式。它的三个引出端为输入端、输出端和调整端。型号含义与固定式相似,不同之处在于在产品序号上。序号为三位数,前一位的含义是:1 为军工;2 为工业、半军工;3 为民用。后两位的含义是:17 为输出正电压,37 为输出负电压。

图 7.72 所示为可调式三端集成稳压器基本应用电路。它的输出端与调整端之间具有很强的维持 1.25 V 电压不变的能力,所以 R_1 上电流值基本恒定。又由于调整端输出电流极小(50 μA),故可忽略,则输出电压为

$$U_0 = \left(1 + \frac{R_P}{R_1}\right) \times 1.25 \text{ V} \tag{7.73}$$

该稳压器最大输入电压为 40 V,取 $R_1 = 120 \ \Omega$,$R_P = 0 \sim 3.5 \ k\Omega$,改变 R_P,则输出电压在 1.25～37 V 范围内连续可调。

由于 C_3 容量较大,一旦输出端断开,C_3 将会向稳压器放电,则易使稳压器损坏。在稳压器输入端与输出端之间跨接二极管 V_1 可起到保护作用。二极管 V_2 则用于当输出端短路时为 C_2 提供放电回路,防止 C_2 向稳压器调整端放电,电容 C_2 的作用是减小 R_P 两端的纹波电压。

图 7.73 所示为正负可调稳压电路。

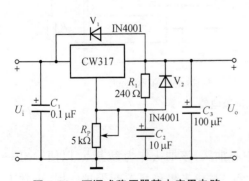

图 7.72　可调式稳压器基本应用电路

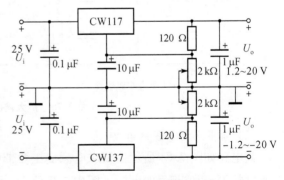

图 7.73　正负可调稳压电路

任务一 单相桥式整流滤波电路的安装与调试

一、电路原理

如图 7.74 所示为单相桥式整流滤波电路。

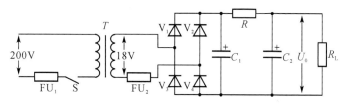

图 7.74 单相桥式整流滤波电路

交流 220 V 经变压器降压为交流 18 V,经由 V_1、V_2、V_3、V_4 组成的桥式整流电路整流为脉动的直流电压,再经 C_1、R、C_2 组成的 π 形滤波器,将脉动的直流电压滤成比较平滑的直流电,提供负载电阻 R_L 的工作电源。电路中的 FU_1、FU_2 分别是变压器初、次级的短路保护熔断器。

二、元件明细表

元件明细表见表 7.10。

表 7.10 元件明细表

序号	符号	名称	规格与型号	件数
1	VD_1-VD_4	二极管	IN4001	4
2	C_1、C_2	电容	100 μF/25 V	2
3	R	电阻	24 Ω/1 W	1

三、安装与调试

1. 安装

(1) 用万用表测试二极管、电容、电阻、变压器的好坏。

(2) 制作空心铆钉板。

(3) 清除元件引脚和铆钉板的氧化层,用绝缘软线作电源连接线,清除线头的氧化层,将上述元器件做搪锡处理;用镀锡铜丝作为铆钉板背面的电路连线。

(4) 元件从铆钉板正面插入。铆钉板背面的连线要走直线,连线与连线之间不能跨越。

(5) 焊接后检查有无虚焊、漏焊。若有,应做重焊或补焊处理。

2. 调试

(1) 接通电源,用万用表直流 50 V 测量空载输出电压,注意正负极,空载输出电压应为 22 V。

（2）若输出电压不稳定，则应检查电源电压是否波动。

若输出电压为 16 V 左右，则说明滤波电容脱焊或已损坏。

若输出电压为 8 V 左右，则说明除滤波电容脱焊或已损坏外，整流桥有一个脱焊或有一只二极管断路。

若输出电压为 0，变压器无异常发热，则可能是变压器一次侧或二次侧断开，或是熔断丝熔断，也有可能是电源与整流桥未接妥。

若接通电源后，熔丝立即熔断，则有短路故障，或是整流桥中有一只二极管接反。

四、评分标准

评分标准见表 7.11。

表 7.11 评分标准

序号	项目	考核要求	配分	评分标准	扣分
1	元件检测	正确检测元件	20	（1）电阻等测试错误每只扣2分 （2）三极管检测错误每只扣3分	
2	元件安装	正确安装元件，成型规范，排列合理	20	（1）元件安装错误每只扣5分 （2）元件成形、排列不符合要求每只扣2分	
3	元件焊接	焊点圆整、光滑、无虚焊、假焊、脱焊	20	（1）元件焊点不圆整、不光滑每处扣2分。 （2）虚焊、假焊、脱焊每个扣5分	
4	通电调试	在规定时间内，利用仪器仪表调试后通电试验	40	（1）通电调试一次不成功扣20分，两次不成功扣30分 （2）调试过程中损坏元件每只扣5分 （3）电压测量错误每只扣5分	
安全文明操作		违反安全文明操作规程（视实际情况进行扣分10～20分）			
定额时间		每超过 5 min 扣 5 分		成绩	

任务二　串联型直流稳压电源电路的安装与调试

一、电路图

如图 7.75 所示为串联型直流稳压电源电路。

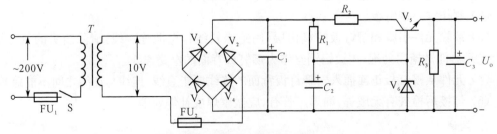

图 7.75　串联型直流稳压电源电路

二、元件明细表

电路元件明细表见表 7.12。

表 7.12 元件明细表

序号	符号	名称	规格与型号	件数
1	VD_1-VD_4	二极管	IN4007	4
2	C_1、C_2	电容	1 000 μF/25 V	2
3	C_3	电容	220 μF/25 V	1
4	R_1	电阻	510 Ω	1
5	R_2	电阻	560 Ω	1
6	R_3、R_4	电阻	390 Ω	2
7	R_P	可调电阻	1 kΩ	1
8	R_L	电阻	1 k	1
9	VT_1	三极管	8050	1
9	VT_2	三极管	9013	1
10	VS	稳压管	6 V/0.5 W	1
11	LED	发光二极管		

三、安装与调试

1. 安装

(1) 根据电路元件明细表(表 7.12)配齐元件并检测元件。

(2) 清除元件引脚处的氧化层和空心铆钉的氧化层并搪锡。

(3) 清除铆钉板背面连接线的氧化层,剥去电源及负载连线端 3～5 mm 的绝缘层,并清除氧化层。以上凡清除氧化层之处均应搪锡。

(4) 考虑元件在铆钉板上的整体布局。

(5) 根据电路图将元件自左至右焊在铆钉板上。

(6) 检查焊接正确与否,有否虚、漏焊。

2. 调试

按电路原理图自左至右进行检查。

(1) 先用万用表交流挡测试变压器副边电压 U_2(约为 10 V),然后再用万用表直流挡测试电容器 C_1 两端电压(约为 12 V),接着再测试稳压管两端的电压(约为 6 V),最后测试输出电压(约为 5.5 V)。

(2) 故障检查

1) 电容器 C_1 两端电压与正常值有很大的偏差,若为 9 V 左右,则可能是 C_1 脱焊或断路;若为 4.5 V 左右,则可能是在 C_1 脱焊或断路的情况下,整流桥中有某一个二极管脱焊或断路。

2) 电容器 C_1 两端电压正常。若三极管 V_5 的集电极与发射极之间的电压 U_o 的值接近零。呈现饱和状态的特征,或者 U_o 的值接近 C_1 两端的电压,呈现截止状态的特征。这一现象说明可能是调整管 V_5 已损坏。

3)稳压管两端电压为零,可能是稳压管接反了,或者是稳压管已经击穿。

(3)在输出端用万用表 50 V 交流电压挡测试变压器副边电压 U_2,再用万用表 50 V 直流电压挡测试电容器 C_1 两端电压 U_{c1}、稳压管两端电压 U_w、输出电压 U_o,并与空载时的 U_2、U_{c1}、U_w、U_o 作比较。

四、评分标准

评分标准见表 7.11。

任务三 可调稳压电路安装与调试

一、原理图

如图 7.76 所示为可调稳压电路原理图。

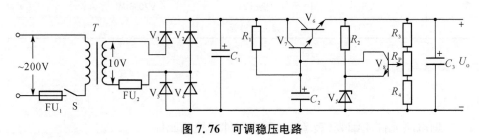

图 7.76 可调稳压电路

二、元件明细表

元件明细表见表 7.13。

表 7.13 元件明细表

序号	符号	名称	规格与型号	件数
1	V_1-V_4	二极管	IN4001	4
2	C_1	电容	220 μF/25 V	1
	C_2	电容	10 μF/25 V	1
3	C_3	电容	100 μF/25 V	1
4	R_1、R_2	电阻	1 kΩ	2
5	R_3、R_4	电阻	470 Ω	2
7	R_P	可调电阻	500 Ω	1
9	V_6	三极管	3DG120	1
9	V_7、V_8	三极管	9013	2
10	V_5	稳压管	2CW54	1

三、电路原理

交流 220 V 经变压器降压为交流 15 V,经由 V_1、V_2、V_3、V_4 组成的桥式整流电路整流为脉动的直流电压,再经 C_1 滤成比较平滑的直流电,电路中的 FU_1、FU_2 分别是变压器初、次级的短路保护熔断器。R_3、R_P、R_4 组成取样电路,取出电压变动量的一部分,送给三极管 V_8 的基极。R_2 与稳压管 V_5 为 V_8 的发射极提供一个基本稳定的直流参考电压。R_4 与 V_8 将取样电路送来的输出电压变动量与基准电压进行比较,放大后,再去控制调整管。调整管由复合管 V_6、V_7 组成,它受比较放大部分的输出电压控制,自动调整管压降的大小,以保证输出电压稳定不变。图中当 R_P 的滑臂向上滑动时,相当于减小 R_3,增大 R_4,输出电压下降;反之,当 R_P 的滑臂向下滑动时,输出电压上升。

四、安装与调试

(1) 用万用表测试二极管、三极管、电容、电阻、变压器的好坏。

(2) 制作线路板

1) 清除元件引脚和多功能板的氧化层,用绝缘软线作电源连接线,清除线头的氧化层,将上述元器件做搪锡处理;用镀锡铜丝作为铆钉板背面的电路连线。

2) 元件从多功能板正面插入。多功能板背面的连线要走直线,连线与连线之间不能跨越。

3) 焊接后检查有无虚焊、漏焊。若有,应做重焊或补焊处理。

(3) 调试

1) 接通电源。

2) 先用万用表交流 50 V 挡测量变压器副边输出电压(约为 15 V)。

3) 然后用万用表直流 50 V 挡测量 C_1 两端电压(约为 22 V)。

4) 最后测试输出电压 U_o(约为 12 V)。

5) 调节电位器 R_P,使输出电压在一定范围内变化(10～14 V)。

(4) 故障检查

1) 电容器 C_1 两端电压与正常电压有很大偏差,若输出电压为 16 V 左右,则说明滤波电容 C_1 脱焊或已损坏。若输出电压为 8 V 左右,则说明除滤波电容 C_1 脱焊或已损坏外,整流桥有一个二极管脱焊或有一只二极管断路。若输出电压为 0,变压器无异常发热,则可能是变压器一次侧或二次侧断开,或是熔断丝熔断,也有可能是电源与整流桥未接妥。若接通电源后,熔丝立即熔断,则有短路故障,或是整流桥中有一只二极管接反。

2) 如果电容器 C_1 两端电压正常,V_6 发射极与集电极之间的电压 U_{CE} 与 C_1 两端电压相等,呈截止状态特征;或者 U_{CE} 很小,呈饱和状态特征。上述现象很可能是调整管已损坏。

测量稳压管 V_5 两端电压应为 7 V。若稳压管 V_5 两端电压应为 0,可能是稳压管接反或击穿。旋动电位器 R_P,若输出电压没有变化,则应检查 R_P 是否已损坏。

五、评分标准

评分标准见表 7.11。

❖ 习题

1. 直流稳压电路主要由哪几部分组成？各组成部分分别起什么作用？

2. 画出单相桥式整流电路图。若输出电压 $U_o=9\text{ V}$，负载电流 $I_L=1\text{ A}$。试求：

(1) 电源变压器二次侧绕组电压 U_2；

(2) 流过整流二极管的平均电流 I_F；

(3) 整流二极管承受的最大反向电压 U_{RM}；

(4) 选用合适的二极管型号。

3. 桥式整流电路中有四只整流二极管，所以每只二极管中的电流的平均值等于负载的 1/4。这种说法对吗？为什么？

4. 在单相桥式整流电路中，若四只二极管的极性全部反接，对输出有何影响？若其中一只二极管断开、短路或接反，对输出有何影响？

5. 画出三相桥式整流电路图，并简述其工作原理。

6. 某单相桥式整流电容滤波电路，输出电压为 24 V，电流为 100 mA，要求：

(1) 选择整流二极管；

(2) 选择滤波电路；

(3) 如测得 U_o 为下述数值，分析可能发生的故障。

　　　a) $U_o=18\text{ V}$　　b) $U_o=28\text{ V}$　　c) $U_o=9\text{ V}$

项目三　　　**低频功率放大电路**

任务目标

1. 了解功率放大器的主要任务、基本要求和分类。熟悉功率放大器与一般电压放大器的区别。

2. 掌握 OTL、OCL 和 BTL 功率放大器的组成形式、工作状态和特点以及电路主要元件的功能。

3. 掌握 OTL 功放电路部分元器件的筛选测量技能。

4. 掌握 OTL 功放电路在多功能板上的安装技能。

5. 掌握 OTL 功放电路的调试技能。

前面所讨论的低频电压放大器的主要任务是把微弱的信号电压放大，输出功率并不一定大。而实际应用中往往要求多级放大器的末级能输出足够的功率驱动负载正常工作，如使扬声器发声、继电器动作、仪表显示、伺服电动机转动等。这类主要用于向负载提供足够信号功率的放大电路称为功率放大器，简称功放。本项目主要讨论低频功率放大器，即低频功放。

一、功率放大器的基本要求

1. 足够的输出功率

为了获得足够大的输出功率,要求功放管应有足够大的电压和电流输出幅度,但又不允许超过三极限参数 I_{CM}、P_{CM}、$U_{(BR)CEO}$。

2. 效率要求

功率放大器的效率是指负载获得的信号功率 P_O 与直流电源提供的直流功率 P_{DC} 之比,用 η 表示,即

$$\eta = \frac{P_O}{P_{DC}} \tag{7.74}$$

这一点在小信号电压放大器中不必考虑,因为电路的输出功率较小。而在功率放大器中就必须考虑效率,即如何将一定的直流能量转换成尽可能大的能量。

3. 非线性失真要小

由于功放管工作于大信号状态,电压和电流信号变化幅度大,很可能会超出三极管特性曲线的线性范围,产生非线性失真。在一些控制电路中,输出功率是主要问题,非线性失真问题不算突出,但也不可忽略;而在收音机及高保真音响设备中,对减小非线性失真就有很严格的要求。

4. 功放管散热要好

在功率放大器中,有相当一部分电能以热的形式消耗,使功放管温度升高。因此,要利用散热装置来提高功放管的最大允许耗散功率,从而提高功率放大器的输出功率。例如,当 3AD50 不加散热器,环境温度在 20 ℃时,该管 P_{CM} 仅为 1 W;装置合适的散热器,P_{CM} 可提高到 10 W。

二、功率放大器的分类

1. 按功放管静态动作点的设置分类

根据功放管静态工作点 Q 在交流负载线上的位置不同,可分为甲类、乙类、甲乙类、丙类等。它们的集电极电流波形如图 7.77 所示。

（1）甲类功放

Q 点在交流负载的中点,功放管在输入信号的整个周期内都处于放大状态,输出信号无失真。但静态电流大,效率低。

前面介绍的小信号放大器就是工作于这一状态。

（2）乙类功放

Q 点设置在交流负载线的截止点,功放管仅在输入信号的半个周期内导通,输出为半波信号。如果采用两只功放管组合起来交替工作,则可以让它们的输出信号

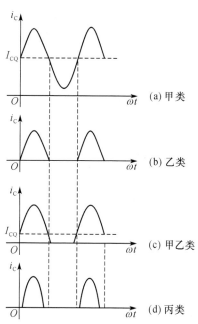

图 7.77　各类功放的集电极电流波形

在负载上合成一个完整的全波信号。乙类功放几乎没有静态电流,功耗极小,所以效率高。

(3) 甲乙类功放

Q 点在交流负载线上略高于乙类工作点处,功放管的导通时间略大于半个周期,输出波形比乙类削波程度小些,不是把整个半周全削掉。功放管静态电流稍大于零,仍有较高的效率,是实用的功率放大器经常采用的方式。

(4) 丙类功放

Q 点设置在截止区,功放管的导通时间小于半个周期,效率比乙类还高,主要应用在无线电发射机中作高频功率放大。

2. 按功率放大器的输出端特点分类

(1) 变压器耦合功率放大器。

(2) 无输出变压器功率放大器(OTL)。

(3) 无输出电容器功率放大器(OCL)。

(4) 桥式功率放大器(BTL)。

变压器耦合功率放大器可通过变压器变换主抗,使负载获得最大功率,但由于变压器体积大,笨重,频率特性差,且不便于集成化,目前应用较小。OTL、OCL 和 BTL 电路都不用输出变压器,目前都有集成电路,并广泛应用于电子电路中。

三、互补对称功率放大器

目前,使用最广泛的是无输出变压器功率放大器(OTL)和无输出电容器功率放大器(OCL),它们都是采用不同类型的两只功放管交替工作,并都接成射极输出形式,工作原理基本相同。

1. 单电源互补对称功率放大器

(1) 电路

OTL 功放电路基本结构如图 7.78 所示,V_1 和 V_2 是一对导电类型不同,但特性对称的配对管。两管都接成射极输出形式,输出电阻小,所以无需变压器就能与低阻抗负载较好地匹配。输出耦合电容 C 同时可充当 V_2 回路等效电源,电容容量常选用几千微法的电解电容。

静态时,前极电路应使基极电位 U_B 为 $\dfrac{V_{CC}}{2}$,由于 V_1 和 V_2 电位特性对称,所以,$U_A \approx \dfrac{V_{CC}}{2}$,通常 U_A 为中点电压。

输入信号 u_i 为正半周时,V_1 导通,V_2 截止,电源 V_{CC} 通过 V_1 向电容 C 充电,电流如图中实线所示。

输入信号 u_i 为负半周时,V_2 导通,V_1 截止,电容 C 代替电源 V_{CC} 向 V_2 供电,电流如图中虚线所示。

功放管 V_1 和 V_2 交替工作,在负载上获得正负半周完整的输出波形。虽然电容 C 在工作过程中有时充电,有时放电,但因容量足够大,所以两端电压基本维持在 $\dfrac{V_{CC}}{2}$。如果 V_1 和 V_2 在导通时都能接近饱和状态,则输出信号的最大幅度 U_{om} 可接近 $\dfrac{V_{CC}}{2}$。每只功放管的实

际工作电压为电源电压的 1/2,所以负载可获得的最大功率为

$$P_{om} = \frac{\left(\dfrac{V_{CC}}{2}\right)^2}{2R_L} = \frac{V_{CC}^2}{8R_L} \tag{7.75}$$

（2）实用的 OTL 电路

图 7.79 所示是实用的 OTL 功放电路,它由激励放大级和功率放大输出级组成。

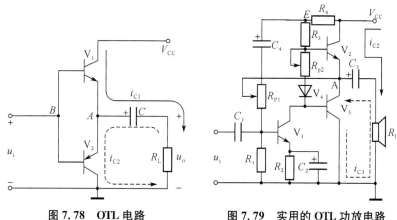

图 7.78　OTL 电路　　　图 7.79　实用的 OTL 功放电路

1）激励放大级　由三极管 V_1 组成工作点稳定的分压式偏置放大器工作于甲类状态。输入信号 u_i 经放大器后由集电极输出,加到 V_2、V_3 的基极。R_{P1} 引入电压并联负反馈,可以稳定静态工作工作点和提高输出信号电压的稳定度。

2）功率放大输出级　三极管 V_2、V_3 组成互补对称功放电路,R_{P2} 和二极管 V_4 为 V_2、V_3 提供适当的发射结电压,使两管在静态时处于微导通状态,以消除交越失真。调节 R_{P2}（配合调节 R_{P1}）可调整输出管静态工作点。二极管 V_4 的正向压降随温度升高而降低,因此对功放管还能起到一定的温度补偿作用。

设输入信号 u_i 为负半周,经 V_1 放大并反向后,加到 V_2 和 V_3 基极的是正半周信号,功放管 V_2 导通,V_1 截止,负载 R_L 上获得正半周信号。当输入波形 u_i 为正半周时,R_L 获得负半周信号。如此两管轮流工作,在负载 R_L 上可得到完整的信号波形。

如果 V_2 和 V_3 在导通时都能接近饱和状态,则输出信号的最大幅度值 U_{om} 可接近 $\dfrac{V_{CC}}{2}$,但是,当输出信号为正半周时,如果 U_{om} 接近 $\dfrac{U_{CC}}{2}$,U_A 将会接近 V_{CC},而 V_2 管却因基极电流增大使 R_3 上压降增大,基极电压比 V_{CC} 更低,从而限制了电流的继续增大,输出信号正半周幅度也就无法接近 $\dfrac{V_{CC}}{2}$,导致顶部出现平顶失真,如图 7.80 所示。

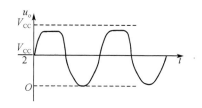

图 7.80　OTL 电路输出电压的平顶失真

接入自举电容 C_4,由于静态时 C_4 已充有约为 $\dfrac{V_{CC}}{2}$ 上正下负的电压,当 U_A 接近 V_{CC} 时,U_E 可升高可升高到接近 $V_{CC} + \dfrac{V_{CC}}{2}$,这样 V_2 管便可接近饱和导通,从而解决顶部失真问题。

图中 R_4 称隔离电阻,它将电源 V_{CC} 与电容 C_4 隔离,使 E 点可获得高于 V_{CC} 的自举电压。

（3）复合管 OTL 电路

OTL 电路要求两只功管必须特性一致,输出信号的正、负半周才能对称,可是大功率异型管很难配对。采用复合管构成 OTL 电路可以解决这一问题,同时还能提高电流放大倍数。电路如图 7.81 所示。

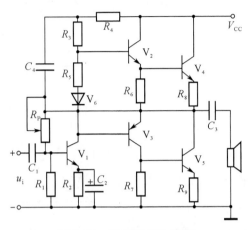

图 7.81　复合管 OTL 电路

2. 双电源互补对称功率放大器

在图 7.79 所示 OTL 电路中,输出耦合电容 C_3 为功放管 V_3 供电,实际上起到了一个负电源的作用。如果直流用一个负电源代替电容 C_3,就构成了 OTL 功放电路,如图 7.82 所示。

OCL 电路与 OTL 电路工作原理相似,但由于取消了输出耦合电容,采用了直接耦合方式,所以低频响应优于 OTL 电路,而且更便于集成化。需要注意的是,由于电路采用直接耦合的方式,若静态工作点失调或某些元器件(如 V_4、V_5)虚焊,功放管便会有很大的集电极直流电流,所以一般要在输出回路中接入熔断器以保护功放管和负载。

3. 功放管的散热和安全使用

在功率放大器中,功放管既要流过大电流,又要承受高电压。除了给负载输送功率外,功放管本身也要消耗一部分功率,这将导致集电结温度的升高。当结温超过一定值(锗管约为 85 ℃,硅管约为 150 ℃),三极管会因过热而损坏。为了保证功放管的安全工作,在实际电路中,常采用一些保护措施,以防止功放管过压、过电流和过功耗。

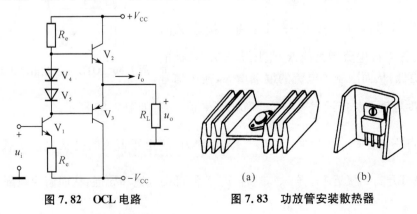

图 7.82　OCL 电路　　　图 7.83　功放管安装散热器

（1）功放管的散热

降低功放管结温的常见措施是安装散热器。散热器一般用铝材料制成，外形如图7.83所示。为增大散热面积多制成凹凸形，并将表面涂黑以利于热辐射。安装散热器应保证其通风散热良好，与功放管之间应贴紧靠牢，固定螺丝要旋紧。在电气绝缘允许的情况下，可以把功放管直接安装在金属机箱或金属底板上。若功放管集电极（管壳）与散热器之间需要绝缘，可垫如薄云木片或绝缘导热膜，并于各接触面之间涂以硅脂（一种导热绝缘材料）。必要时可加大散热器或采用强制风冷，散热效果会更好。

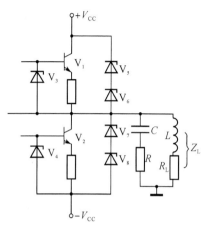

（2）功放管的保护

1）限制输入、输出幅度 在功放管的输出、输出端并联保护二极管或稳压管，如图7.84所示 V_3、V_4 可限制输入信号幅度，V_5—V_8 可限制输出信号幅度。

2）对感性负载进行相位补偿 为了防止由于接入感性负载而使功放管出现过电压或电流现象，可在感性负载（如扬声器）两端并接 RC 串联电路，这称为相位补偿网络。它由小电阻 R 和大电容 C 构成，这样，一旦功放管的输出信号发生突然变化，感性负载产生的感应电动势加到补偿网络两端，起到了缓解作用，避免了对放大管的冲击。

图7.84 功放管的保护

（3）功放管的选择

选择功效管的主要依据是功率放大器的最大输出功率 P_{om} 和电源电压 V_{CC}，并且和功率放大器的类型有关。现以单管甲类、OTL 和 OCL 功放为例进行比较，见表7.14。

表7.14 功放管的选择

电路类型		单管甲类	OTL	OCL
与负载连接		变压器耦合	电容耦合	直接耦合
电源电压		V_{CC}	V_{CC}	$\pm V_{CC}$
功放管极限参数	P_{CM}	$2P_{om}$	$0.2P_{om}$	$0.2P_{om}$
	$U_{(BR)CEO}$	$2V_{CC}$	V_{CC}	$2V_{CC}$
	I_{CM}	$2I_{CQ}$	$\dfrac{V_{CC}}{2R_L}$	$\dfrac{V_{CC}}{R_L}$

为确保功放管安全工作，选用时对极限参数应留有充分定位余量。互补管应选用特性基本相同的配对管，尽可能做到材料相同，电流放大倍数相近，极限参数差异不大。通常选用序号相同的管子作为配对管，如 3DG12 配 3CC$_1$2，3AX31 配 3BX31 等，必要时还采用复合管解决配对问题。

任务　OTL功率放大电路的安装与调试

一、电路原理

1. 电路结构

具有偏置电路的互补对称OTL电路如图7.85所示。它具有非线性失真小、频率响应宽、电路性能指标较高等优点，是常见的实用音频功率放大电路。

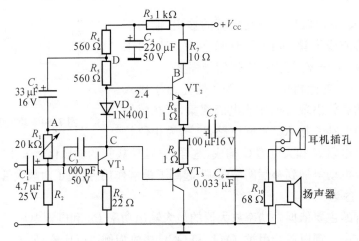

图7.85　实用型互补对称OTL功率放大电路原理图

电路中VT$_1$是推动级，也称前置放大或激励放大级，R_1、R_2组成推动管的分压式偏置电路，R_4、R_5是VT$_1$管的集电极负载电阻，R_6主要起交流负反馈作用；VT$_2$、VT$_3$是互补对称推挽功率放大管，组成功率放大输出级；R_9、R_{10}分别是VT$_2$、VT$_3$管的交流负反馈电阻；VD$_1$即为VT$_2$、VT$_3$提供静态偏置电压，使其均处于微导通状态，消除阶跃失真，又具有温度补偿作用；R_4、C_6组成自举升压电路；耳机或扬声器为负载；C_1为输入耦合电容，C_5既起耦合输出信号的作用，又起负电源的作用，即在VT$_2$截止时为VT$_3$导通提供电能；C_4为滤波电容，C_6为相位平衡校正电容，C_3为负反馈电容；R_7为隔离电阻。

2. 电路工作原理分析

具有偏置电路的互补对称OTL电路中，VT$_2$、VT$_3$工作在甲乙类放大状态。当输入信号为负半周时，经VT$_1$倒相放大后，使管VT$_2$导通、VT$_3$管截止，负载上获得的是经过放大的、与输入信号极性相反的半周信号，这时，电源V_{CC}对电容C_5充电，充电电压值为$\dfrac{V_{CC}}{2}$；当输入信号为正半周信号时，经VT$_1$倒相放大后，使VT$_2$管截止、VT$_3$管导通，这时，电容C_5相当于一个电压值为$\dfrac{V_{CC}}{2}$的电源给VT$_3$管供电，负载上获得的是经过放大的、与输入信号极性相反的半周信号。两个功率放大管轮流放大正、负半周信号，以"推挽"形式完成整个信号波形的放大。

二、元件明细表

电路元件明细表见表 7.15。

表 7.15　元件明细表

符号	名称	规格与型号	件数	符号	名称	规格与型号	件数
C_1	电容	4.7 μF/25 V	1	R_4、R_5	电阻	560 Ω	2
C_2	电容	33 μF/16 V	1	R_6	电阻	22 Ω	1
C_3	电容	1 000 pF/50 V	1	R_7	电阻	10 Ω	1
C_4	电容	220 μF/50 V	1	R_8、R_9	电阻	1 Ω	2
C_5	电容	100 μF/16 V	1	R_{10}	电阻	68 Ω	1
C_6	电容	0.033 μF	1	VD_1	二极管	IN4001	1
R_1	可调电阻	20 kΩ	1	VT_1	三极管	9013	1
R_2	电阻	15 kΩ	1	VT_2	三极管	9013/TIP41	1
R_3	电阻	1 kΩ	1	VT_3	三极管	9012/TIP42	1

三、安装与调试

实用型互补对称 OTL 功率放大电路装配图如图 7.86 所示。

1. 安装

按图 7.86 正确安装(包括选、插、焊)元器件。装配工艺参见前面有关知识。

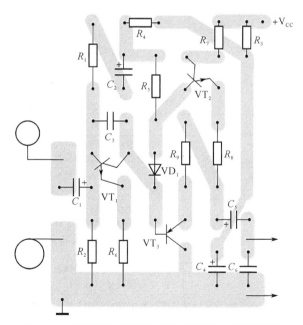

图 7.86　实用型互补对称 OTL 功率放大电路装配图

2. 调试

1）通电前检查　对照图 7.85 和图 7.86 检查元器件插装是否正确。

2）总电流测量　接上 12 V 电源，用万用表电压挡串接在电源开关两端进行测量，正常值约为 126 mA。

3）中点电压调整　接通电源，用万用表电压挡测量 VT_2、VT_3 管的发射极中点电压，调整 R_1 的阻值，使中点电压为 6 V。

4）最大不失真输出功率的测量　最大不失真输出功率即失真度等于 10% 时的输出功率。将低频信号发生器接至电路输入端，晶体管毫伏表、示波器和失真度仪接至电路输出端。逐步增大低频信号发生器的输入信号，调整失真度仪，观察失真度，直至输出信号的失真度达到 10%，将此时的输出电压 U_o 换算成功率 P_o，即为最大不失真输出功率。换算公式为

$$P = \frac{U^2}{R}$$

5）在装调过程中，若出现故障，可参照表 7.16 进行检修。

表 7.16　互补对称 OTL 功率放大电路常见故障现象及其故障范围对照表

故障现象	常见故障部位	原因简析
扬声器发出"扑扑"或"嘟嘟"声	电源、电源滤波电容或 C_4	电源内阻过大或电源滤波电容、退耦电容开路或失效
扬声器听不到声音，但推挽管工作电流很小	C_3、VT_1	产生高频自激振荡
调节 R_1，中点对地电压不变	VT_1、C_1、C_5	VT_1 损坏或 C_1、C_5 短路
无信号输入时，有轻微"沙沙"声	电源滤波电容、稳压电路等	频率较高的晶体管噪声和频率很低的交流声到放大

四、评分标准

评分标准见表 7.17。

表 7.17　评分标准

序号	项目	考核要求	配分	评分标准	扣分
1	元件检测	正确检测元件	20	(1) 电阻等测试错误每只扣 2 分 (2) 三极管检测错误每只扣 3 分	
2	元件安装	正确安装元件，成型规范，排列合理	20	(1) 元件安装错误每只扣 5 分 (2) 元件成型、排列不符合要求每只扣 2 分	
3	元件焊接	焊点圆整、光滑、无虚焊、假焊、脱焊	20	(1) 元件焊点不圆整、不光滑每处扣 2 分 (2) 虚焊、假焊、脱焊每个扣 5 分	
4	通电调试	在规定时间内，利用仪器仪表调试后通电试验	40	(1) 通电调试一次不成功扣 20 分，两次不成功扣 30 分 (2) 调试过程中损坏元件每只扣 5 分 (3) 电压测量错误每只扣 5 分	
	安全文明操作	违反安全文明操作规程（视实际情况进行扣分 10~20 分）			
	定额时间	每超过 5 min 扣 5 分		成绩	

❖习题

1. 什么是功率放大器？它有哪些基本要求？

2. 试比较功率放大器与小信号电压放大器在主要功能、工作状态和主要指标方面各有哪些特点？

3. 根据静态工作点的设置不同，功率放大器可分为哪几种主要类型？各具有什么特点？

4. OTL 功放电路中，要求理想条件下，在 8 Ω 负载上能获得 9 W 最大不失真功率，应选多大的电源电压？

项目四 脉冲信号的产生与整形

任务目标

1. 了解脉冲波形的特点和主要参数。

2. 熟悉 555 时基电路的逻辑功能，会用 555 时基电路构成多谐振荡器、单稳态触发器。

在同步时序逻辑电路中，矩形脉冲波作为时钟信号，控制和协调整个数字系统的工作。时钟脉冲的特性直接关系到系统能否正常地工作。为了定量描述脉冲的特性，经常使用图 7.87 中标明的几个指标，即

脉冲幅度(U_m)——脉冲电压的最大变化幅度。

脉冲周期(T)——周期性重复脉冲序列中，两个相邻脉冲间的时间间隔。

脉冲宽度(T_w)——从脉冲前沿上升到 $0.5 U_m$ 处开始，到脉冲后沿下降到 $0.5 U_m$ 为止的一段时间。

上升时间(t_r)——脉冲前沿从 $0.1 U_m$ 上升到 $0.9 U_m$ 所需的时间。

下降时间(t_f)——脉冲后沿从 $0.9 U_m$ 下降到 $0.1 U_m$ 所需要的时间。

利用上述指标，可以清楚地描述脉冲的各项特性。

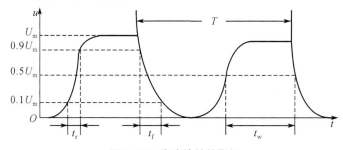

图 7.87 脉冲特性的指标

一、555集成定时器

555集成定时器是一种模拟—数字混合集成电路(其外形与引脚排列如图7.88所示),它将模拟功能与逻辑功能巧妙地结合在一起,电路功能灵活,应用范围广,只要外接少量元件,就可以构成多谐振荡器、单稳态触发器或施密特触发器等电路,因而在定时、检测、控制、报警等方面都有广泛的应用。

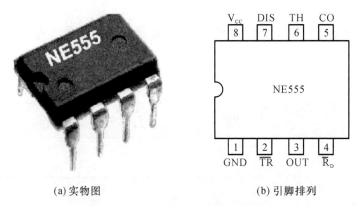

(a) 实物图   (b) 引脚排列

图7.88　555定时器外形及引脚排列

555集成定时器分为双极型和单极型两类。单极型统称为7555,双极型统称555。虽然型号多,但是引脚排列和功能基本一样。

555定时器的内部结构如图7.89所示。555定时器内部含有一个基本RS触发器、两个电压比较器N_1和N_2、一个放电晶体管V_T、一个由3个5 kΩ的电阻组成的分压器和一个输出缓冲器。比较器N_1的参考电压为$\frac{2}{3}V_{CC}$加在同相输入端,N_2的参考电压为$\frac{1}{3}V_{CC}$,加在反相输入端,两者均由分压器上取得。

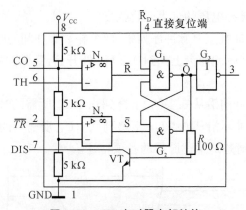

图7.89　555定时器内部结构

555定时器各引出端的用途如下:

1端GND为接地端。

2端$\overline{TR}$为低电平触发端,也称为触发输入端,由此输入触发脉冲。当2端的输入电压高

于 $\frac{1}{3}V_{CC}$ 时，N_2 的输出为 1；当输入电压低于 $\frac{1}{3}V_{CC}$ 时，N_2 的输出为 0，使基本 RS 触发器置 1，即 $Q=1$、$\bar{Q}=0$。这时定时器输出 $u_o=1$。

3 端 u_o 为输出端，输出电流可达到 200 mA，因此可直接驱动继电器、发光二极管、扬声器、指示灯等。输出电压低于电源电压 $V_{cc}1\sim3$ V。

4 端 $\bar{R}$ 是复位端，当 $\bar{R}=0$ 时，基本 RS 触发器直接置 0，使 $Q=0$、$\bar{Q}=1$。

5 端 C_O 为电压控制端，如果在 C_O 端另加控制电压，则可改变 A、B 的参考电压。工作中不使用 C_O 端时，一般都通过一个 0.01 μF 的电容接地，以防旁路高频干扰。

6 端 TH 为高电平触发器，又叫做阈值输入端，由此输入触发脉冲。输入电压低于 $\frac{2}{3}V_{CC}$，A 的输出为 1；输入电压高于 $\frac{2}{3}V_{CC}$ 时，A 的输出为 0，使基本 RS 触发器置 0，即 $Q=0$、$\bar{Q}=1$。这时定时器输出 $u_o=0$。

7 端 D 为放电端。当基本 RS 触发器的 $Q=1$ 时，放电晶体管 V_T 导通，外接电容元件通过 V_T 放电。555 定时器在使用中大多与电容器的充放电有关，为了使充放电能够反复进行，电路特别设计了一个放电端 D。

8 端 V_{CC} 为电源端，可在 4.5～16 V 范围内使用。若为 CMOS 电路，则 $V_{CC}=3\sim18$ V。

二、由 555 定时器构成的多谐振荡器

多谐振荡器是一种自激振荡电路，也称为无稳态触发器。它没有稳定状态，也不需要外加触发脉冲。当电路接好后，只要接通电源，在其输出端便可获得矩形脉冲。由于矩形脉冲中除基波外还含有极丰富的高次谐波，故称之为多谐振荡器。

图 7.90 所示使用 555 定时器构成的多谐振荡器电路及其工作波形。R_1、R_2、C_1 是外接定时元件。

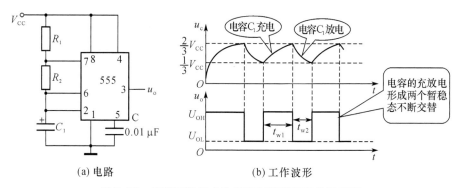

(a) 电路　　　　　　　　(b) 工作波形

图 7.90　用定时器组成的多谐振荡器及工作波形图

接通电源 V_{CC}，电源 V_{CC} 经电阻 R_1 和 R_2 对电容 C_1 充电，当 u_c 上升到 $\frac{2}{3}V_{CC}$ 时，比较器 N_1 的输出为 0，将基本 RS 触发器置 0，定时器输出 $u_o=0$。这时基本 RS 触发器的 $Q=1$，使放电管 V_T 导通，电容 C_1 通过电阻 R_2 和 V_T 放电，u_c 下降到 $\frac{1}{3}V_{CC}$ 时，比较器 N_2 的输出为 0，将基本 RS 触发器置 1，u_o 又由 0 变为 1。由于此时基本 RS 触发器的 $Q=0$，放电管 V_T 截

止，V_{CC} 又经电阻 R_1 和 R_2 对电容 C 充电。如此重复上述过程，于是在输出端 u_o 产生了连续的矩形脉冲。

第一个暂稳态的脉冲宽度 t_{w1}，即 u_c 从 $\frac{1}{3}V_{\text{CC}}$ 充电上升到 $\frac{2}{3}V_{\text{CC}}$ 所需的时间

$$t_{\text{w1}} \approx 0.7(R_1+R_2)C$$

第二个暂稳态的脉冲宽度 t_{w2}，即 u_c 从 $\frac{2}{3}V_{\text{CC}}$ 充电下降到 $\frac{1}{3}V_{\text{CC}}$ 所需的时间

$$t_{\text{w2}} \approx 0.7R_2C$$

振荡周期

$$T=t_{\text{w1}}+t_{\text{w2}} \approx 0.7(R_1+R_2)C$$

占空比

$$q=\frac{t_{\text{w1}}}{T}=\frac{t_{\text{w1}}}{t_{\text{w1}}+t_{\text{w2}}}=\frac{R_1+R_2}{R_1+2R_2}$$

三、由 555 定时器构成的单稳态触发器

单稳态触发器在数字电路中一般用于定时、整形以及延时等。定时可以用于产生一定宽度的矩形波；整形可以把不规则的波形转换成宽波、幅度都相等的波形；延时就是把输入信号延迟一定时间后输出。

（1）电路有一个稳态和一个暂稳态。

（2）在外来触发脉冲触发作用下，电路由稳定翻转到暂稳态。

（3）暂稳态维持一段时间以后，将自动返回到稳态。暂稳态的持续时间与触发脉冲无关，仅决定于电路本身的参数。

图 7.91 所示是用 555 定时器构成的单稳态触发器电路及其工作波形。R、C 是外接定时元件；u_i 是输入触发信号，下降沿有效。

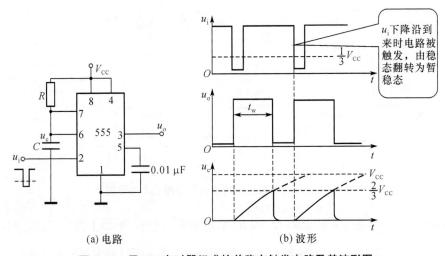

图 7.91　用 555 定时器组成的单稳态触发电路及其波形图

接通电源 V_{CC} 后瞬间，电路有一个稳定的过程，即电源 V_{CC} 通过电阻 R 对电容 C 充电，当

u_c 上升到 $\frac{2}{3}V_{CC}$ 时,比较器 N_1 的输出为 0,将基本 RS 触发器置 0,电路输出 $u_o=0$ 这时基本 RS 触发器的 $\overline{Q}=1$,使放电管 V_T 导通,电容 C 通过 V_T 放电,电路进入稳定状态。

当触发信号 u_i 到来时,因为 u_i 的幅度低于 $\frac{1}{3}V_{CC}$,比较器 N_2 的输出为 0,将基本 RS 触发器置 1,u_o 又由 0 变为 1。电路进入暂稳态,由于此时基本 RS 触发器 $\overline{Q}=0$,放电管 V_T 截止,V_{CC} 经电阻 R 对电容 C 充电。虽然此时触发脉冲已消失,比较器 N_2 的输出变为 1,但充电继续进行,直到 u_c 上升到 $\frac{2}{3}V_{CC}$ 时,比较器 N_1 的输出为 0,将基本 RS 触发器置 0,电路输出 $u_o=0$,V_T 导通,电容 C 放电,电路恢复到稳定状态。

忽略放电器 V_T 的饱和压降,则 u_c 从 0 充电上升到 $\frac{2}{3}V_{CC}$ 所需时间,即 u_o 的输出脉冲宽度 t_w。

$$t_w \approx 1.1RC$$

四、单稳态触发器的应用

单稳态触发器应用很广,以下举几个例子进行说明。

1. 延时和定时

脉冲信号的延时与定时电路,如图 7.92 所示。仔细观察 u_A 与 u_i 的波形,可以发现 u_A 的下降沿比 u_i 的下降沿滞后了 t_w,也即延迟了 t_w。这个 t_w 反映了单稳态触发器的延时作用。

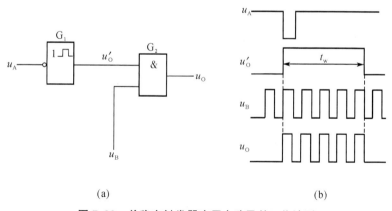

(a)　　　　　　　　　　(b)

图 7.92　单稳态触发器应用电路及其工作波形

单稳态触发器的输出 u_A 送入与门作为定时控制信号,当 $u_A=1$ 时,与门打开,$u_o=u_B$;当 $u_A=0$,与门关闭,$u_o=0$ 显然,与门打开的时间是恒定不变的,它就是单稳态触发器输出脉冲 u_A 的宽度 t_w。

2. 波形整形

输入脉冲的波形往往是不规则的,边沿不陡,幅度不齐,

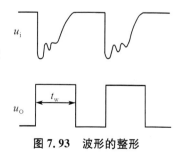

图 7.93　波形的整形

不能直接输入到数字电路。因为单稳态触发器的输出 u_o 的幅度仅决定于输出的高、低电平。宽度 t_w 只与定时元件 R、C 有关,所以利用单稳态触发器能够把不规则的输入信号 u_i 整形成为幅度、宽度都相同的矩形脉冲 u_o。图 7.93 所以就是单稳态触发器整形的一个例子。

任务一　多谐振荡电路的安装与调试

一、分析多谐振荡电路的工作过程

1. 电路的组成

如图 7.94 所示,此电路由两个自激振荡电路、输出电路和电源组成。

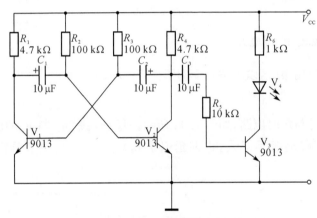

图 7.94　多谐振荡电路

2. 主要元件的作用

V_1、V_2 两个三极管和 R_1、R_2、R_3、R_4 及 C_1、C_2 构成了多谐振荡电路,由 V_3、R_5、R_6 和发光二极管构成了输出及显示电路。

R_2、C_1 和 R_3、C_2 的大小决定了振荡电路的振荡频率。

3. 工作过程

电路的参数如图 7.94 所示。

当电路接上电源以后,由于电路参数的对称性,V_1、V_2 都由可能导通,但是只能由一个先导通。假设 V_1 导通,V_2 就截止。此时,电路产生一个正反馈现象。

$U_{b1}\uparrow \rightarrow I_{b1}\uparrow \rightarrow I_{c1}\uparrow \rightarrow U_{c1}$ 正极 $\uparrow \rightarrow U_{b2}\downarrow \rightarrow I_{b2}\downarrow \rightarrow I_{c2}\downarrow \rightarrow U_{c2}\uparrow \rightarrow$ 电容 V_2 正极电位 $\uparrow$ $\rightarrow C_2$ 负极电位 $\uparrow \rightarrow U_{b1}\uparrow$

这种正反馈不断继续下去,使得电路进入一个稳定的状态。V_{c2} 为高电平。

随着 C_2 的充电,C_2 两端的电压增加,使得 U_{b1} 电位下降,同时,C_1 充电,左负右正,到达一定时候,V_1 截止。V_2 进入饱和状态,通过 C_1 的电流反向,先放电,后反向充电;C_2 同样是这样。在 V_2 饱和导通状态期间,V_{c2} 输出低电平。电路进入另一稳定状态。

在此期间，V_{b2} 电位降低，到一定时候，退出饱和状态，进入截止状态。

变化周期 $$T = 0.7(R_2C_1 + R_3C_2)$$

二、电路的安装和调试

1. 元器件的选用

根据原理图的元件清单，选择电阻和电容，固定电阻器选用 1/4 W 的电阻。V_1、V_2、V_3 选用放大倍数 80～150 的 NPN 型三极管，R_{P1} 调至最大，R_{P2} 调至最小。

元件清单见表 7.18。

表 7.18　多谐振荡电路元件清单

元件符号	规格与型号	元件符号	规格与型号
R_1	4.7 kΩ	C_1	10 μF/16 V
R_2	100 kΩ	C_2	10 μF/16 V
R_3	100 kΩ	备用电阻	51 kΩ * 2
R_4	4.7 kΩ	备用电阻	9.1 kΩ * 2
R_5	10 kΩ	备用电容	1 μF
R_6	1 kΩ	电源	调至 6～9 V
V_1	9013		
V_2	9013		
V_3	9013		

2. 电路的焊接

根据原理图先在 1:1 的多功能板的样纸上画出元件的分布图及连线图。根据工艺要求，按照样纸上的装配图进行电路的插装和焊接。将输入端、电源端及输出端用镀银铜丝连接出元件面，便于调试。

3. 电路的调试

对焊接好的电路接通电源（6～9 V）。迅速测量 V_1、V_2 基极电位，观察反光二极管的状态及闪光的频率。调换 R_2、R_3 的电阻值，观察闪光的频率；调换 C_1、C_2 的电容值，观察闪光的频率。

三、评分标准

评分标准见表 7.19。

表 7.19　评分标准

序号	项目	考核要求	配分	评分标准	扣分
1	元件检测	正确检测元件	20	(1) 电阻等测试错误每只扣 2 分 (2) 三极管检测错误每只扣 3 分	
2	元件安装	正确安装元件，成形规范，排列合理	20	(1) 元件安装错误每只扣 5 分 (2) 元件成形、排列不符合要求每只扣 2 分	
3	元件焊接	焊点圆整、光滑、无虚焊、假焊、脱焊	20	(1) 元件焊点不圆整、不光滑每处扣 2 分。 (2) 虚焊、假焊、脱焊每个扣 5 分	

续表

序号	项目	考核要求	配分	评分标准	扣分
4	通电调试	在规定时间内,利用仪器仪表调试后通电试验	40	(1) 通电调试一次不成功扣 20 分,两次不成功扣 30 分 (2) 调试过程中损坏元件每只扣 5 分 (3) 电压测量错误每只扣 5 分	
	安全文明操作	违反安全文明操作规程(视实际情况进行扣分 10~20 分)			
	定额时间	每超过 5 min 扣 5 分		成绩	

任务二　"叮咚"变声门铃电路的安装与调试

一、工作原理

"叮咚"变声门铃电路如图 7.95 所示,它实际上就是一个用集成电路 NE555 组成的多谐振荡器。

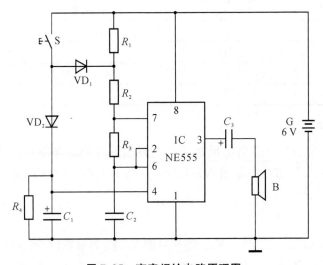

图 7.95　变音门铃电路原理图

按下门铃按钮 S,电源经二极管 VD_2 对电容器 C_1 充电,当 NE555 的 4 脚电压大于 1 V 时,电路振荡,扬声器中发生"叮"声;松开门铃按钮 S,电容器 C_1 储存的电能经电阻 R_4 放电,尽管这时 NE555 的 4 脚电压仍继续维持高电平而保持振荡,但因电阻 R_1 的接入,使振荡频率变低,扬声器中发出"咚"声。当 C_1 储存的电能释放一段时间后,NE555 的 4 脚电压变为低电压时,电路停振。再按一次门铃按钮 S,电路将重复上述过程,扬声器发出"叮咚"声。

二、元件明细表

元件明细表见表 7.20。

表7.20　"叮咚"变声门铃电路元件明细表

材料清单			
元件符号	规格与型号	元件符号	规格与型号
VD_1、VD_2	1N4148	R_4	47 kΩ
R_1	30 kΩ	C_1、C_3	47 μF/16 V
R_2	22 kΩ	C_2	0.047 mF
R_3	22 kΩ	B	16 Ω

变压门铃电路装配图如图7.96所示。

三、安装与调试

1. 安装

按图7.96所示正确安装(包括选、插、焊)元器件，装配工艺参见前面有关知识。

2. 调试

1) 通电前检查　对照图7.95、图7.96，检查元器件插装是否正确，特别是NE555各脚是否有搭锡，电解电容极性是否与图7.95一致。

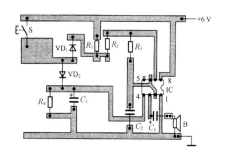

图7.96　变音门铃电路装配图

2) 通电调试　接通+6 V电源，按下S，调整R_2、R_3和C_2的数值，改变声音的频率，C_2的值越小频率越高；断开R_1阻值，使扬声器中发出"咚"声；断开S后的余音长短调整，可通过调整C_1、R_4的值来实现。

3) 整机电流测量　等待电流约为3.5 mA，鸣叫时电流约为35 mA。NE555正常工作时各脚压电压可以对照表7.21列参考值进行检测、判断。

表7.21　变音门铃电路中NE555各极对地电压参考值

电极	1	2	3	4	5	6	7	8
鸣叫(V)	0	3.4	3.9	>1	3.8	3.4	3.6	6
不鸣叫(V)	0	0	0	0	5	0	0	0

四、评分标准

评分标准见表7.22。

表7.22　评分标准

序号	项目	考核要求	配分	评分标准	扣分
1	元件检测	正确检测元件	20	(1)电阻等测试错误每只扣2分 (2)三极管检测错误每只扣3分	
2	元件安装	正确安装元件，成形规范，排列合理	20	(1)元件安装错误每只扣5分 (2)元件成形、排列不符合要求每只扣2分	
3	元件焊接	焊点圆整、光滑、无虚焊、假焊、脱焊	20	(1)元件焊点不圆整、不光滑每处扣2分 (2)虚焊、假焊、脱焊每个扣5分	

序号	项目	考核要求	配分	评分标准	扣分
4	通电调试	在规定时间内,利用仪器仪表调试后通电试验	40	(1) 通电调试一次不成功扣 20 分,两次不成功扣 30 分 (2) 调试过程中损坏元件每只扣 5 分 (3) 电压测量错误每只扣 5 分	
	安全文明操作	违反安全文明操作规程(视实际情况进行扣分 10～20 分)			
	定额时间	每超过 5 min 扣 5 分		成绩	

任务三　航标灯电路的安装与调试

一、工作原理

航标灯电路原理图如图 7.97 所示。它实质是由光敏二极管 VD_1 和三极管 VT_1 等元器件组成光控电路,三极管 VT_2、VT_3 等元器件组成的多谐振荡器。

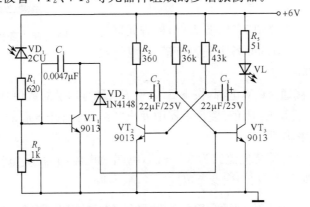

图 7.97　航标灯电路原理图

二、元件明细表

元件明细表见表 7.23。

表 7.23　元件明细表

元件符号	规格与型号	元件符号	规格与型号
VD_1	光敏二极管 2CU	R_3	36 kΩ
VD_2	IN4148	R_4	43 kΩ
VL	发光二极管	R_5	51 Ω
$VT_1 - VT_3$	9013	R_P	可调电阻,1 kΩ
R_1	600 Ω	C_1	0.004 7 μF
R_2	360 Ω	C_2、C_3	22 μF/25 V

绘制铆钉安装接线参考图,如图 7.98 所示。

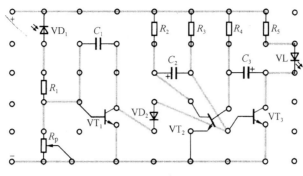

图 7.98　航标灯电路铆钉安装接线图

三、安装与调试

1. 安装

按图 7.97 所示正确安装(包括选、插、焊)元器件,装配工艺参见前面有关知识。

2. 调试

1)通电前检查　对照图 7.97、图 7.98,检查元器件插装是否正确。

2)通电调试　接通+6 V 电源,在无光照射时,三极管 VT_1 基极上偏置阻值增大而截止,多谐振荡器正常工作,发光二极管闪烁发光;当有光照射时,光敏二极管反向电阻减小使三极管 VT_1 饱和导通。VD_2 导通,三极管 VT_3 基极电位被钳制在低位而截止,多谐振荡器停止振荡,发光二极管熄灭。

四、评分标准

评分标准见表 7.24。

表 7.24　评分标准

序号	项目	考核要求	配分	评分标准	扣分
1	元件检测	正确检测元件	20	(1)电阻等测试错误每只扣 2 分 (2)三极管检测错误每只扣 3 分	
2	元件安装	正确安装元件,成形规范,排列合理	20	(1)元件安装错误每只扣 5 分 (2)元件成形、排列不符合要求每只扣 2 分	
3	元件焊接	焊点圆整、光滑、无虚焊、假焊、脱焊	20	(1)元件焊点不圆整、不光滑每处扣 2 分 (2)虚焊、假焊、脱焊每个扣 5 分	
4	通电调试	在规定时间内,利用仪器仪表调试后通电试验	40	(1)通电调试一次不成功扣 20 分,两次不成功扣 30 分 (2)调试过程中损坏元件每只扣 5 分 (3)电压测量错误每只扣 5 分	
	安全文明操作	违反安全文明操作规程(视实际情况进行扣分 10~20 分)			
	定额时间	每超过 5 min 扣 5 分		成绩	

❖习题

1. 简述脉冲信号的主要技术指标。

2. 用 555 定时器组成脉冲宽度为 $100\ \mu s$ 单稳态触发器。

参考文献

［1］李敬梅. 电力拖动控制线路与技能训练［M］. 北京:中国劳动社会保障出版社，2007.

［2］王建. 维修电工技能训练［M］. 北京:中国劳动社会保障出版社，2007.

［3］林平勇. 电工电子技术［M］. 北京:高等教育出版社，2008.

［4］鲁晓阳. 电子技能实训——综合篇［M］. 北京:北京人民邮电出版社，2009.

［5］黄士生. 电子专业技能训练［M］. 北京:中国劳动社会保障出版社，2003.

［6］邵展图. 电子电路基础［M］. 北京:中国劳动社会保障出版社，2003.

［7］肖明耀. 数字逻辑电路［M］. 北京:中国劳动社会保障出版社，2003.

［8］黄培鑫. 电工装接工基本技能［M］. 北京:中国劳动社会保障出版社，2004.